地理信息科学实践

——基于 ArcGIS Pro

高海东　任宗萍　庞国伟　编著

中国水利水电出版社
www.waterpub.com.cn
·北京·

内 容 提 要

本书基于最新版的ArcGIS Pro桌面产品，通过45个精选案例，详细介绍了地理信息科学基础理论以及ArcGIS Pro操作。全书共9章，分为概述、投影、数据、分析、网络、DEM、三维、影像以及制图等几个部分，涵盖了地理信息系统、遥感图像处理和无人机数据处理等内容。本书融地理信息科学理论和实践操作为一体，强调科学性、系统性、时效性及实用性。本书案例讲解详尽，内容深入浅出，实用性较强。每章都有配套数据，扫描封底二维码即可获取。

本书可作为高等院校地理、水利、测绘、环境、规划以及其他相关专业学生的教材，也可作为科学研究、工程设计、规划管理等相关人员的参考书。

图书在版编目（CIP）数据

地理信息科学实践 : 基于ArcGIS Pro / 高海东, 任宗萍, 庞国伟编著. -- 北京 : 中国水利水电出版社, 2021.8(2023.12重印)
ISBN 978-7-5170-9901-7

Ⅰ. ①地… Ⅱ. ①高… ②任… ③庞… Ⅲ. ①地理信息学－高等学校－教材 Ⅳ. ①P208

中国版本图书馆CIP数据核字(2021)第178292号

书　　名	**地理信息科学实践——基于 ArcGIS Pro** DILI XINXI KEXUE SHIJIAN——JIYU ArcGIS Pro
作　　者	高海东　任宗萍　庞国伟　编著
出版发行	中国水利水电出版社 （北京市海淀区玉渊潭南路1号D座　100038） 网址：www. waterpub. com. cn E-mail：sales@mwr. gov. cn 电话：（010）68545888（营销中心）
经　　售	北京科水图书销售有限公司 电话：（010）68545874、63202643 全国各地新华书店和相关出版物销售网点
排　　版	中国水利水电出版社微机排版中心
印　　刷	清淞永业（天津）印刷有限公司
规　　格	184mm×260mm　16开本　13印张　320千字
版　　次	2021年8月第1版　2023年12月第2次印刷
印　　数	1001—1500册
定　　价	**80.00**元

前　言

地理信息科学（Geographic Information Science）主要研究在应用计算机技术对地理信息进行处理、存储、提取以及管理和分析过程中提出的一系列基本问题。遥感（Remote Sensing）是地理信息科学最重要的信息获取手段，地理信息系统（Geographic Information System，GIS）是地理信息科学的核心技术支撑。随着地理信息科学在理论与实践方面取得长足的进步，出现了一大批优秀的地理信息系统和遥感软件。其中 ArcGIS 以其强大的地图制作、空间数据管理、空间分析、空间信息整合、发布与共享的能力被广泛使用。ArcGIS Pro 是 ArcGIS 的旗舰级桌面产品，具有众多特色功能，如原生 64 位、二维和三维融合、千余种空间分析与处理工具、强大完整的影像分析与处理功能、传统与智能的制图体验等。目前，结合遥感与地理信息系统，基于 ArcGIS Pro 的相关中文书籍并不多。鉴于此，作者编写了本书。

全书共 9 章。第 1 章为概述，介绍了常用的地理信息系统软件、ArcGIS 产品体系以及 ArcGIS Pro 功能和基本操作；第 2 章为投影，介绍了添加投影、地理参考、空间校正以及坐标变换等原理与操作；第 3 章为数据，主要基于地理数据库，讲解了数据的组织、获取、转换、裁剪、拼接以及拓扑等，还介绍了矢量化、属性表操作以及 NetCDF 数据处理；第 4 章为分析，主要介绍了分区统计、基于矢量数据和栅格数据的空间分析、ModelBuilder、批处理以及克里金地统计插值（包括简单克里金和经验贝叶斯克里金插值）；第 5 章为网络，基于西安市道路网络数据集，详细讲解了网络数据集的建立、最短路径分析、设施服务区分析以及计算 OD 成本矩阵等；第 6 章为 DEM，介绍了水文学研究广泛应用的 Hc－DEM 建立、栅格 DEM 的编辑以及基于 DEM 的各种空间分析；第 7 章为三维，首先介绍了 TIN 文件的建立、编辑以及分析，其次介绍了局部三维场景的建立和基于三维数据的空间分析，再次介绍了全局三维场景的创建以及 3D 影像图的制作，最后介绍了使用无人机制作数字表面模型和正射影像图；第 8 章为影像，介绍了普朗克黑体辐射定律、地物波谱曲线、Landsat 8 辐射定标与表观反射率计算、基于 FLAASH 的 Landsat OLI 数据大气校正、使用非监督分类和归一化水体指数研究干旱区湖泊退缩面积、使用监督分类识别关中地区土地利用、使用 Landsat 卫星数据评估荒漠化以及镶嵌数据集的原理与操作；第 9 章为制图，通过全球航线图和黄河中游地图的制作，熟悉 ArcGIS Pro 的制图功能。

笔者深知“纸上得来终觉浅，绝知此事要躬行”，因此在本书的编写过程中，特别强调理论联系实践。全书共提供 45 个精选案例，覆盖了地理信息系统和遥感的基本理论和基本应用，同时还涉及无人机、人工智能等热点技术。本书基于作者多年的科研和教学实践成果编写而成，书中所选实验案例经过作者仔细挑选，部分实验源于作者的科研和生产实践，实验步骤详尽，案例解析深入浅出，全部配有练习数据。

本书的出版得到了国家自然科学基金项目（41877077、42077074、41601290）、西安理工大学省部共建西北旱区生态水利国家重点实验室，以及陕西高校新型智库生态水利与可持续发展研究中心的支持。

全书框架由高海东拟定，内容由高海东、任宗萍、庞国伟共同完成。在编写过程中，得到了易智瑞（中国）信息技术有限公司西安分公司的大力支持；同时，中国水利水电出版社的周媛和李晔韬编辑也为本书的出版付出辛勤劳动，研究生韦森、吴曌、刘晗、秦瑶、罗静荷参与了部分实验和文字校对工作，在此一并表示感谢。

由于时间仓促、作者水平有限，书中难免存在疏漏之处，恳请读者批评指正。

编者

2021 年 1 月

目　录

第1章　概　　述

1.1　常用地理信息系统软件

地理信息科学（Geographic Information Science）主要研究在应用计算机技术对地理信息进行处理、存储、提取、管理和分析过程中提出的一系列基本问题。遥感是地理信息科学最重要的信息获取手段，地理信息系统（Geographic Information System，GIS）是地理信息科学的核心技术支撑。

自1963年加拿大建立世界上第一个地理信息系统（GIS）——加拿大地理信息系统（CGIS）以来，世界各国都非常重视地理信息系统和遥感软件的开发。20世纪80年代，GIS技术不断发展并走向成熟，涌现了一批有代表性的GIS软件，如Arc/Info、MapInfo、ERDAS IMAGINE、MGE以及MicroStation等。

20世纪90年代，地理信息系统应用进入普及时代。同时我国GIS软件也进入飞速发展期，相继研发了MapGIS、CityStar、GeoStar以及SuperMap等软件。

进入21世纪，随着物联网、云计算、大数据以及人工智能的快速发展，GIS软件与云计算、大数据、人工智能等新技术深入集成，朝着更快、更智能、云计算等方向发展。

目前，随着大量的开源GIS软件不断发展，功能越来越完善，不少开源软件提供了面向专业应用的分析工具，大大提高了工作效率。表1.1列出了国内外主要的GIS软件。

表1.1　国内外主要的GIS软件

软　件	公司/网址	性质
ArcGIS	美国环境系统研究所公司 （Environmental Systems Research Insitute，Inc. 简称ESRI公司）	商业
MapInfo	Pitney Bowes MapInfo	商业
ENVI	Harris Geospatial Solutions，Inc.	商业
ERDAS IMAGINE	Hexagon Geospatial，Inc.	商业
PCI Geomatica	PCI Geomatics Corp.	商业
Geoscene	易智瑞信息技术有限公司	商业
MapGIS	武汉中地数码科技有限公司	商业
GeoStar	武大吉奥信息技术有限公司	商业
SuperMap	北京超图软件股份有限公司	商业
QGIS	https://www.qgis.org	开源
GRASS GIS	https://grass.osgeo.org	开源
SAGA GIS	http://www.saga-gis.org	开源
MapWindow	https://www.mapwindow.org	开源

1.2 ArcGIS 产品体系

ArcGIS是ESRI公司开发的一套完整的“GIS平台”产品，具有强大的地图制作、空间数据管理、空间分析、空间信息整合、发布与共享的能力。ArcGIS平台与物联网、大数据、人工智能等更多新技术深入集成，为用户打造一个功能强大的Web GIS平台。1982年ESRI公司开发出第一个商品化的GIS软件ARC/Info 1.0，1992年推出ArcView软件，2004年推出ArcGIS 9，2010年推出ArcGIS 10。

ArcGIS平台具备三层架构，即应用层（Apps）、门户层（Portal）和服务器层（Server）。包含四大核心组成，即公有云产品ArcGIS Online、服务器产品ArcGIS Enterprise、即拿即用的Apps以及用于平台扩展开发的SDKs & API，如图1.1所示。

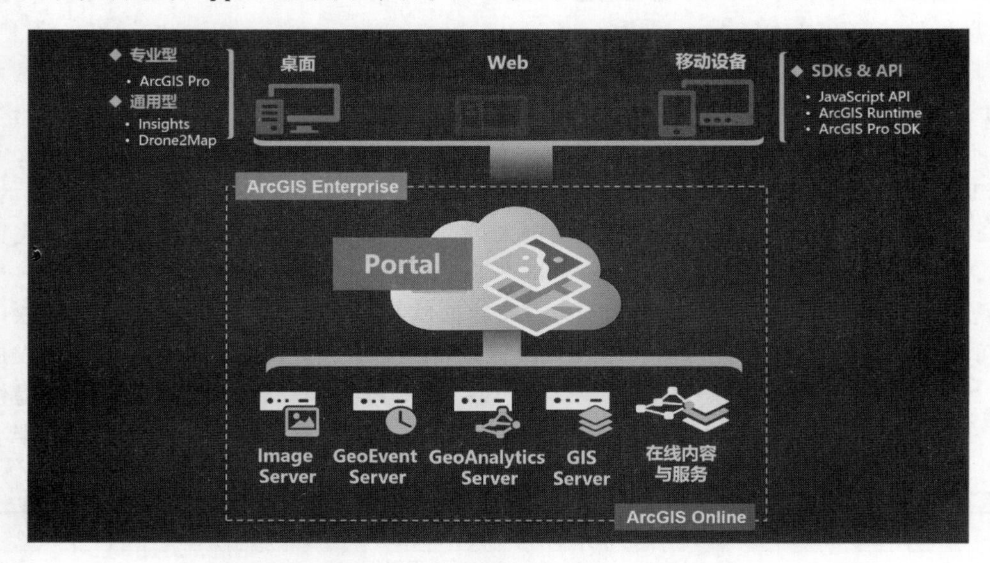

图1.1 ArcGIS平台架构（引自ArcGIS产品白皮书）

（1）ArcGIS Online。ArcGIS Online为用户提供了在云端运行的Web GIS平台。它是基于云的协作式内容管理系统，用户能够以Web的方式来组织自己的地图资源，通过浏览器、移动设备、Web应用和ArcGIS桌面产品来访问这些资源，并将地理信息共享给其他用户。

（2）ArcGIS Enterprise。ArcGIS Enterprise是ArcGIS服务器产品，是一个能在用户自有环境中运行的Web GIS平台，它提供了空间数据管理、分析、制图可视化与共享协作能力。

（3）Apps。ArcGIS提供了多种即用型Apps，如专业人员使用ArcGIS Pro、ArcGIS Desktop和CityEngine专业型Apps进行空间分析、建立模型以及制作地图；外业调查人员可使用Collector for ArcGIS、Navigator for ArcGIS、Workforce for ArcGIS、Drone2Map for ArcGIS等进行外业数据采集及任务调配；决策者可使用Insights for ArcGIS、ArcGIS Maps for Office、Operations Dashboard等进行办公决策；公众可使用地图故事系列模板、ArcGIS

Open Data 等获取地理数据、使用 ArcGIS 平台。

（4）SDKs & API。ArcGIS 平台具有多种跨平台、跨设备的开发产品。如 ArcGIS JavaScript API 可开发定制基于 HTML5 的 Web 端应用，ArcGIS Runtime SDKs 可定制桌面端和移动端的应用等，还有 AppBuilder for ArcGIS、AppStudio for ArcGIS 以及 ArcGIS Python API 等开发产品。

1.3 ArcGIS Pro 概述

ArcGIS Pro 发布于 2015 年，是 ESRI 公司推出的面向 GIS 工程师、GIS 科研人员、地理设计人员、地理数据分析师等的新一代桌面应用程序。它将逐步取代 ArcGIS Desktop，成为 ESRI 公司主要的地理信息桌面平台。

ArcGIS Pro 采用 Ribbon 界面风格，允许打开多个地图窗口和多个布局视图，支持二维和三维融合的数据可视化、管理、分析和发布。ArcGIS Pro 是原生 64 位应用程序，采用 GPU 加速并支持多线程处理，能够对来自本地、ArcGIS Online、或者 Portal for ArcGIS 的数据进行可视化、编辑、分析和共享。

ArcGIS Pro 的主要功能有以下几个方面。

1. 数据管理

（1）存储数据：允许使用适合用户工作流的方法存储 GIS 数据。使用云或地理数据库里的工具，用于在桌面、企业和移动环境中存储和管理地理空间数据。

（2）编辑数据：ArcGIS Pro 提供在单用户和多用户编辑环境中管理地理空间数据所需工具。通过与当前数据有关的功能栏选项卡上的编辑工具、行业模板、域和子类型简化了编辑过程并确保了数据完整性。

（3）评估数据：包含一整套用于检查空间关系、连通性和属性准确性的工具。

此外，ArcGIS Pro 支持 Shapefile、KML、栅格数据、CAD 等多种数据源，支持连接多种数据库；支持单用户和多用户的数据编辑、数据库版本化编辑，可以进行拓扑编辑和拓扑检查；支持 Workflow 对业务流程标准化进行管理，还支持公共设施网络模型，可广泛应用于电力、天然气、给排水和电信等复杂的公用设施系统。

2. 制图与可视化

ArcGIS Pro 提供各式各样的地图符号和地图模板，并具有与当前任务相关的方便直观的多种制图工具，可以实现数据在地图上美观性、交互性和信息性的可视化。ArcGIS Pro 具有多种高级的可视化效果，如动画、时空立方体等。

3. 空间分析

空间分析可以让人们以地理学的视角来理解世界，空间分析可以了解事物的空间位置、测量事物的空间属性、探索事物的空间关系、选择最优路径和最佳区位、理解地理现象空间分布规律以及预测事物的空间变化情况等。

4. 三维能力

三维能力可以在同一个工程下实现二维和三维数据的浏览、编辑、分析和发布等，实现二维、三维数据的联动。ArcGIS 平台提供了对 BIM 标准交换格式 IFC 等的解决方案，该方案一方面可以实现模型部件、材质的无损转换；另一方面可以实现用户关注的属性信息，如材质、尺寸、类型的无损转换。

5. 影像处理

ArcGIS Pro 不仅能够实现对单景影像的基本处理，还能够通过镶嵌数据集的方式对多景影像实现存储、管理、实时处理和共享。

（1）分析影像：ArcGIS Pro 可执行要素提取、科学分析、时间分析等操作。

（2）管理影像：管理来自卫星、航空和无人机、全动态视频、雷达等多源影像。ArcGIS Pro 采用镶嵌数据集管理大规模影像数据。

（3）处理影像：实现正射校正、全色锐化、渲染、增强、过滤和地图代数等影像处理功能。

（4）解译影像：ArcGIS Pro 支持立体测图和透视模式。ArcGIS 支持的分类方法包括传统分类和机器学习方法，以完成图像分类与信息提取。

6. 连接与共享

使用者可以把数据、分析结果、地图、文件甚至整个工程在组织内部进行共享，方便多部门协同工作；也可以将图层和地图发布为 Web Layer、Web Map、Web Scene，通过浏览器或移动设备实现访问和使用地图资源。

1.4　初识 ArcGIS Pro

1. 新建工程

安装并启动 ArcGIS Pro 程序，弹出如图 1.2 所示登录界面。

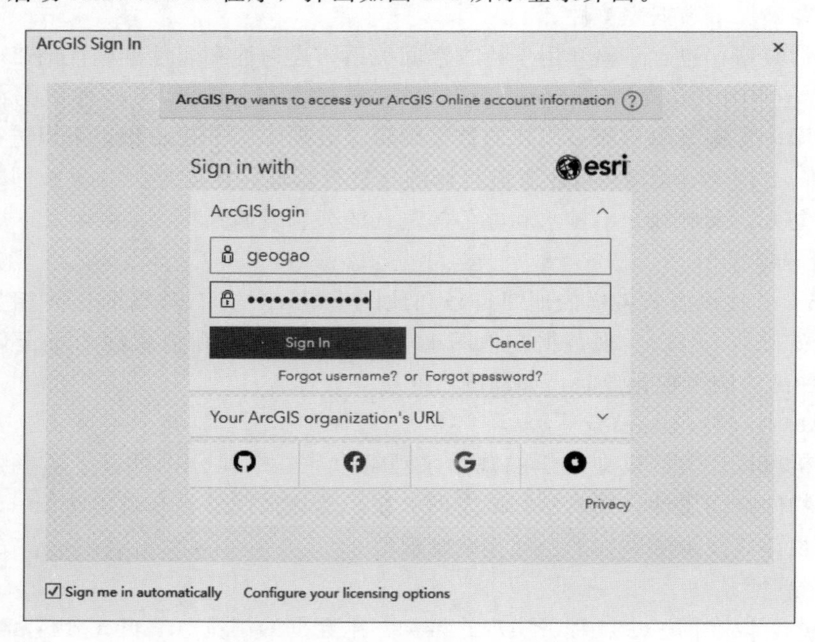

图 1.2　ArcGIS Pro 登录界面

ArcGIS Pro 采用了以用户为中心（Named User）的全新授权模式，从“许可机器”转向“许可用户”。一旦用户成为许可用户（Named User），无论用户在任何地方、任何时间，都可以通过任意设备随时随地访问所拥有的地图、应用数据以及各种分析能力。

用户可在 ArcGIS Online 进行注册，并通过试用或者购买等方式获得有效的 Named User 以登录 ArcGIS Pro。输入用户名和密码后，弹出打开或者新建工程页面，如图 1.3 所示。

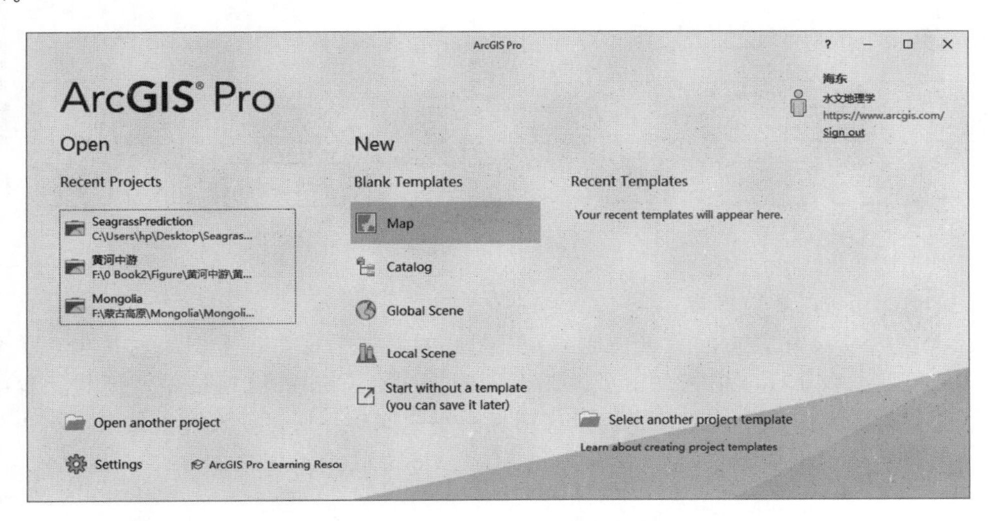

图 1.3　打开或者新建工程页面

在图 1.3 所示页面中，可以打开现有工程，也可以新建工程。其中，新建工程提供了常用的模板（Templates），如 Map 模板，一般用于 2D 数据的编辑、空间分析等；Catalog 模板，用于数据管理，建立工程后使用目录视图；Global Scene 模板用于全局三维场景，基于地球曲率的大范围内容展示；Local Scene 模板用于局部三维场景，适用于投影坐标中的较小范围或不考虑地球曲率的情形。

ArcGIS Pro 以“工程项目”的形式组织和管理工作中所用到的资源。一个工程可以包括 2D 的地图文档、3D 场景、布局、图层、数据表、任务、工具，以及对服务器、数据库、文件夹、符号库的连接，也可以访问和使用组织内部 Portal 或 ArcGIS Online 中的资源。工程项目的后缀为 .aprx，在 Windows 资源管理器中，以工程项目的名称命名的文件夹用来存储和工程相关的一切数据。

选择新建一个以 Map 为模板的工程，在弹出的 Create a New Project 对话框中输入工程名称并选择放置工程的文件夹，单击 OK，如图 1.4 所示。新建一个工程，ArcGIS Pro 界面随之打开。

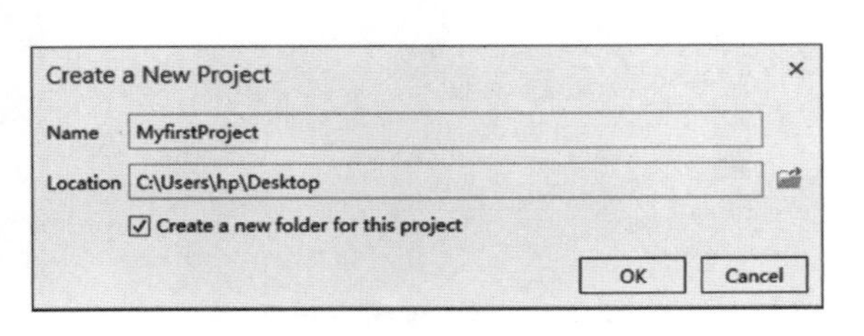

图 1.4　新建工程

在默认情况下，项目保存在新文件夹

中。要将新建的项目保存在现有文件夹中，取消选中“Create a new folder for this project”。

2. 界面布局

ArcGIS Pro 的界面布局由功能栏选项卡、视图以及窗格三部分组成。其中，功能栏选项卡根据选择数据的不同，会激活关联选项卡，如图 1.5 所示。它可以通过拖动视图和窗格标题并将其停靠在新位置来重新排列视图和窗格，也可以在 View 选项卡中调整视图和窗格。

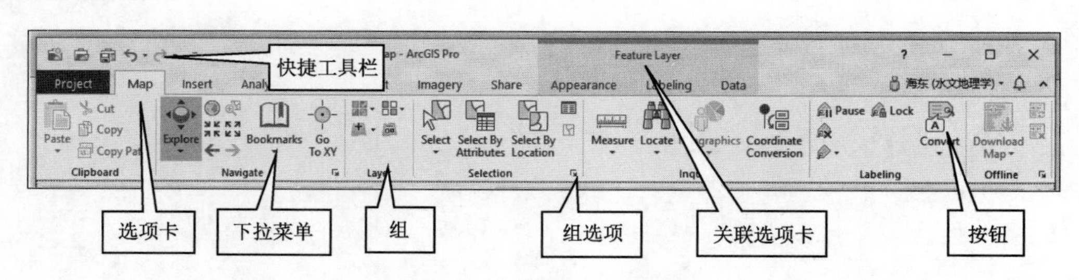

图 1.5　ArcGIS Pro 功能栏选项卡

3. Contents（内容）窗格

在 ArcGIS Pro 中，空间数据在地图上以图层的形式呈现，一个图层通常包含单个主题或信息类别。Contents 窗格列出了地图上的图层。在 Contents 窗格中，新建工程唯一的数据层是默认的地形图底图，它提供了国界、交通网络、居民点以及水域等。可以使用 Map 功能栏选项卡中的 Basemap 按钮更改底图，也可以右击地形图图层，选择 Remove 将之移除。

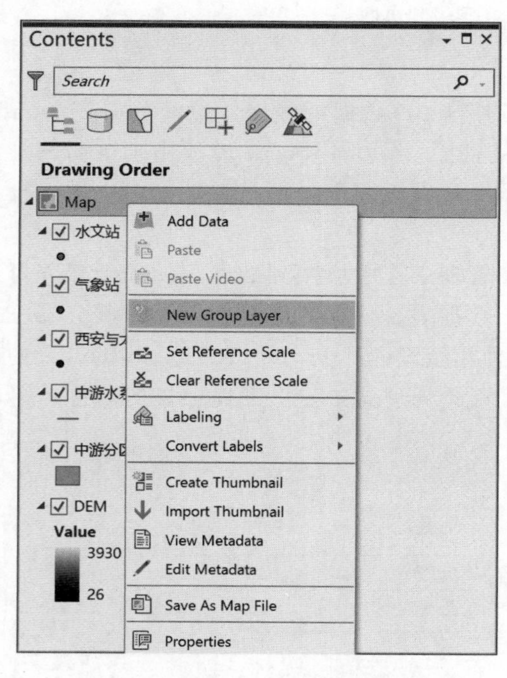

图 1.6　Map 右键菜单

当为地图添加数据后，可以对图层进行一系列操作。在 Contents 的顶部，可以更改图层的组织方式，分别为绘图次序（Drawing Order）、数据来源（Data Source）、选择（Selection）、编辑（Editing）、捕捉（Snapping）、标注（Labeling）以及透视影像（Perspective Imagery）等。

在 Contents 中拖动图层，可用于调整图层次序。右击 Map，选择 New Group Layer，可以新建图层组，将同类图层以组的方法组织，如图 1.6 所示。

单击某图层前的复选框，可以控制该图层在地图中是否显示。右击某图层，可以选择复制、移除、打开属性表、创建图表、标注、符号化、数据导出以及共享等各种操作，如图 1.7 所示。单击 Zoom To Layer，可以在视图窗口中将该图层充满窗口显示。

4. Catalog（目录）窗格

Catalog 窗格列出了与项目关联的所有文件。新建工程后，在 Catalog 窗格中，已经插入了名为 Map 的地图、一个空白工具箱、一个和工程名字一致的地理数据库、一些样式以及关于文件夹的连接，如图 1.8 所示。

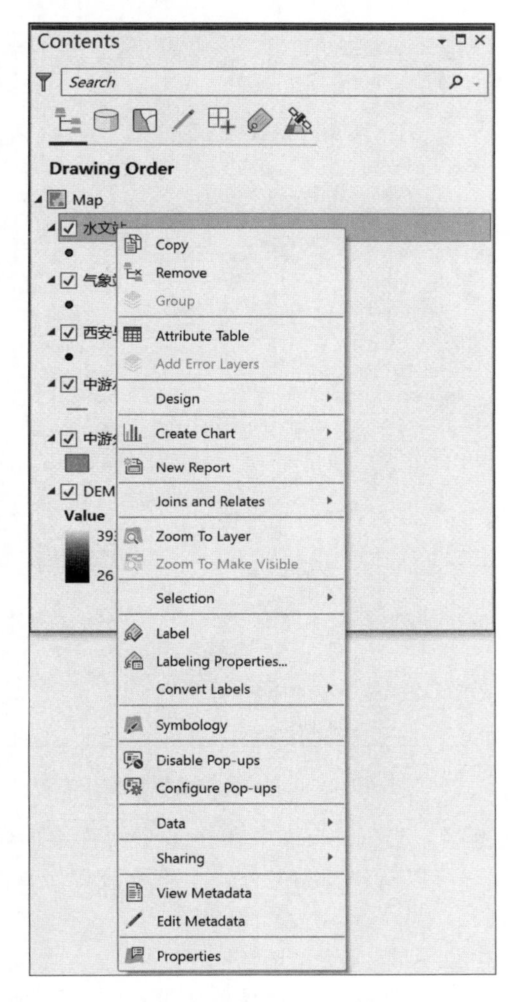

图 1.7 图层右键菜单

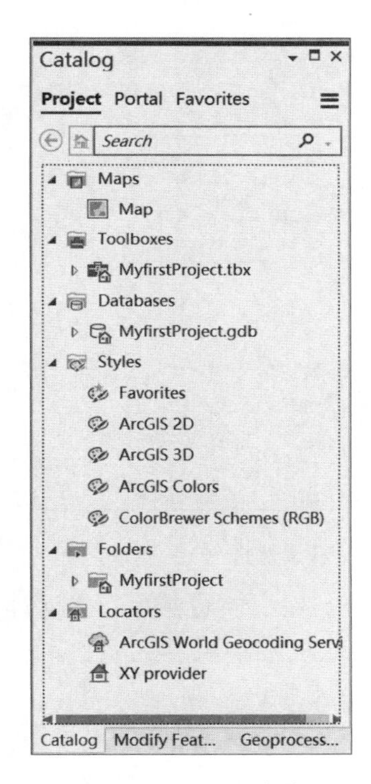

图 1.8 Catalog 窗格

在 Catalog 窗格中右击 Maps，可以新建地图、场景、布局以及底图等。右击 Maps 中的地图，还可以实现打开地图、将地图转换为场景或者底图、重命名、删除、查看和编辑元数据等操作，如图 1.9 所示。

右击 Databases，可以添加一个现有的地理数据库、新建地理数据库或者新建数据库链接。当 Databases 中存在多个数据库时，带有房屋标记的为默认地理数据库，可以选中某个地理数据库，右击选择 Make Default，设置为默认地理数据库，如图 1.10 所示。所有分析运算结果默认保存至默认数据库中。为地理数据库添加要素数据集、要素类等，可以修改或者删除地理数据库，注意默认数据库不能删除。

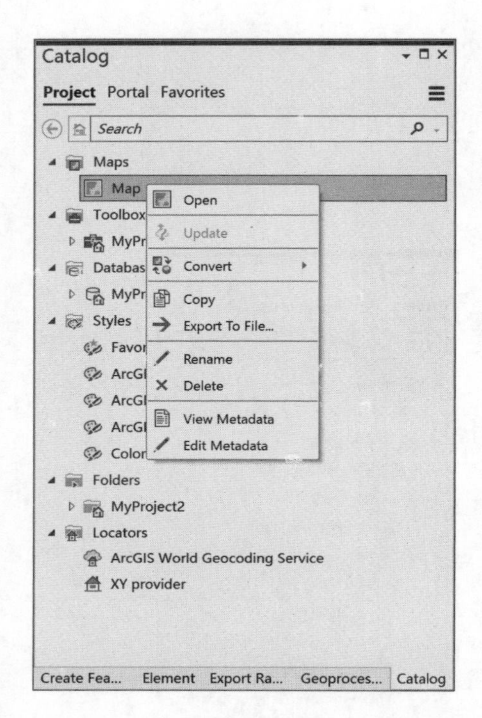

图 1.9　Catalog 窗格 Maps 右键菜单

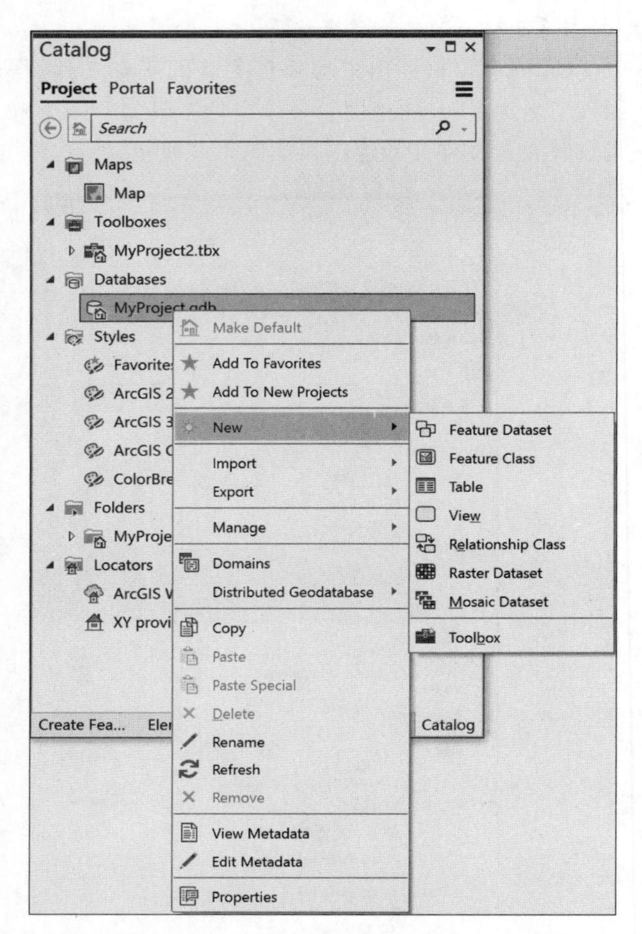

图 1.10　Catalog 窗格地理数据库右键菜单

右击 Folders，可以添加一个文件夹链接。当 Folders 中存在多个文件夹时，带有房屋标记的为默认文件夹。右击已有文件夹，可以新建各类文件，也可修改或者移除文件夹等，如图 1.11 所示。

5. 向工程添加图层

在 Map 功能栏选项卡中，单击 Add Data 按钮——注意是单击带十字的图标，而不是单击 Add Data 文字；如果单击 Add Data 文字，会打开 Add Data 的下拉菜单——可以添加多种来源数据。

可以从 Project（项目）的地理数据库或者文件夹中添加图层。在左侧的 Portal（ArcGIS 门户网站）中选择 Living Atlas，可以搜索并添加各种在线地图集，也可以从组织中（ArcGIS Online）添加其他成员上传的地图集，如图 1.12 所示。

在左侧的 Computer 中，定位到某个文件夹，可以添加本地计算机里的矢量、栅格、表格等数据；也可以在 Catalog 窗格中，选中某个图层，直接拖至 Contents 窗格中以添加图层。

在 Contents 窗格中，可以调整多个图层的上下位置，并控制是否显示在窗口中。右击新加载的图层，选择 Properties，弹出 Layer Properties 对话框，如图 1.13 所示。

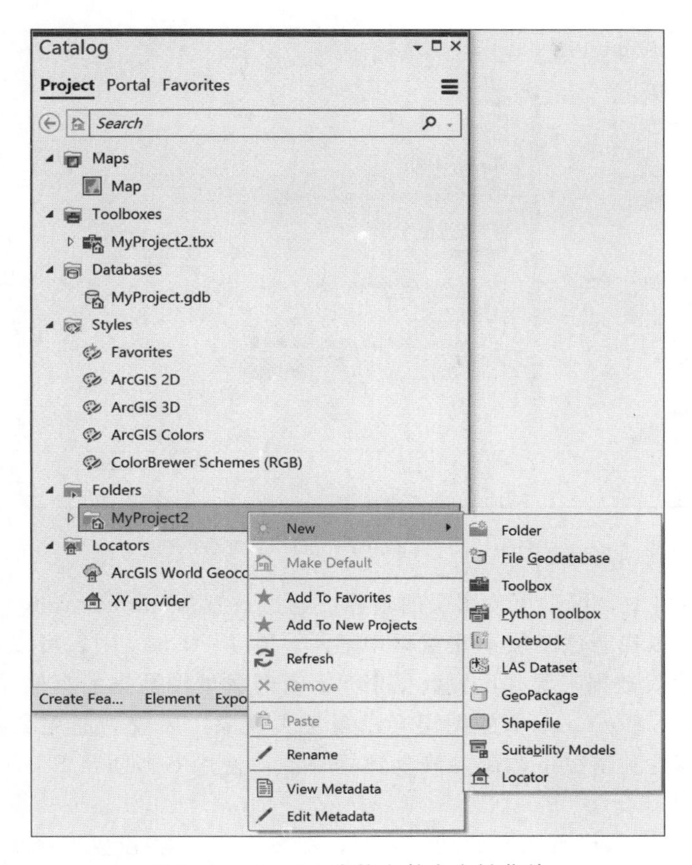

图 1.11 Catalog 窗格文件夹右键菜单

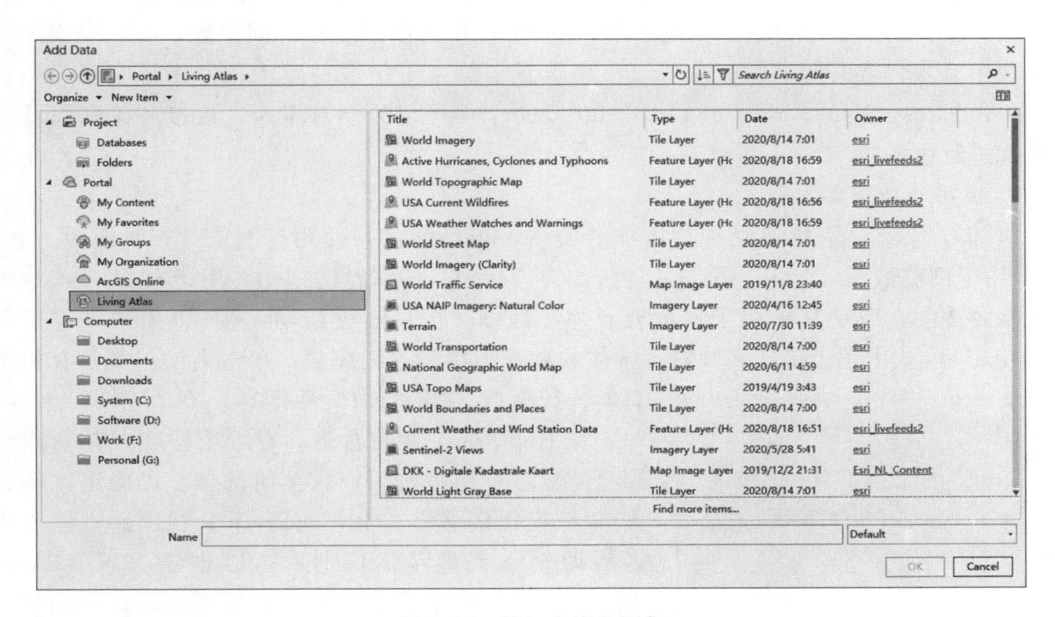

图 1.12 添加在线地图集

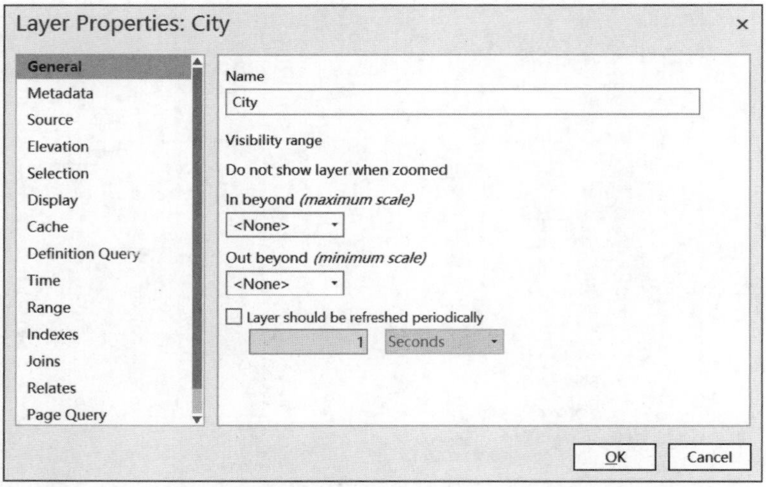

图 1.13　Layer Properties 对话框

在 General 栏目中，可以更改图层的名称。通过设置 Visibility range，当超过指定的比例尺范围后，可以控制该图层不在窗口中显示。在 Metadata 中，可以查看元数据；在 Source 中，可以查看数据来源并设置数据来源。有时候地图数据的存储路径发生了变化，当再次打开工程时，Contents 中的图层会出现丢失现象，表现为图层名称旁边出现一个红色的感叹号。在这种情况下，需要修复数据来源，使用 Set Data Source 重新设置数据的存储路径。

在 Elevation 中可以设置图层的高程来源；在 Selection 中设置选择要素的颜色；Display 用于控制显示样式；Cache 设置缓存模式；Definition Query 中定义查询语句，只有满足查询语句的要素才会显示在地图中；在 Time 中为图层添加时间字段，要求要素类的属性表中必须包含时间字段；在 Range 中设置根据某一字段的范围控制图形在窗口是否显示；Indexes、Joins、Relates 以及 Page Query 中可以分别对索引、连接和关联以及页面查询进行设置。

6. 使用导航工具

添加数据后，在 Map 功能栏选项卡的 Navigate 组中，使用导航工具查看地图。Explore 用于浏览数据，其中，单击左键弹出要素标识；按住左键拖动，用于在 2D 和 3D 模式下漫游地图；滑动滚轮用于放大或者缩小地图；按住滚轮拖动，在 2D 模式下进行平移，在 3D 模式中用于旋转和倾斜；按住右键拖动用于连续缩放；单击右键，显示其他工具的快捷菜单。如图 1.14 所示。

图 1.14　导航工具

在 Explore 工具的右侧，有六个按钮，其功能分别是缩放至全图范围、缩放至所选项、以固定比例放大/以固定比例缩小、上一视图/下一视图。当缩放或者漫游至感兴趣范围内时，可以创建书签（Bookmarks），书签用于记录感兴趣的地图区域。例如，可以创建一个标识某研究区域的书签，当在地图其他区

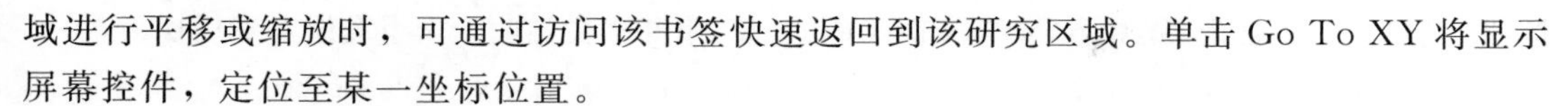

域进行平移或缩放时，可通过访问该书签快速返回到该研究区域。单击 Go To XY 将显示屏幕控件，定位至某一坐标位置。

7. 对要素进行符号化

在 Contents 窗格中，选中某一要素，切换至功能栏的 Appearance 选项卡，单击 Symbology 下拉菜单，软件提供了多种不同的符号化方法或符号系统，如图 1.15 所示。

(1) 单一符号 (Single Symbol)：在图层中使用单个符号绘制所有要素。

(2) 唯一值 (Unique Values)：根据一个或多个字段将不同的符号应用到图层中的各个要素类别。

(3) 分级色彩 (Graduated Colors)：按照等级赋予不同颜色，以显示要素值的定量差异。

(4) 分级符号 (Graduated Symbols)：按照等级赋予不同大小的符号，以显示要素值的定量差异。

(5) 二元色彩 (Bivariate Colors)：使用分级色彩来显示两个字段之间的要素值的定量差异。

(6) 未分类色彩 (Unclassed Colors)：表示具有一系列未划分为离散类色彩的要素值的定量差异。

(7) 比例符号系统 (Proportional Symbols)：将定量值表示为按比例调整大小的一系列未分类符号。

(8) 点密度 (Dot Density)：将数量绘制为在面中分布的点符号，仅适用面要素。

(9) 图表 (Charts)：使用图表符号根据多个字段绘制数量。

(10) 热点图 (Heat Map)：将点密度绘制为连续的颜色梯度。

(11) 字典 (Dictionary)：用于将符号应用于使用多个属性的数据，可以对图层的符号进行更改。

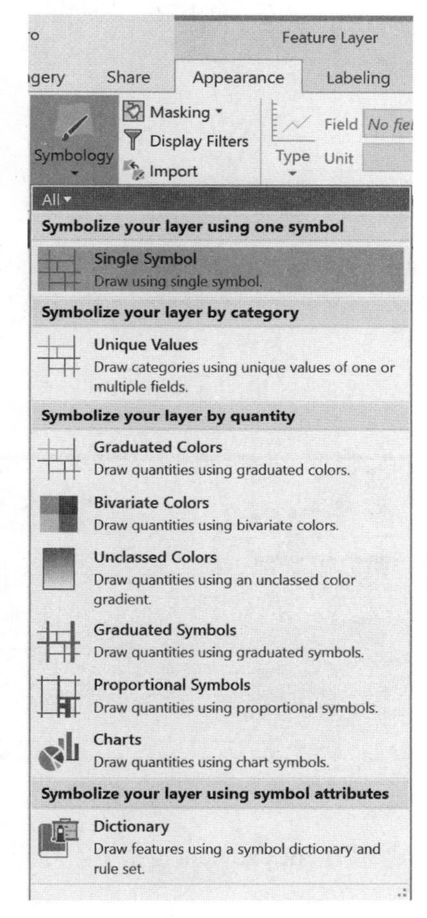

图 1.15 符号系统

任选一个符号化方法，将弹出 Symbology 窗格，如图 1.16 所示。在 Primary symbology 中可以设置符号的样式。单击 Symbol 后方符号，在 Gallery 中选择符号；在 Properties 中设置符号的属性；在 Vary symbology by attribute 中，可以根据属性设置图层的透明度、旋转、颜色以及符号大小等；在 Symbol layer drawing 中，设置当符号重叠时的显示次序。Display filters 用于构建查询语句限制显示图层的要素，Advanced symbology options 用于符号系统的高级设置。

8. 运行地理处理工具

试着运行一个地理处理工具，目的是寻找距离每个地级市最近的水文站。请下载本教材的练习数据，并将其解压至某一文件夹。在 Catalog 窗格的 Folders 上右击，选择 Add Folder Connection，选择解压后的文件夹，将其添加至工程中。在 Map 功能栏选项卡中，单击 Add Data

按钮，添加“1.4 初识 ArcGIS Pro”文件夹中的地级市和水文站两个矢量图层，然后切换至 Analysis 功能栏选项卡，单击 Tools 按钮，弹出 Geoprocessing 窗格，在 Geoprocessing 窗格顶部搜索 Spatial Join，双击打开 Spatial Join 工具。在 Target Features 中选择地级市，在 Join Features 中选择水文站，在 Output Feature Class 中设置输出要素类名，在 Join Operation 中选择 Join one to one，在 Match Option 中选择 Closest，展开 Fields，在 Output Fields 中只保留 NAME 和站名两个字段，单击 Run，如图 1.17 所示。

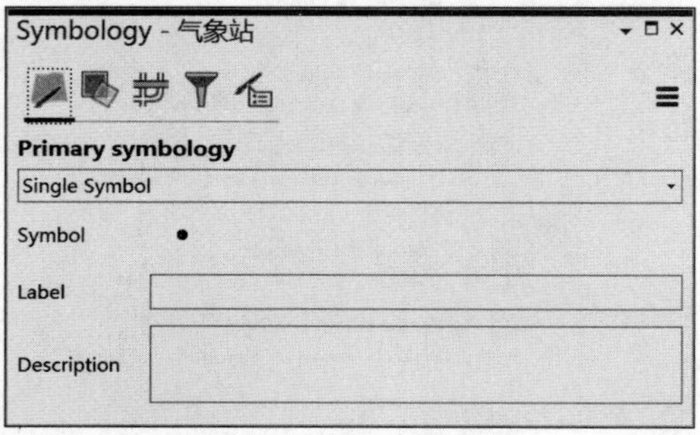

图 1.16　Symbology 窗格

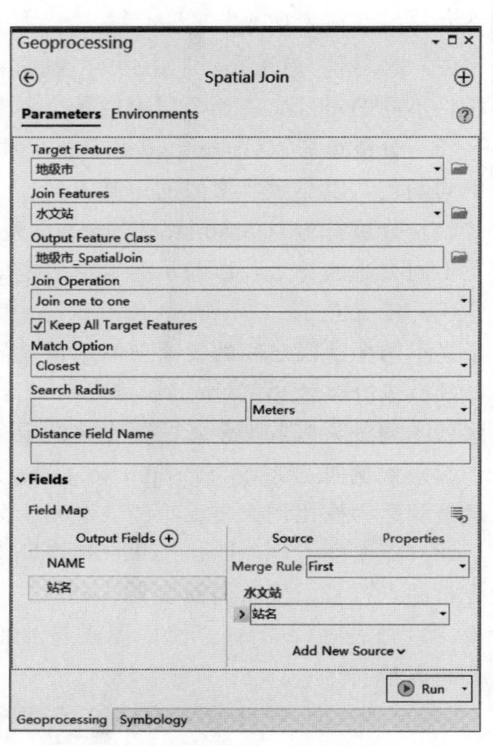

图 1.17　Spatial Join 工具

随后，在 Contents 窗格中，打开生成要素类的属性表，查看距离各个地级市最近的水文站。

第2章 投　影

2.1 为世界地图添加投影

2.1.1 实验背景

地球的自然表面是一个极其复杂的不规则曲面。假想海洋处于完全静止和平衡状态，海水面延伸到大陆地面以下所形成的闭合曲面为大地水准面。大地水准面是重力等位面，也称水准面为地球体的物理表面。由大地水准面所包围的地球形体称为大地体。由于地球内部质量分布不均，引起重力方向的变化，导致大地水准面成为一个不规则的，仍然不能用数学表达的曲面。

为了方便计算，人们提出了地球椭球体（Spheroid）的概念。地球椭球体是椭圆绕地球短轴旋转而成的形体，通过选择椭圆的长半轴和扁率，可以得到与地球形体非常接近的旋转椭球。旋转椭球表面是一个形状规则的数学表面，在其上可以做严密的计算。

地球椭球体的形状（扁率 f）、大小（长半轴 a）确定之后，还应该进一步确定地球椭球与大地体的最佳拟合位置，才能作为测量计算的基准面。一般包含椭球定位和椭球定向两个步骤。

椭球定位是指确定椭球中心的位置。分为局部定位和地心定位。局部定位要求在一定范围内椭球面与大地水准面有最佳的符合，而对椭球的中心位置无特殊要求。地心定位要求在全球范围内椭球面与大地水准面有最佳的符合，同时要求椭球中心和地球质心一致。

椭球定向是指确定椭球旋转轴的方向，不管是局部定位还是地心定位，均应该满足椭球短轴平行于地球自转轴，大地起始子午面平行于天文起始子午面两个平行条件。

具有确定参数（长半轴和扁率），经过局部定位和定向，同某一地区或国家大地水准面最佳拟合的地球椭球，称为参考椭球体或基准面（Datum）。在参考椭球体上建立的大地测量坐标系统，称为参心坐标系。我国使用的参心坐标系有 1954 年北京坐标系和 1980 年国家大地坐标系（1980 西安坐标系）。

除了满足地心定位和双平行条件外，在确定椭球参数时能使它在全球范围内与大地体最密合的地球椭球，称为总地球椭球。理论上，总地球椭球应该只有一个。在总椭球体上建立的大地测量坐标系统，称为地心坐标系。实际中常用的地心坐标系有 WGS 1984 和 CGCS 2000 地心坐标系，见表 2.1。

表 2.1　　我国常用的地球坐标系统

地球坐标系	类型	椭球长半轴/m	扁率	原点	Z 轴	X 轴
Beijing 1954	参心坐标系	6378245	1/298.3	参考椭球中心	指向不明确	—

续表

地球坐标系	类型	椭球长半轴 /m	扁率	原点	Z 轴	X 轴
Xian 1980	参心坐标系	6378140	1/298.257	参考椭球中心	平行于地球质心指向地极原点 $JYD_{1968.0}$ 方向，起始大地子午面平行于我国起始天文子午面	X 轴在大地起始子午面内与 Z 轴垂直指向经度 0°方向
WGS 1984	地心坐标系	6378137	1/298.257223563	地球质心	国际时间局 BIH1984.0 定义的协议地球极（CTP）方向	BIH1984.0 0°子午面和 CTP 赤道交点
CGCS 2000	地心坐标系	6378137	1/298.257222101	地球质心	国际时间局 BIH1984.0 定义的协议地球极（CTP）方向	IERS（国际地球自转服务）起始子午面与通过原点且同在 Z 轴正交的赤道面的交线

注　Xian 1980、WGS 1984、CGCS 2000 的 Y 轴均与 X 轴、Z 轴成右手坐标系。

从表现形式上分，无论是参心坐标系还是地心坐标系，其形式大都分为大地坐标系、空间直角坐标系和球坐标系这三种。大地坐标系用纬度（B）、经度（L）、大地高（H）表示。大地纬度（B）指椭球面上某点的法线与赤道平面的夹角，北纬为正，南纬为负。大地经度（L）指椭球面上某点的大地子午面与本初子午面间的两面角，东经为正，西经为负。大地高（H）是指地面点沿椭球面法线至椭球面的距离，地面点沿着铅垂线至大地水准面的距离称为正高。由于每个地方的引力常数无法精确测量，正高也就不能精确求得。

为了方便计算，引入似大地水准面的概念，其定义为从地面点沿正常重力线量取正常高所得端点构成的封闭曲面。似大地水准面可由物理大地测量方法确定。某点的正常高是该点到通过该点的铅垂线与似大地水准面的交点之间的距离。我国的 1985 国家高程基准就是属于以似大地水准面为起算面的正常高系统。似大地水准面与大地高（H）之间的差值称为高程异常。在进行局部椭球定位的时候，经常以某一国家或地区范围内高程异常值平方和最小为条件求解。

空间直角坐标系一般用（X，Y，Z）表示，以椭球体中心 O 为原点，起始子午面与赤道面交线为 X 轴，在赤道面上与 X 轴正交的方向为 Y 轴，椭球体的旋转轴为 Z 轴，构成右手坐标系 O-XYZ。

同一地球坐标系统下（如均为 CGCS 2000 地心坐标系），大地坐标和空间直角坐标可以互相转换，大地坐标（B，L，H）转换为空间直角坐标（X，Y，Z）的公式为

$$\begin{bmatrix} X \\ Y \\ Z \end{bmatrix} = \begin{bmatrix} (N+H)\cos B\cos L \\ (N+H)\cos B\sin L \\ [N(1-e^2)+H]\sin B \end{bmatrix} \tag{2.1}$$

式中：N 为卯酉圈半径，$N=\dfrac{a}{\sqrt{1-e^2\sin^2 B}}$；e 为椭圆的第一偏心率，$e=\dfrac{\sqrt{a^2-b^2}}{a}$；a、b 分别为椭球的长半轴和短半轴，m。

空间直角坐标系（X，Y，Z）转换为大地坐标（B，L，H）的公式为

$$L=\arctan\frac{Y}{X} \tag{2.2}$$

$$\tan B=\frac{Z+Ne^2\sin B}{\sqrt{X^2+Y^2}} \tag{2.3}$$

式（2.3）两侧均有带定量 B，故需要迭代计算。迭代时可取 $\tan B=\frac{Z}{\sqrt{X^2+Y^2}}$，用 B 的初值 B_1 计算 N_1 和 $\sin B_1$，按照式（2.3）进行第二次迭代，直至最后两次 B 值之差小于允许误差为止。

计算出大地纬度 B 时，按照下式计算大地高 H：

$$H=\frac{\sqrt{X^2+Y^2}}{\cos B}-N \tag{2.4}$$

大地坐标系在 ArcGIS 中被定义为地理坐标系（Geographic Coordinate System，GCS），ArcGIS 中的 GCS 重要参数包括角度单位（Angular Unit）、本初子午线（Prime Meridian）、基准面（Datum）以及椭球体（Spheroid）。其中，椭球体定义了地球椭球体的长半轴和扁率参数，基准面描述了地球椭球体和大地体的相对位置。

将地球椭球面上的点（大地经度和大地纬度）投影到平面上（平面直角坐标系的横轴和纵轴，注意区别前述提到的空间直角坐标系）的方法称为地图投影。按照一定的数学法则，使地面点的地理坐标（L，B）与地图上对应点的平面直角坐标（x，y）建立函数关系。可用式（2.5）概括：

$$\left.\begin{aligned}x&=f_1(L,B)\\y&=f_2(L,B)\end{aligned}\right\} \tag{2.5}$$

投影定义里的平面也叫投影面，投影面必是可以展成平面的曲面，如椭圆、柱面、圆锥以及平面等。根据投影面与椭球体的相对位置，可以分为正轴投影（圆锥轴或圆柱轴与地球自转轴重合）、斜轴投影（圆锥轴与原面相切于除极点和赤道以外的某一位置）、横轴投影（圆锥轴或圆柱轴与地球自转轴垂直）。除了相切，投影面还可以与地球椭球相割于两条标准线。

按照变形性质，投影可以分为等角投影、等面积投影以及任意投影。投影的命名就是按照变形性质、投影面类型、投影面和椭球体的相对位置关系命名的。如横轴等角切椭圆柱投影，也称为高斯-克吕格投影。我们看到投影坐标系（Projected Coordinate System，PCS）始终是基于地理坐标系的，即投影坐标系＝地理坐标系＋投影算法。除了东偏、北偏、中央经线、比例因子、起始纬度等参数外，常见的投影参数还有切点的位置、标准纬线等。一个典型的高斯-克吕格投影的参数见表 2.2。

表 2.2　　高斯-克吕格投影参数

项　目	说　明	参　数
Projection	投影类型	Gauss Kruger
False Easting	东偏	500000m

续表

项 目	说 明	参 数
False Northing	北偏	0m
Central Meridian	中央经线	108°
Scale Factor	比例因子	1
Latitude of Origin	起始纬度	0°
Geographic Coordinate System	地理坐标系	GCS China Geodetic Coordinate System 2000
Angular Unit	角度单位	Degree
Radians Per Unit	每单位弧度值	0.017453293
Prime Meridian	本初子午线	Greenwich
Longitude Relative to Greenwich	相对格林尼治的经度差	0°
Datum	基准面	China 2000
Spheroid	椭球体	CGCS2000
Semimajor Axis	长半轴	6378137m
Semiminor Axis	短半轴	6356752.314m
Inverse Flattening	扁率	298.2572221

2.1.2 实验数据

World_Countries 要素类，全球陆地边界。

World_Grid 要素类，全球格网。

二者均保存在 World Map.gdb 地理数据库中，坐标系统为 GCS_WGS_1984 地理坐标系。

2.1.3 操作步骤

打开 ArcGIS Pro，加载 World_Countries 和 World_Grid 两个要素类，调整图层次序，使 World_Countries 位于 World_Grid 的上方。在 Contents 窗格右击 Map，选择 Properties，打开 Map Properties，切换至 Coordinate Systems 项目，右侧展开 Projected Coordinate System，找到 World 或者 World (Sphere - based) 投影组，选择相应的投影并在视图中查看投影效果，如图 2.1 所示。

注意：该操作并未改变数据的实际投影，只改变了图层在地图中的显示效果。如果想查看投影参数，右击某投影，选择 Copy and Modify 即可。

World 组中使用的椭球体为 WGS 1984，而 World (Sphere - based) 组中使用的是球体，长、短半轴均为 6371000m，扁率为 0。

几个常用的世界地图投影如下：

(1) 埃托夫投影 (Aitoff Projection)：改进的方位投影。将世界地图投影到长短轴为 2∶1 的椭圆上，切点为本初子午线和赤道交点。

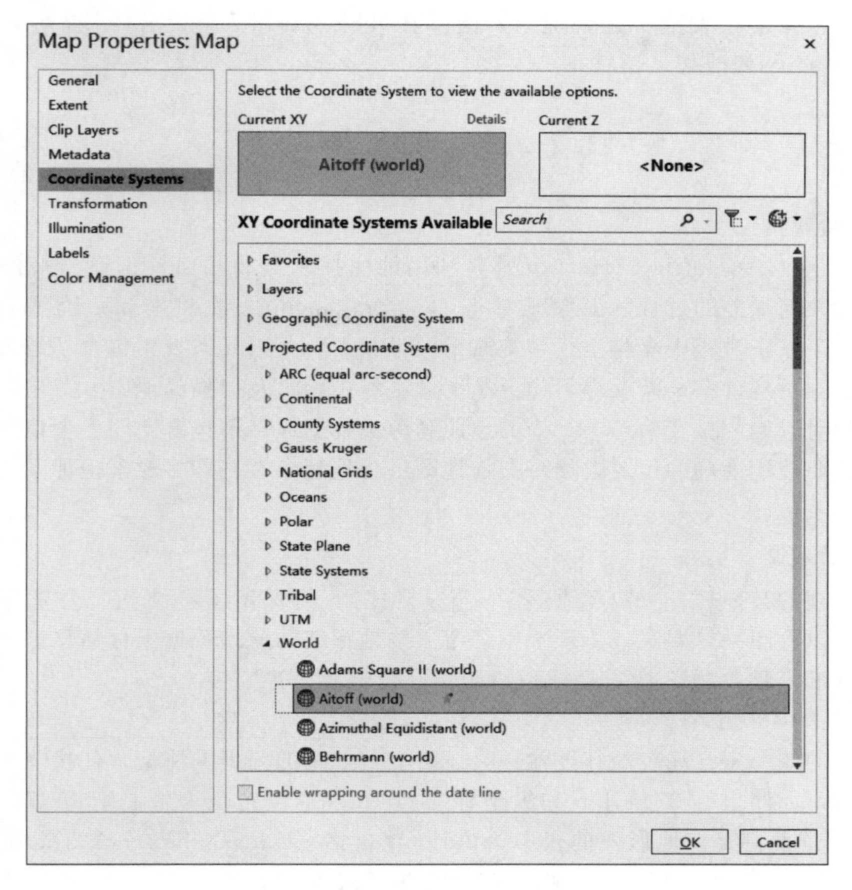

图 2.1　Map Properties 对话框

(2) 等距方位投影 (Azimuthal Equidistant Projection)：这是一种方位投影，由纬度和经度确定的一个点作为平面与椭球的切点。当以北极为切点时，获得的投影被用做联合国的徽标。该投影默认的切点是本初子午线和赤道交点，在该投影单击右键，选择 Copy and Modify，将 Central Meridian 设置为 0°，Latitude Of Origin 设置为 90°，则以北极为切点。

(3) 柏哥斯星状投影 (Berghaus Star Projection)：Hermann Berghaus 于 1879 年设计。通常以北极为中心，可最小化大陆板块中的间断。美国地理学家协会 (AGG) 在 1911 年将其中一种样式的柏哥斯星状投影用到了徽标中。柏哥斯星状投影对中央半球使用等距方位投影。

(4) 彭纳投影 (Bonne Projection)：伪圆锥投影。所有的纬线为同心圆弧，并且投影变换后是个大大的心形。

(5) 温克尔三重投影 (Winkel Triple Projection)：世界地图挂图多使用此投影。投影后各条经线的间距相等，且这些经线以中央子午线为中心向两侧凸出。中央子午线是一条直线。纬线是间距相等的曲线，南北半球的纬线均向赤道凸出。

(6) The World From Space 投影：使用了正射投影 (Orthographic Projection) 方法。

投影变换后，像是在太空中遥看地球，同样在 The World From Space 投影右击，选择 Copy and Modify 修改切点位置。

2.2 地理参考

2.2.1 实验背景

几何校正（Geometric Correction）是利用地面控制点和几何校正模型来校正非系统因素产生的几何误差的过程。而地理参考（Georeferencing）是将坐标系统赋予图像数据的过程。由于校正过程中会将坐标系统赋予图像数据，所以几何校正包含了地理参考。

栅格数据可从许多来源获得，如卫星图像、航拍相机及扫描的地图。卫星图像和航片往往具有相对准确的位置信息。扫描的地图和历史数据通常不包含空间参考信息，在这些情况下，需要使用准确的位置数据对扫描地图进行地理参考，即将像素坐标系统转换为地理空间坐标系统。

2.2.2 实验数据

经过处理的某地区 1∶1 万地形图（jpg 格式），只保留了经纬网、公里网、坐标信息、比例尺以及图号等要素，不影响本练习。该地形图的原始数据坐标信息如下：

坐标基准信息：1980 西安坐标系、1985 国家高程基准。

比例尺：1∶1 万。

地形图的四个角标注有经纬度注记，还有 5 行 6 列的公里网注记，任找一个公里网交叉点的坐标，如横坐标 37445km 和纵坐标 4160km，单位转化为米，则为 37445000m 和 4160000m，据此判定该地形图的投影为高斯-克吕格（Gauss - Kruger）3°分带投影，带号 37，西偏：37500000（500km 加带号）。中央经线为 111°。

2.2.3 操作步骤

1. 添加控制点

打开 ArcGIS Pro 并新建工程，在 Contents 窗格中移除默认加载的地形图图层，使用 Add Data 将需要校正的原始地形图（地形图 .jpg）加载至 Contents，单击 Contents 中的地形图 .jpg，切换至 Imagery 功能栏选项卡，单击 Georeference 按钮，调出 Georeference 地理参考工具，如图 2.2 所示。

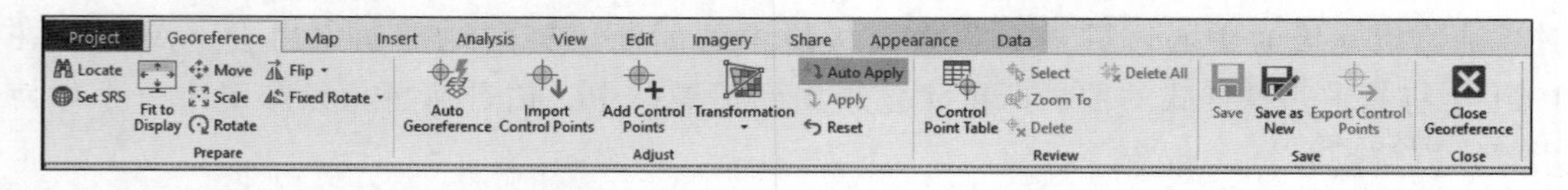

图 2.2 Georeference 地理参考工具

在 Georeference 功能栏选项卡中，单击 Prepare 组中的 Set SRS，设置坐标系为 Projected Coordinate Systems\Gauss Kruger\Xian 1980\Xian_1980_3_Degree_GK_Zone_37。

如果需要参考的原始地图有明显的缩放、偏移以及旋转等，可以使用 Prepare 组中的 Fit to Display、Move、Scale 以及 Rotate 等工具进行粗略校正。

单击 Georeference 功能栏选项卡中 Adjust 组中的 Add Control Points，放大地形图，在图上选择公里网的交点作为控制点进行校正。单击某一公里网交点，右击任意位置，在弹出的对话框中输入公里网交点的实际坐标值（*X* 和 *Y*），在此需要把单位 km 转化为 m，*X* 为横坐标，*Y* 为纵坐标。输入第一个控制点的坐标值后，地形图可能会从窗口中消失，此时，在 Contents 中，右击地形图 .jpg，选择 Zoom to layer，以使地形图再次显示。

对于缺少公里网格的地图而言，控制点一般可以选择道路或河流的交叉口、农田及建筑的边界等位置明确且位置固定的点。这些控制点的坐标需要已知或者根据实地测量以获得坐标值。

如果地图视图中同时加载了坐标系统正确的同一区域图层，可先使用 Prepare 组中的 Move、Scale 以及 Rotate 等工具，使待校正栅格图层和坐标系统正确的图层大致匹配。找到两幅地图中的同名控制点，然后使用 Add Control Points 工具，首先单击待校正影像的控制点，然后单击坐标系统正确图层中的同一个控制点，以完成控制点添加。

为了获取更好的校正效果，控制点应均匀地分布在校正图像内。控制点数量和变换方法有关，在 Adjust 组中的 Transformation 下拉菜单可以选择相应的变换方法，同时可以看到对应的控制点数量要求。一般来讲，为了观察校正残差，实际使用的控制点数量要高于最低要求，推荐使用最低要求的 2 倍左右。对于地形图的校正，如果只需要拉伸、缩放和旋转，可以使用一阶多项式［1st order Polynomial（Affine）］进行校正。如果需要校正的底图有扭曲变形，则需要使用二阶或三阶变换。ArcGIS 根据控制点的 Source 坐标和 Map 坐标，使用最小二乘法（LSF）拟合多项式的系数。

2. 查看控制点表连接表

单击 Review 组中的 Control Point Table，打开控制点表，查看从像素坐标系（Source）到高斯坐标系（Map）的控制点坐标对应关系。还可以观察残差，对于残差较大的控制点可以选中删除。单击 Control Point Table 工具栏中的 Export Control Points，可以将控制点导出为 TXT 文本文件，供下次校正使用。如图 2.3 所示。

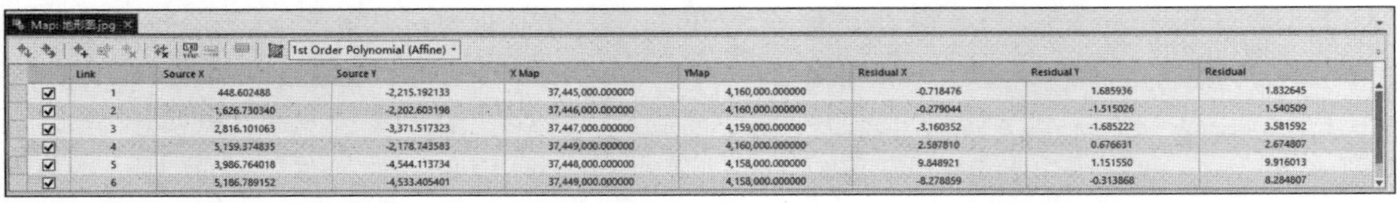

Map: 地形图.jpg

1st Order Polynomial (Affine)

	Link	Source X	Source Y	X Map	YMap	Residual X	Residual Y	Residual
☑	1	448.602488	-2,215.192133	37,445,000.000000	4,160,000.000000	-0.718476	1.685936	1.832645
☑	2	1,626.730340	-2,202.603198	37,446,000.000000	4,160,000.000000	-0.279044	-1.515026	1.540509
☑	3	2,816.101063	-3,371.517323	37,447,000.000000	4,159,000.000000	-3.160352	-1.685222	3.581592
☑	4	5,159.374835	-2,178.743583	37,449,000.000000	4,160,000.000000	2.587810	0.676631	2.674807
☑	5	3,986.764018	-4,544.113734	37,448,000.000000	4,158,000.000000	9.848921	1.151550	9.916013
☑	6	5,186.789152	-4,533.405401	37,449,000.000000	4,158,000.000000	-8.278859	-0.313868	8.284807

图 2.3 控制点表

3. 输出校正图像

单击 Georeference 功能栏选项卡中 Adjust 组中的 Apply 按钮或者保持 Auto Apply 状态，应用校正。单击 Save 组中的 Save as New，打开 Export Raster 对话框，设置输出文件位置和文件名，对于校正后的文件，一般可以使用 TIFF 格式。设置坐标系为 Projected Coordinate Systems\Gauss Kruger\Xian 1980\Xian_1980_3_Degree_GK_Zone_37，Pixel Type 与待校正的 jpg 文件一致（右击地形图 .jpg，选择 Properties，在 Source 组中，展开 Raster Information，查看 Pixel Depth 和 Pixel Type）。切换至 Export Raster 对话框的 Setting 选项卡，在 Snap Raster 中可以选择现有的栅格数据，导出的校正后图像可以和

Snap Raster 中的栅格逐像元匹配。

在 Resample 中设置重采样方法，软件提供了三种重采样方法，分别是 Nearest Neighbor（最邻近像元法）、Bilinear（双线性内插法）以及 Cubic（三次卷积法）。其中，最邻近像元法取距离被采样点最近的已知像元的灰度值作为采样灰度。此方法计算最简单，节省计算时间，辐射保真度好，但有可能造成像点在一个像元范围内的位移，其几何精度较其他两种方法要差。双线性内插法需要有被采样点周围 4 个已知像元的灰度值参与计算。双线性内插法计算较为简单，并且具有一定的灰度采样精度，也最常用，但是采样后的影像略有模糊。三次卷积法取被计算点周围相邻的 4×4 个点的像元值参与计算，内插精度较高，但是运算量大。

本实验中，不设置 Snap Raster，采样方法选择双线性内插法（Bilinear）。其他保持默认设置，单击 Export，完成导出。

4. 查看校正结果

新建工程，加载校正后的地形图，在 Contents 窗格右击 Map，切换至 General，在 Display units 中可以选择不同的显示单位，如图 2.4 所示。查看公里网、经纬度、坐标系统是否正确；也可以叠加其他图层，查看地理位置是否准确。

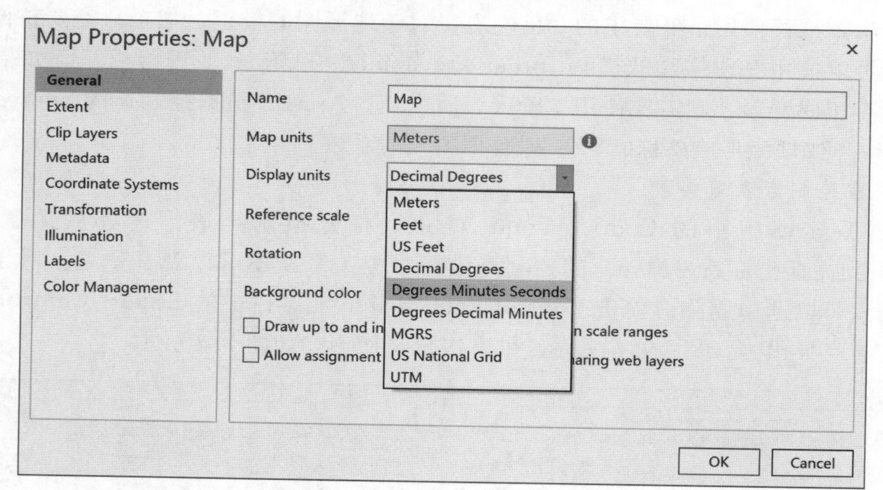

图 2.4　显示单位设置

5. 高斯-克吕格投影的进一步说明

高斯-克吕格投影是我国使用最广泛的投影。该投影公式由高斯（1777 年 4 月 30 日—1855 年 2 月 23 日，德国数学家、物理学家、天文学家。爱因斯坦曾说，世界上只有两样东西是无限的——宇宙和高斯的智慧）于 1822 年拟定，后经德国大地测量学家克吕格于 1912 年对投影公式加以补充。高斯-克吕格投影是等角横切椭圆柱投影。椭圆柱面与地球椭球在某一子午圈上相切，这条子午圈叫做投影的中央子午线，是高斯-克吕格投影后的平面直角坐标系的纵轴，地球的赤道与椭圆柱面相交成一条直线，该直线与中央子午线正交，是平面直角坐标系的横轴，把椭圆柱面展开，就得到了以（x，y）为坐标的平面直角坐标系。

高斯-克吕格投影要同时满足三个要求：投影后角度不变，中央子午线是直线并且是投影点的对称轴，投影后中央子午线没有变形。

在高斯-克吕格投影中，除了中央子午线没有长度变形外，其他所有长度都会发生变形，且变形大小与横坐标的平方成正比，即离开中央子午线越远，变形越大。因此有必要把投影区域限制在中央子午线两侧的一定区域内，这样的区域就叫做一个投影带。

我国规定，国家基本比例尺地形图 1∶5 万～1∶50 万均使用 6°分带的高斯-克吕格投影，1∶5000～1∶2.5 万使用 3°分带的高斯-克吕格投影。我国经度范围西起 73°，东至 135°，横跨 11 个 6°带，带号范围是 13～23；21 个 3°带，带号范围是 25～45。

高斯投影的每个投影带设立一个独立的平面直角坐标系，以中央子午线和赤道的交点作为坐标原点，以中央子午线为纵轴，以赤道为横轴。在我国纵坐标都是正的。为了避免出现负的横坐标，在横坐标上加上 500000m。此外还在横坐标前面再冠以带号，这种坐标称为国家统一坐标。例如，有一点它的横坐标值为 19623456m，则表示该点位在 19 带内，位于中央子午线以东，其相对于中央子午线而言的横坐标则是：首先去掉带号，再减去 500000m，最后得 123456m。

由于分带会造成边界子午线两侧的控制点和地形图处于不同的投影带内，给使用带来了不便。为了把各带连成整体，一般规定各投影带要有一定的重叠度，其中每个 6°带向东加宽 30′，向西加宽 15′或 7.5′，这样在上述重叠范围内，控制点将有两套相邻带的坐标值，地形图将有两套公里格网，从而保证了地图的拼接和使用。当需要从一个带的平面坐标换算到相邻带的平面坐标时，首先使用高斯投影坐标反算公式换算成椭球面大地坐标 (B，L)，再由正算公式计算出平面坐标。高斯投影的坐标正反算公式可参考大地测量学相关教材。

当展开 Projected Coordinate System 下的 Gauss - Kruger 时，可以选择 Beijing1954、Xian1980 或 CGCS 2000 等地理坐标系。展开 CGCS 2000，发现有四种形式的高斯-克吕格投影：

(1) CGCS 2000 3 Degree GK CM 108E：3°带，横坐标前不加带号，中央经线 108°，东偏 500000m，横坐标为 6 位数，纵坐标为 7 位数。

(2) CGCS 2000 3 Degree GK Zone 36：3°带，横坐标前贯有带号，中央经线 108°，东偏 36500000m。横坐标共 8 位数，前两位数字为 36，表示带号，纵坐标为 7 位数。

(3) CGCS 2000 GK CM 111E：6°带，横坐标前不加带号，中央经线 111°，东偏 500000m，横坐标为 6 位数，纵坐标为 7 位数。

(4) CGCS 2000 GK Zone 19：6°带，横坐标前贯有带号，中央经线 111°，东偏 19500000m。横坐标共 8 位数，前两位数字为 19，表示带号，纵坐标为 7 位数。

2.3 空间校正

2.3.1 实验背景

前述的地理参考一般针对栅格数据进行。对于矢量数据，常采用不同的地理坐标系或者坐标系未知（特别是 CAD 数据），或者矢量数据发生了偏移、缩放以及扭曲等情况，需手动对数据进行空间校正。

2.3.2　实验数据

校正参考底图.tif，包含坐标信息，其坐标系统为China Geodetic Coordinate System 2000，即CGCS 2000地理坐标系。

Road要素类存储在Spatial Adjustment.gdb地理数据库中。坐标信息同校正参考底图.tif，但是相对有明显的偏移、缩放和旋转。

2.3.3　操作步骤

1. 加载数据

打开ArcGIS Pro，首先加载校正参考底图.tif，随后加载Road要素类，可以发现Road相对校正参考底图.tif有明显的偏移、缩放和旋转。

2. 添加链接

切换至Edit功能栏选项卡，单击Tools下的Transform工具，如图2.5所示。

如图2.6所示，弹出Modify Features/Transform窗格，可以使用Selected features针对某一图层的选中要素进行变换，也可以切换至Layers下，选择某一个或多个图层，进行一个或多个图层的变换。本例选择整个road要素类进行变换。在Transformation Method中，选择变换方法。其中，仿射变换（Affine）是在不同的方向上进行不同的压缩和扩张，可以将球变成椭球，将正方形变为平行四边形，至少需要三个链接。相似变换（Similarity）是由一个图形变换为另外一个图形，在改变的过程中保持形状不变（大小可以改变），至少需要两个链接。在二维坐标变换过程中，经常遇到的是平移、旋转和缩放三种基本的相似变换操作。橡皮页变换（Rubbersheet）通过坐标几何纠正来修正缺陷，主要针对几何变形，通常发生在原图上。它们可能由于在地图编辑中出现校正缺陷、缺乏

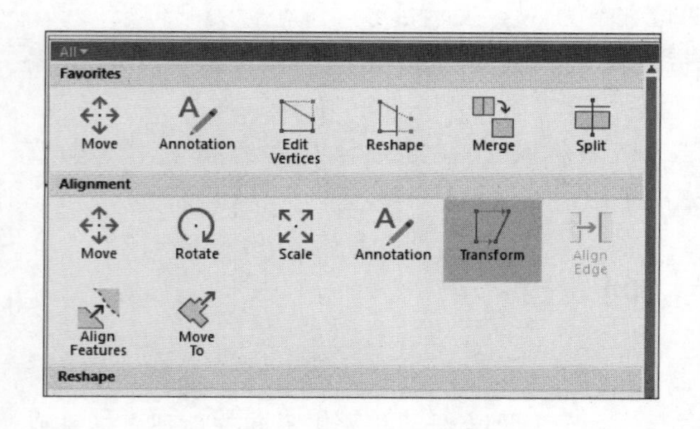

图2.5　Tool下拉菜单

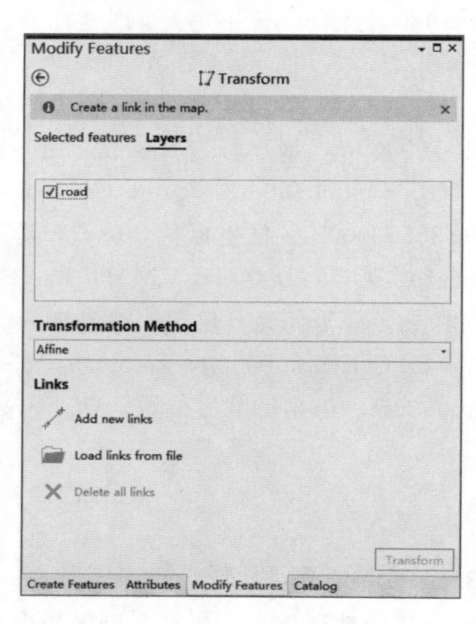

图2.6　Modify Features/Transform窗格

大地控制或其他各种原因产生。橡皮页变换通常在仿射或相似变换之后使用，以进一步优化经过变换的要素的对齐精度。橡皮页变换提供了线性（Linear）和自然邻域（Nature Neighbor）两种方法，当链接均匀分布在变换区域上时一般使用线性方法，当位移链接分散在变换区域中时，可以使用自然邻域法，该方法类似于反距离权重插值法。本例中，选择仿射变换。

然后，单击 Add new links，添加位移链接(Links)，位移链接选择 road 和校正参考底图的对应关键位置（拐点，端点）。先单击 road 的关键位置，后单击校正参考底图 . tif 的关键位置，如图 2.7 所示。Links 越多，校正精度越高。可以在 Edit 功能栏选项卡的 Snapping 组中，打开捕捉（Snapping）以精确定位。

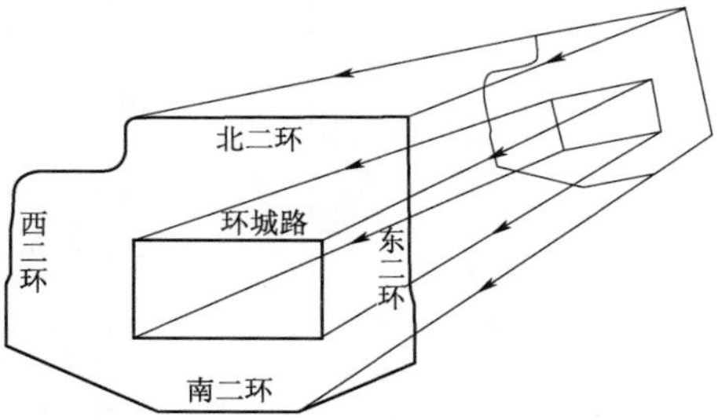

图 2.7 添加位移链接

3. 执行空间校正

添加 Links 后，在 Contents 窗格中新增了一个名为 Links 的图层，该图层也保存在默认的地理数据库中，执行完空间校正后 Links 图层可以删除。

在 Modify Features/Transform 窗格中，显示 Links 的数量和均方根误差（RMS Error）。每个链接会生成测量目的地控制点位置及其实际变换位置之间拟合的误差。Modify Features/Transform 窗格中显示的 RMS Error 是所有链接误差的均方根误差。

当链接的数量满足要求且对误差也满意时，单击下方的 Transform，执行空间校正，之后切换至 Edit 功能栏选项卡，单击 Save，保存编辑结果。

4. 定义投影

对于缺失坐标系统的矢量数据，最后还应该定义坐标系统，打开 Geoprocessing\Data Management Tools\Projections and Transformations\Define Projection，为矢量数据定义坐标系统。本例 Road 要素类包含有坐标系统，不需要此操作。

2.4 为矢量数据进行投影变换

2.4.1 实验背景

为数据添加正确的投影至关重要，在此过程中经常需要进行空间坐标变换。空间坐标变换是把空间数据从一种空间参考系映射到另一种空间参考系中。坐标变换主要有两种情形：

（1）同一地理坐标基准下的坐标变换。如果参与转换空间参考系的投影公式存在精确解析关系式，则直接进行坐标换算；如果不存在精确解析关系式，则采用间接变换——先将一种投影的平面坐标换算为球面大地坐标，然后再对球面大地坐标计算出另一种投影下的平面坐标，从而实现两种投影坐标间的变换。

（2）不同地理坐标基准下的坐标变换。在此情形下，首先实现地理坐标基准的变换，其次实现坐标值的变换。

不同尺度、不同区域投影选择不同，对于中国地图来讲，不同投影之间的制图差异较大。中国常用的投影类型见表2.3。

表2.3　　中国地图常用的投影类型

地图类型	所用投影	主要技术参数
中国全图	斜轴等面积方位投影 斜轴等角方位投影	投影中心： N27°30′，E105° 或N30°30′，E105° 或N35°00′，E105°
中国全图 （南海诸岛做插图）	正轴等面积割圆锥投影（Albers）	中央经线：105° 标准纬线：$j_1=25°00'$，$j_2=47°00'$
中国分省（区）地图 （海南省除外）	正轴等角割圆锥投影（Lambert） 正轴等面积割圆锥投影（Albers）	各省区图分别采用各自标准纬线
中国分省（区）地图 （海南省）	正轴等角圆柱投影（Mercator投影）	—
国家基本比例尺地形图 1∶100万	兰伯特正轴等角割圆锥投影 （Lambert conformal conic projection）	按国际统一4°×6°分幅 中央经线：105° 标准纬线：$j_1=25°00'$，$j_2=47°00'$
国家基本比例尺地形图 1∶5万～1∶50万	高斯-克吕格投影（6°分带） （等角横切椭圆柱投影）	投影带号（N）：13～23 中央经线：$\lambda_0=(6N-3)°$
国家基本比例尺地形图 1∶5000～1∶2.5万	高斯-克吕格投影（3°分带）	投影带号（N）：24～46 中央经线：$\lambda_0=(3N)°$
城市图系列 （1∶500～1∶5000）	城市平面局域投影 城市局部坐标的高斯投影	—

2.4.2 实验数据

研究区范围要素类，保存在Projection.gdb地理数据库中。地理坐标系统（Geographic Coordinate System）为Beijing 1954。

要求转化为WGS 1984地理坐标系，并为其添加投影，投影类型为Albers投影（正轴等面积割圆锥投影），中央经线105°，标准纬线1为25°，标准纬线2为47°，起始纬线0°，东偏和北偏均为0°。

2.4.3 操作步骤

1. 地理坐标变换

加载研究区范围要素类至ArcGIS Pro，打开Geoprocessing\Data Management Tools\Projections and Transformations\Project工具，在Input Dataset or Feature Class中选择研究区范围，设置Output Dataset or Feature Class名称为研究区范围，Output Coordinate System选择Geographic Coordinate System\World\WGS 1984，如图2.8所示。

由于从GCS_Beijing_1954转换为GCS_WGS_1984的过程中涉及地理坐标系变换，也就是进行了椭球体变换，因此必须提供 Geographic Transformation（地理变换）参数。在从 GCS_Beijing_1954 到 GCS_WGS_1984 的转换中，ArcGIS 中提供了 6 种转化方式。在此选择 Beijing_1954_To_WGS_1984_1 转换方法，该法在北纬 37.75°～38.25°地区精度较高（注意，本例仅作为演示用，实验数据部分区域纬度范围不在 37.75°～38.25°之间，且转换精度可能达不到需要的精度，更一般的方法请参见下一节）。

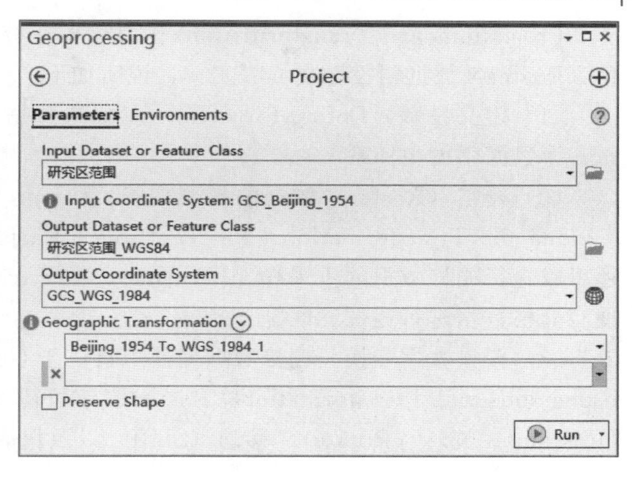

图 2.8 Project 工具

2. 为研究区范围要素类添加投影

打开 Geoprocessing\Data Management Tools\Projections and Transformations\Project 工具，在 Input Dataset or Feature Class 中选择研究区范围_WGS84，设置 Output Dataset or Feature Class 名称为研究区范围_Projection，单击 Output Coordinate System 右侧的 Select coordinate system，定位在 Projected Coordinate System\Continental\Asia\Asia North Albers Equal Area Conic，右击，选择 Copy and Modify。在弹出的对话框中，将 Name 修改为 Asia North Albers Equal Area Conic_china，Central Meridian 修改为 105°，Standard Parallel 1 修改为 25°，Standard Parallel 2 修改为 47°，Latitude Of Origin 修改为 0°，单击 Save，随后单击 OK，单击 Project 界面的 Run，完成投影添加，如图 2.9 所示。

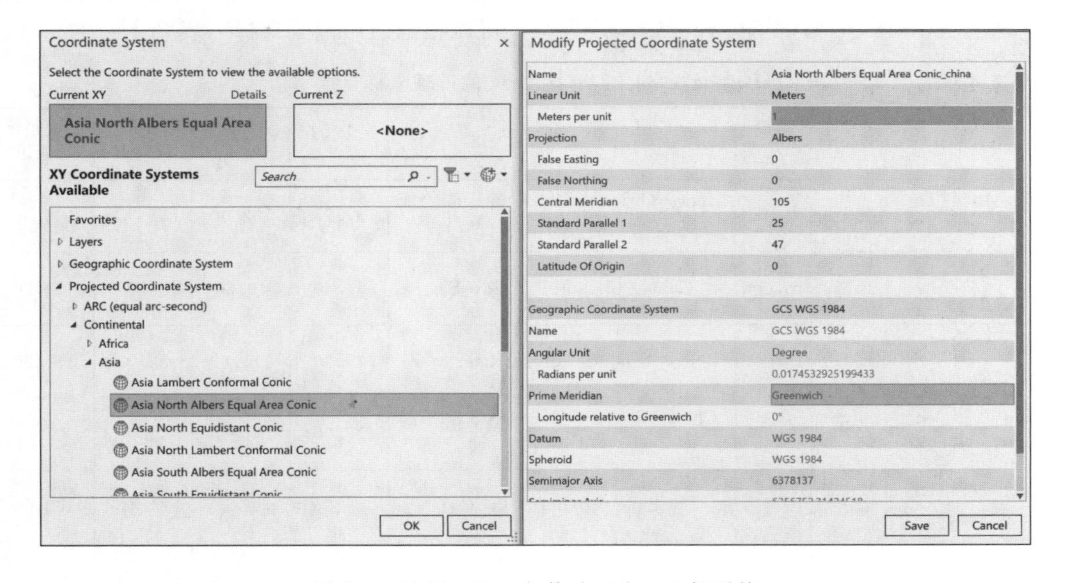

图 2.9 选择（左）与修改（右）坐标系统

Projections and Transformations 工具箱中还有定义投影（Define Projection）以及栅格（Raster）数据的投影变换等工具，说明如下：

（1）定义投影（Define Projection）。如果数据缺失坐标系统，则使用 Define Projection 为数据添加坐标系。

（2）栅格（Raster）数据的投影变换。Geoprocessing\Data Management Tools\Projections and Transformations\Raster\Project Raster，此工具除了可以进行投影变换外，还可以进行栅格数据的重采样工作。同时，在 Environments 中设置 Snap Raster，可以和现有栅格数据进行逐像元匹配。

（3）栅格数据变换。栅格数据变换工具位于 Geoprocessing\Data Management Tools\Projections and Transformations\Raster，有翻转（Flip）、镜像（Mirror）、重设比例尺（Rescale）、旋转（Rotate）、移动（Shift）以及扭曲（Warp）等操作。

2.5 地理坐标系变换

Project 工具中 Geographic Transformation 的参数如何设置分以下三种情况：

（1）投影变换过程中不涉及地理坐标系（基准面）的变换，Geographic Transformation 参数不需要。例如，对某一图层进行投影变换，从 CGCS 2000 地理坐标系投影至 CGCS2000_3_Degree_GK_Zone_37 高斯-克吕格投影坐标系。

整个转换中，仅进行了高斯-克吕格投影变换，未涉及椭球体变换，也就是基准面没有变化，不需要设置 Geographic Transformation 参数。

（2）投影变换过程中涉及地理坐标系变换，且 ArcGIS 提供了二者之间的变换方法，则需从 Geographic Transformation 下拉列表框中选择参数，如图 2.8 所示。如从 GCS_Beijing_1954 转换为 GCS_WGS_1984 坐标系，转换过程中涉及地理坐标系变换，也就是进行了椭球体变换。ArcGIS 中提供了多种已知转换方法，可以根据适用范围选择（表 2.4～表 2.6）。

表 2.4　Beijing_1954 到 WGS_1984 的地理坐标变换

名　称	WKID	精度/m	使 用 区 域	最小纬度/(°)	最小经度/(°)	最大纬度/(°)	最大经度/(°)
Beijing_1954_To_WGS_1984_1	15918	1.000	China - Ordos - 108～E to 108.5～E and 37.75～N to 38.25～N	37.75	108.00	38.25	108.50
Beijing_1954_To_WGS_1984_2	15919	15.000	China - offshore - Yellow Sea	31.40	19.20	37.00	124.20
Beijing_1954_To_WGS_1984_3	15920	15.000	China - offshore - Pearl River basin	19.50	111.00	22.00	117.00
Beijing_1954_To_WGS_1984_4	15921	1.000	China - Tarim - 77.5～E to 88～E and 37～N to 42～N	37.00	77.50	42.00	88.00
Beijing_1954_To_WGS_1984_5	15935	10.000	China - offshore - Bei Bu	19.00	108.00	21.40	109.60
Beijing_1954_To_WGS_1984_6	15936	1.000	China - Ordos - 108～E to 108.5～E and 37.75～N to 38.25～N	37.75	108.00	38.25	108.50

表 2.5 Beijing_1954 到 WGS_1984 的地理坐标变换参数（三参数）

地理（基准面）变换名称	WKID	地理变换	dx/m	dy/m	dz/m
Beijing_1954_To_WGS_1984_1	15918	Geocentric_Translation	12.646	−155.176	−80.863
Beijing_1954_To_WGS_1984_4	15921	Geocentric_Translation	15.800	−154.400	−82.300
Beijing_1954_To_WGS_1984_6	15936	Geocentric_Translation	11.911	−154.833	−80.079

表 2.6 Beijing_1954 到 WGS_1984 的地理坐标变换参数（七参数）

地理（基准面）变换名称	WKID	地理变换	dx/m	dy/m	dz/m	r_x/s	r_y/s	r_z/s	ds/ppm
Beijing_1954_To_WGS_1984_2	15919	PV	15.53	−113.82	−41.38	0.0	0.0	0.814	−0.38
Beijing_1954_To_WGS_1984_3	15920	PV	31.40	−144.30	−74.80	0.0	0.0	0.814	−0.38
Beijing_1954_To_WGS_1984_5	15935	PV	18.00	−136.80	−73.70	0.0	0.0	0.814	−0.38

（3）投影变换过程中涉及地理坐标系变换的坐标变换，但 ArcGIS 未知二者的变换方法。有些坐标系转换的参数是不公开的，如从 Beijing_1954 或 Xian_1980 转换至 CGCS 2000。ArcGIS 没有提供转换方法，Geographic Transformation 参数是必需的，需要自定义。此时需要使用 Create Custom Geographic Transformation 工具创建地理变换方法，如图 2.10 所示。

变换方法分为基于方程的变换方法和基于格网的变换方法两大类。基于方程的变换方法主要有地心变换、莫洛金斯基方法和坐标框架方法。基于格网的变换方法主要有 NADCON 和 NTv2 等方法，基于格网的变换方法多在欧美国家使用。

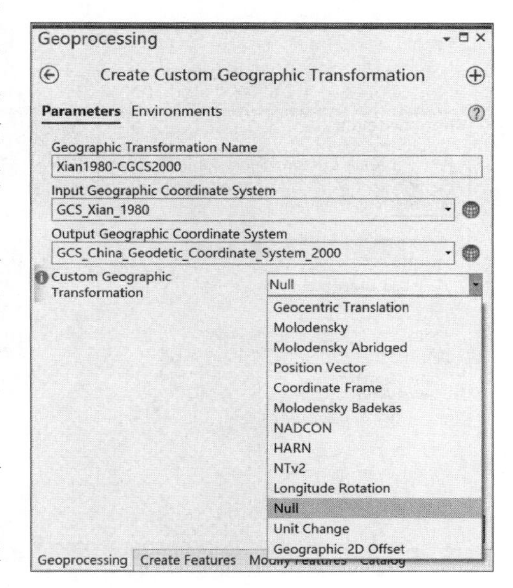

图 2.10 Create Custom Geographic Transformation 工具

在 Create Custom Geographic Transformation 工具中，需要设置地理变换名称，输入和输出的地理坐标系统，选择转化方法，并输入参数，参数一般需要不同坐标系下同名地物点进行拟合。常用的基于坐标的变换方法如下：

1）三参数法。其又称地心变换（Geocentric Translation），是最简单的基准面变换方法。这种转化方法所依据的数学模型是认为两种大地参照系之间仅仅是空间的坐标原点发生了平移，而不考虑其他因素。

地心变换在 X、Y、Z 或 3D 直角坐标系中对两个基准面间的差异情况进行建模。定义一个基准面使其中心为（0，0，0）。相距一定距离定义另一个基准面（ΔX，ΔY，ΔZ，单位：m），三参数方法是进行线性偏移的计算，

理论上只需要1个公共已知点即可，该变换方法精度较低。计算公式为

$$\begin{bmatrix}X\\Y\\Z\end{bmatrix}_{\text{new}}=\begin{bmatrix}\Delta X\\\Delta Y\\\Delta Z\end{bmatrix}+\begin{bmatrix}X\\Y\\Z\end{bmatrix}_{\text{original}} \tag{2.6}$$

三参数的 Create Custom Geographic Transformation 工具界面如图2.11所示。

2）七参数法。通过对三参数变换再增加四个参数可实现更复杂和精确的基准面变换。七个参数是指三个线性平移量（ΔX，ΔY，ΔZ，单位：m）绕各轴的三个角度旋转值（r_x，r_y，r_z）和一个比例因子（s）。旋转值以十进制秒为单位给定，而比例因子采用百万分率（ppm）。计算公式为

$$\begin{bmatrix}X\\Y\\Z\end{bmatrix}_{\text{new}}=\begin{bmatrix}\Delta X\\\Delta Y\\\Delta Z\end{bmatrix}+(1+s)\begin{bmatrix}1 & r_z & -r_y\\-r_z & 1 & r_x\\r_y & -r_x & 1\end{bmatrix}\begin{bmatrix}X\\Y\\Z\end{bmatrix}_{\text{original}} \tag{2.7}$$

七参数法在美国被称为坐标框架变换（Coordinate Frame），欧洲称为位置矢量变换（Position Vector），二者统称为布尔沙-沃尔夫方法，区别是旋转值正负号不同。坐标框架以顺时针为正，位置矢量以逆时针为正。莫洛金斯基-巴德卡斯方法（Molodensky Badekas）是七参数方法的变型，它具有三个附加参数，用于定义旋转点的 X、Y、Z 原点。七参数法至少需要有3个公共已知点，当公共点多于3个时，按最小二乘法求出7个参数。

七参数的 Create Custom Geographic Transformation 工具界面如图2.12所示。

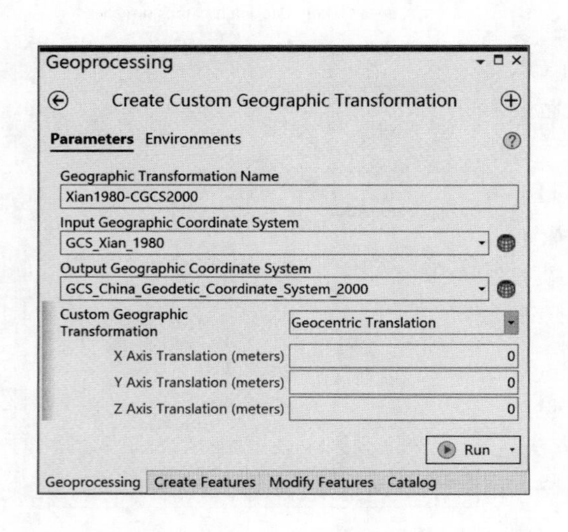

图2.11　Create Custom Geographic Transformation 工具（三参数）

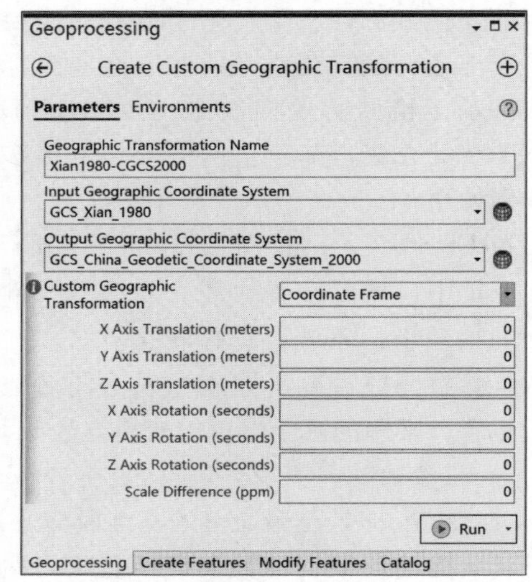

图2.12　Create Custom Geographic Transformation 工具（七参数）

不管是三参数变换还是七参数变换，一般都在空间直角坐标系下完成，大地坐标转换为空间直角坐标的方法见式（2.1）。

第3章　数　　据

3.1　地理数据库

3.1.1　实验背景

地理数据库（Geodatabase）技术一直以来都是GIS的基础技术。为充分使用ArcGIS的全部功能，需要把数据存储在地理数据库当中。Geodatabase对于ArcGIS来说是一种本地数据结构，同时也是用于编辑和数据管理的主要数据格式。从本质上来说，地理数据库相当于一个容器，用于存储空间数据和属性数据以及它们之间的关系。它是一个综合性的信息模型，可以支持存储多种类型的数据，如矢量数据、影像、属性、地形和3D对象等。存储这些类型的数据时，还可以定义它们的行为，如子类、域、属性规则、连接规则、拓扑规则，从而可以保证数据的完整性。

地理数据库主要有以下六种类型：

（1）文件地理数据库（File Geodatabase）。在文件系统中以文件夹形式存储，后缀名为.gdb，是目前ArcGIS Pro的主要数据格式。默认大小为1TB，可使用配置关键将其改为4TB或256TB。

（2）个人地理数据库（Personal Geodatabase）。所有的数据集都存储于Microsoft Access数据文件内，后缀为.mdb，ArcGIS Pro已不再支持该类型。

（3）企业级地理数据库。使用Oracle、Microsoft SQL Server、IBM DB2、IBM Informix等存储于关系数据库中。这些多用户地理数据库需要使用ArcSDE，在大小和用户数量方面没有限制。

（4）ArcGIS 10.5新增云存储类型。如亚马逊云服务存储（Amazon Web Services storage）以及微软云服务存储（Microsoft Azure storage）。

（5）大数据文件共享。它是专门为ArcGIS GeoAnalytics服务器提供大数据分析数据的存储，包括File share、HDFS以及Hive三种类型。

（6）ArcGIS Data Store。它是一个独立的应用程序，主要用于托管Portal for ArcGIS的数据图层。

一个典型的地理数据库（Geodatabase）的组织和结构如图3.1所示。

（1）要素类（Feature Classes）。要素类是具有相同几何类型和属性的要素的集合，如河流、道路、植被等。地理数据库中最常用的四个要素类分别是点、线、多边形和注记（地图文本的地理数据库名称）。一个要素类被存储为一个数据库的表。每一行代表一个要素。行中的每一列代表要素的各种特性和属性，其中一列存储着要素的几何属性（如点，线，面的坐标）。

要素类可在 Geodatabase 中独立存在，也可组合为要素数据集。

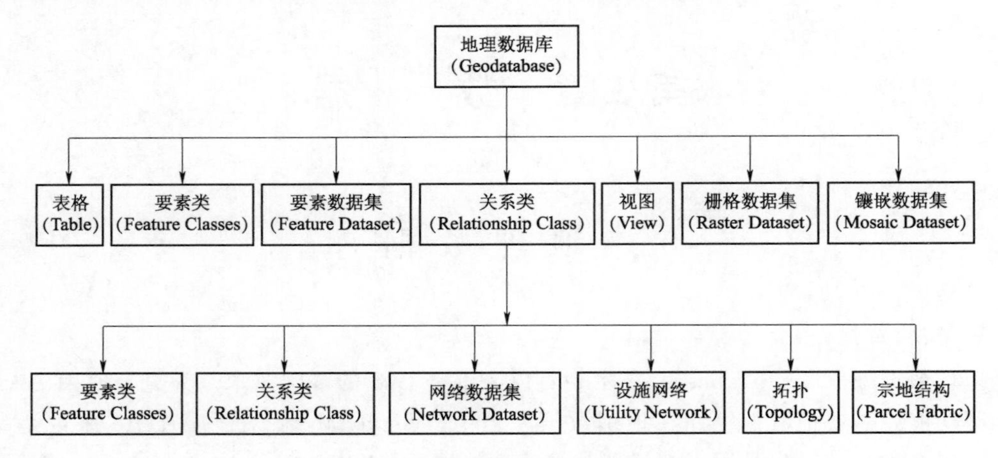

图 3.1　地理数据库的组织和结构

（2）要素数据集（Feature Dataset）。要素数据集是共享空间参考系统并具有某种关系的多个要素类的集合，要素数据集是要素类容器，将相关要素类组织成一个公用数据集，用以构建拓扑、网络数据集、关系类或宗地结构。在一个要素数据集中，所有要素类具有相同的空间参考系统。

将不同要素类组织到一个要素数据集有三种情形：①当不同的要素类属于同一范畴时应组织在同一个要素数据集中。如全国范围内某种比例尺的水系数据，其点、线、面类型的要素类可组织为同一个要素数据集；②在同一网络中充当边线和交汇点的各种要素类须组织到同一要素数据集中。如交通网络中，道路和车站等要素类，在交通网络建模时，这些要素类就必须放在同一要素数据集下；③对于需要建立拓扑关系的各要素类必须组织在同一个要素数据集下。对于共享公共几何特征的要素类，如用地、水系、行政区界等也必须位于同一个要素数据集中。

（3）栅格数据集（Raster Dataset）和镶嵌数据集（Mosaic Dataset）。栅格数据集和镶嵌数据集常用于表示和管理影像、数字高程模型及许多其他现象，如温度、高程或光谱值。通过将世界分割成在格网上布局的离散方块或矩形来表示地理要素。栅格也是用于表示点、线和多边形要素的一种方法。目前，Geodatabase 中用于存储和管理栅格数据的数据集类型主要是栅格数据集和镶嵌数据集。

（4）网络数据集（Network Dataset）。网络数据集常用于构建非定向网络（也称传输网络，如交通网络）。它们由包含了简单要素（线和点）和转弯要素的源要素创建而成，而且存储了源要素的连通性。使用 ArcGIS Network Analyst 时，必须基于网络数据集。

（5）设施网络（Utility Network）。设施网络常用于定向网络。一般用于电力、天然气、给排水以及电信等设施网络的建模，可模拟系统中所有组件，如电线、管道、阀门、区域、流、装置和电路。对于设施网络模型，可以发现网络中各要素如何连通，跟踪资源在网络中的流动，网络上下游追踪和多个公共设施跟踪分析。

（6）表格（Table）。地理数据库中的属性基于一系列简单且必要的关系数据概念在表中进行管理。表包含行，表中所有行具有的各个列相同，每个列都有一个数据类型。可使用一系列关系函数和运算符（如 SQL）在表上进行运算。

（7）视图（View）。基于 SQL 表达式在数据库中创建视图。用于定义视图的 SQL 表达式在工具执行时由数据库进行验证。

（8）子类型（Subtype）。在一个要素类中管理一组要素子类。经常使用子类型管理同一要素类型子集上的不同行为。

（9）属性域（Domain）。为属性列指定有效值列表或有效值范围，用于确保属性值的完整性。属性域经常用来强制执行数据分类（如道路类、分区代码和土地使用分类）。

（10）关系类（Relationship Class）。定义两个不同的要素类或对象类之间的关联关系，如房主和房子之间的关系，房子和地块之间的关系等。

（11）拓扑（Topology）。拓扑存储地理对象之间的空间关系，如相邻的县共用公共边界，县的多边形完全覆盖和嵌套在省的多边形中等。ArcGIS 提供了多种拓扑规则用于描述和维护空间拓扑关系。

（12）宗地结构（Parcel Fabric）。在地理数据库中，将用于细分的测量信息和宗地方案作为连续宗地结构数据模型的一部分进行整合和维护。此外，也可通过输入新分割图和宗地描述来逐渐提高宗地结构的精度。

3.1.2 操作步骤

1. 新建工程

启动 ArcGIS Pro，以 Map 为模板新建工程，命名为 Yellow river，在 Contents 窗格中移除默认加载的地形图图层。在 Catalog 窗格的 Databases 下，自动创建了一个名为 Yellow river. gdb 的文件地理数据库。

2. 新建要素数据集并将 shp 文件添加为要素类

右击 Yellow river. gdb→单击 New→选择 Feature Dataset→在弹出的对话框中为该要素数据集命名为气象站水库与水文站→单击 Coordinate System 右侧的地球经纬网图标，在 Coordinate System 中单击 的箭头，下拉菜单中选择 Import Coordinate System，在弹出的对话框中选择 3.1 地理数据库/气象站 . shp，使新建的要素数据集的平面坐标系与气象站 . shp 的坐标系统保持一致，如图 3.2 所示。还可以选择高程系统，坐标系统设置完成后，单击 OK，返回至 Create Feature Dataset 对话框。切换至 Environments 选项卡，设置容限值（本例采用默认值，后续练习介绍该值的作用），单击 Run，创建气象站水库与水文站要素数据集。

在气象站水库与水文站要素数据集上右击→Import→Feature Class(es)，选择位于 3.1 地理数据库文件夹中的气象站 . shp、水库 . shp 以及水文站 . shp，将这三个 shp 文件添加至气象站水库与水文站要素数据集中。

3. 向地理数据库添加要素类

可以将要素类直接存储在地理数据库中，右击 Yellow river. gdb→Import→Feature Class，Input Features，选择位于 3.1 地理数据库文件夹中的分区边界 . shp，Output Name 命名为分区边界，单击 Run，将分区边界 . shp 添加至 Yellow river. gdb 地理数据库中。同样的，也可将河流 . shp 添加至 Yellow river. gdb 地理数据库，如图 3.3 所示。

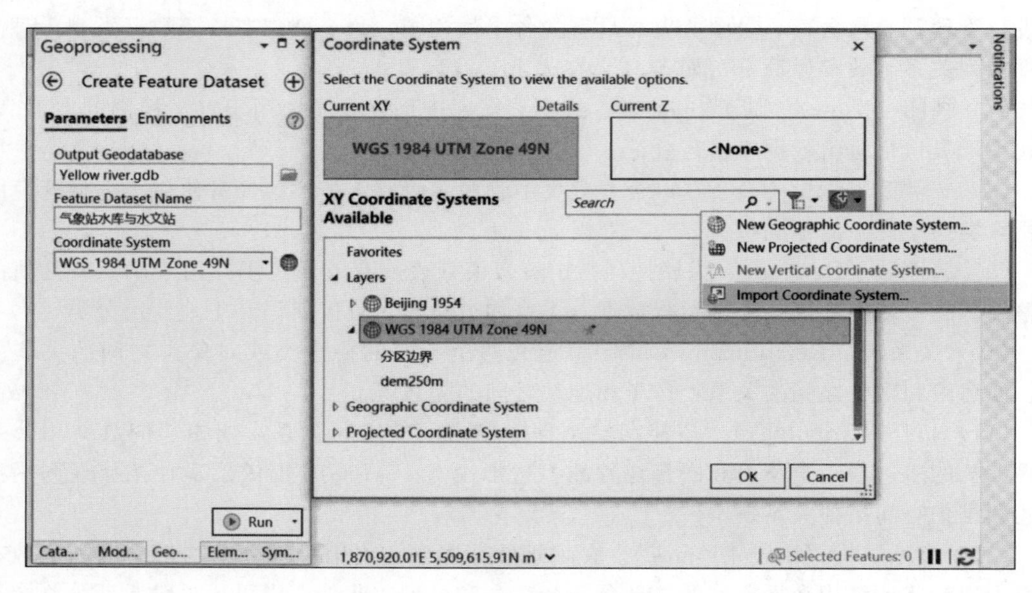

图 3.2　选择坐标系

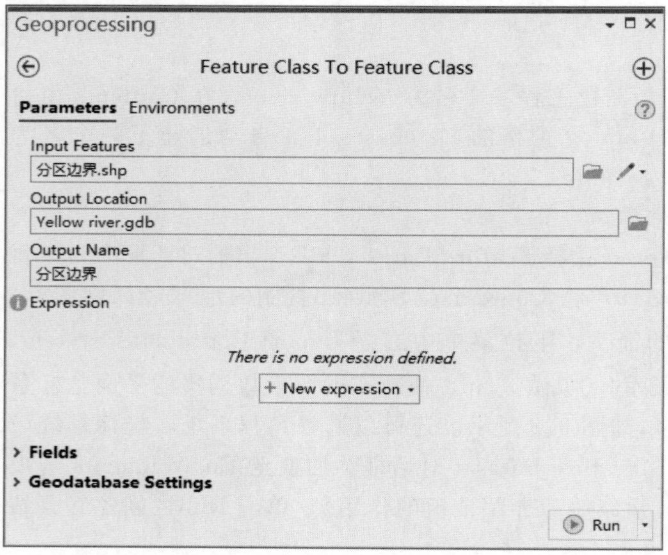

图 3.3　导入 Shapefile 文件为要素类

Shapefile（shp）是美国环境系统研究所公司（ESRI）20 世纪 90 年代开发的一种空间数据开放格式。Shapefile（shp）文件广泛使用于 ArcGIS Desktop 软件中，保存了大量的宝贵数据。Shapefile 属于一种矢量图形格式，它能够保存几何图形的位置及相关属性，但不存储地理数据的拓扑信息。Shapefile 是一种比较原始的矢量数据存储方式，它仅仅能够存储几何体的位置数据，而无法在一个文件之中同时存储这些几何体的属性数据。因此，Shapefile 还必须附带一个二维表用于存储 Shapefile 中每个几何体的属性信息。Shapefile 由多个文件组成，所有的文件都必须位于同一个目录之中：

.shp 图形格式，用于保存元素的几何实体。

.shx 图形索引格式，几何体位置索引，记录每一个几何体在 shp 文件之中的位置，能够加快向前或向后搜索几何体的效率。

.dbf 属性数据格式，以 dBase IV 的数据表格式存储每个几何形状的属性数据。

.prj 用于保存地理坐标系统与投影信息，是一个存储投影描述符的文本文件。

.sbn 和 .sbx 存储着几何体的空间索引。

.xml 以 XML 格式保存元数据。

4. 新建要素类

可以在地理数据库或者要素数据集中新建要素类，右击某个地理数据库或者要素数据集→选择 New→Feature Class，弹出 Create Feature Class 对话框，在 Name 中输入要素类名称，Feature Class Type 用于选择要素类的类型，一共有点（Points）、线（Lines）、面（Polygons）、注记（Annotation）、尺寸注记（Dimensions）、多点（Multipoints）以及多面体（Multipatches）7 种类型。

（1）点：点状要素，如水准点、消防栓等。

（2）线：线要素，街道中心线、河流、等值线、国境线等。

（3）面：面要素，如省、县、宗地、土壤类型和土地利用类型等。

（4）注记：表示文本渲染方式属性的地图文本。除了每个注记的文本字符串，还包括一些诸如用于放置文本的形状点、字体与字号等属性。

（5）尺寸注记：一种可显示特定长度或距离（如要指示建筑物某一侧或地块边界或两个要素之间距离的长度）的特殊注记类型。常用于各类工程和公共事业应用中。

（6）多点：由多个点组成的要素。多点通常用于管理非常大的点集数据，如激光雷达点聚类，可包含数以亿计的点。

（7）多面体：一种 3D 几何，用于表示在三维空间中占用离散区域或体积的要素的外表面或壳。多面体由平面 3D 环和三角形构成，多面体将组合使用这两种形状以建立三维壳模型。

对于下方的几何属性（Geometry Properties），创建要素类时，可以选择坐标系统中是否包含测量 M 值（M Values）或 Z 值（Z Values）。

M 值用于线性参照的路径要素类中，典型的如某高速多少里程处发生了车祸，距离河源多少公里设立一个监测站。其中的里程（距离）使用 M 值存储。通过在数据中包含 M 值，可允许在点坐标的折点处存储属性值。

Z 值用于表示表面位置的高程或其他属性。在高程或地形模型中，Z 值表示高程；在其他类型的表面模型中，表示某些特定属性，如年降水量、人口等。如果要构建高程模型、创建地形或处理任意 3D 表面，则坐标中必须包含 Z 值。

当需要编辑 M 值或者 Z 值时，使用 Edit Vertices 工具，可以编辑 M 值或者 Z 值，如图 3.4 所示。

对于线要素来讲，在属性表中，如果要素类既不包含 M 值也不包含 Z 值，则 Shape 字段为 Polyline；如果包含 Z 值，则 Shape 字段为 Polyline Z；如果包含 M 值，则为 Polyline M；如果既包含 Z 值又包含 M 值，则为 Polyline ZM。点要素和面要素也和线要素一致，对于点要素来讲，如果既包含 Z 值又包含 M 值，则 Shape 字段为 Point ZM，面要素为 Polygon ZM，如图 3.5 所示。

选择好要素类型和几何属性后，单击 Next，进入 Fields 选项，可以为要素类添加字段，在 Field Name 中输入字段名称，在 Data Type 中选择数据类型，如图 3.6 所示。

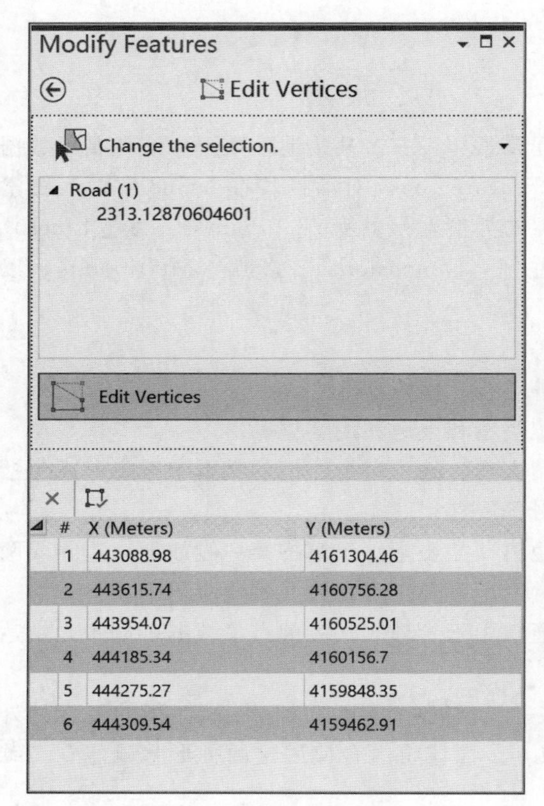

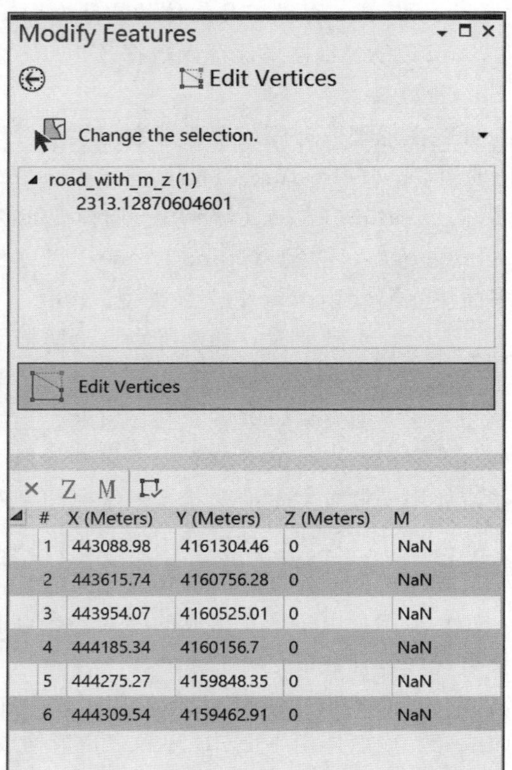

图 3.4　Edit Vertices 工具（左图不含有 Z 值和 M 值，右图包含 Z 值和 M 值）

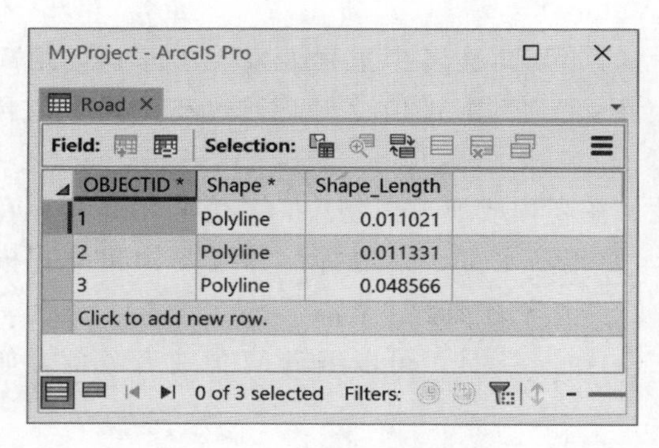

图 3.5　添加 M 值和 Z 值前后属性表 Shape 字段对比

对于字段，ArcGIS 支持多种数据类型：Short Integer（短整型，取值范围为－32768～32767）和 Long Integer（长整型，－2147483648～2147483647）用于保存整数。Float（浮点型，$-3.4\text{E}10^{-38}\sim1.2\text{E}10^{38}$）和 Double（双精度浮点型，$-2.2\text{E}10^{-308}\sim1.8\text{E}10^{308}$）用于保存小数。Date 用于保存日期。Text 用于保存文本。GUID 用于保存对象标识符，该字段由 ArcGIS 维护并保证表中每行具有唯一 ID。Global ID 为全局标识符，用于存储注册表样式的字符串，是用大括号括起来的 36 个字符，这些字符串用于唯一识别单个地理数据库中和跨多个地理数据库的要素或表行。Raster 字段用于在地理数据库中存储栅格数据，可将某个地块的相片添加为地块要素的属性。

字段设置完成后，单击 Next，设置空间参考（Spatial Reference），地理数据集的空间参考由以下各部分组成：包含地图投影和基准面的坐标系，*XY* 分辨率、*M* 和 *Z* 分辨率和值域（可选），*XY* 容差、*M* 和 *Z* 容差（可选）。

如果创建的要素类不包含 *Z* 值，则仅需设置平面坐标系统。如果包含 *Z* 值，则需要设置平面坐标系统和高程坐标系统，如图 3.7 所示。设置坐标系有三种方法：选择一个 ArcGIS 自带的预定义坐标系，导入另一要素类使用的坐标系，或者自定义一个新的坐标系。

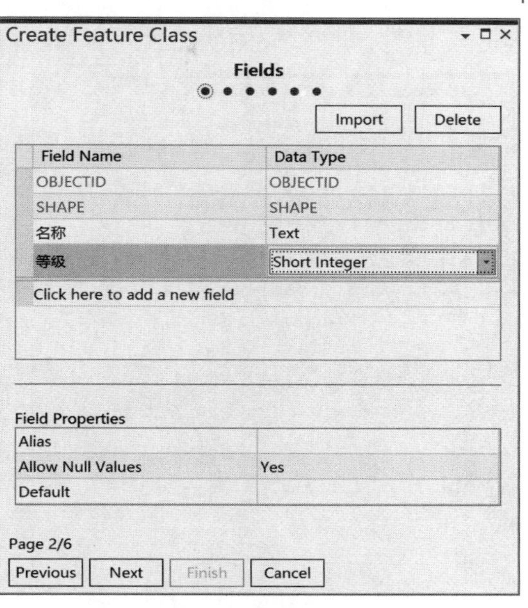

图 3.6　字段设置

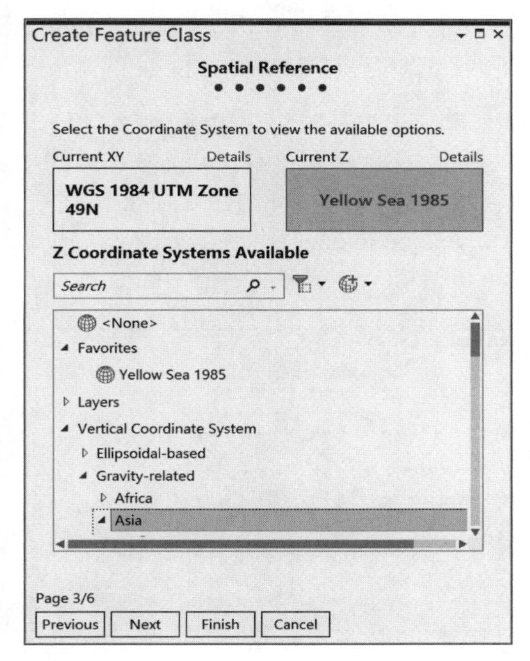

图 3.7　空间参考设置

设置完成坐标系，单击 Next，设置容差。容差值为坐标之间的最小距离。一个坐标在另一个坐标的容差值范围内，则会将二者视为同一位置。容差的默认值为 0.001m，如图 3.8 所示。

容差设置完成后，单击 Next，设置分辨率。要素类或要素数据集的所有坐标均根据所选坐标系进行地理校正，然后被捕捉到格网。此格网由分辨率定义，分辨率用来确定坐标值的精度（即有效数字位数）。分辨率一般采用默认值，如图 3.9 所示。

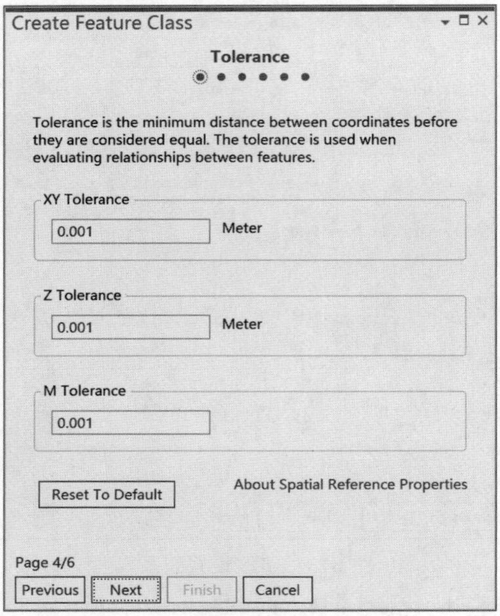

Create Feature Class
Tolerance
Tolerance is the minimum distance between coordinates before they are considered equal. The tolerance is used when evaluating relationships between features.
XY Tolerance
0.001
Meter
Z Tolerance
0.001
Meter
M Tolerance
0.001
Reset To Default
About Spatial Reference Properties
Page 4/6
Previous
Next
Finish
Cancel

图 3.8　设置容差

Create Feature Class
Resolution
All coordinates stored in a feature class are snapped to an underlying coordinate grid. Resolution is the cell size of this grid. Decreasing the resolution may reduce the data storage needs but may reduce the coordinate accuracy.
The coordinate range or domain extent defines the minimum and maximum coordinate values which can be stored.
Accept default resolution and domain extent (recommended)
XY Resolution
0.0001
Meter
Z Resolution
0.0001
Meter
Min
-100000
Max
900719825474.099
Page 5/6
Previous
Next
Finish
Cancel

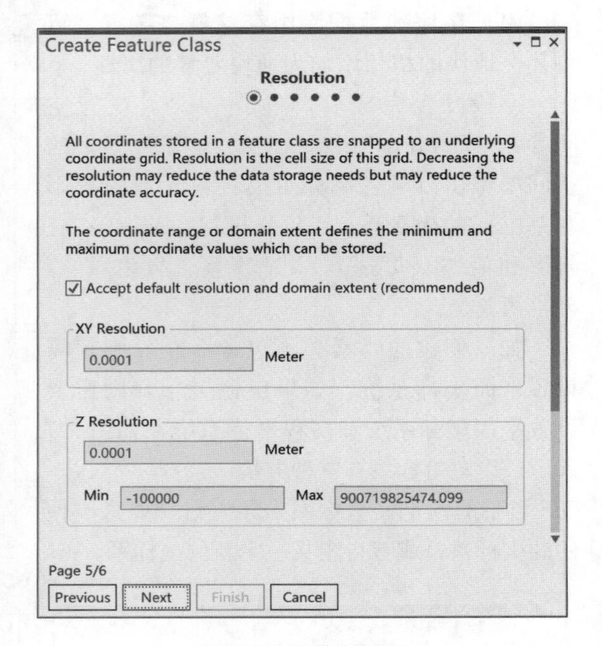

图 3.9　分辨率设置

分辨率设置完成后，配置关键字，用来调整数据的存储方式。常使用默认值，如果选中 Use Configuration Keyword，并选择 MAX_FILE_SIZE_256TB，则允许地理数据库中栅格数据集的大小最大可达 256TB。如图 3.10 所示。之后单击 Finish，完成要素类的创建。

5. 为地理数据库、要素数据集以及要素类添加元数据

元数据是关于数据的数据，提供了一种记录有关的数据信息的方法，以便该数据的潜在用户可以查看该数据是否适合他们的需求。元数据允许在组织或更大的 GIS 用户社区之间有效地共享数据和知识。因此，元数据对于有效使用 GIS 是必不可少的。

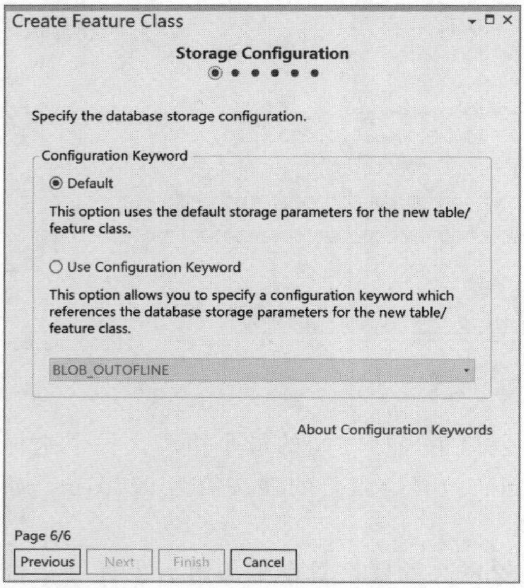

Create Feature Class
Storage Configuration
Specify the database storage configuration.
Configuration Keyword
Default
This option uses the default storage parameters for the new table/ feature class.
Use Configuration Keyword
This option allows you to specify a configuration keyword which references the database storage parameters for the new table/ feature class.
BLOB_OUTOFLINE
About Configuration Keywords
Page 6/6
Previous
Next
Finish
Cancel

图 3.10　配置关键字

单击 Project 功能栏选项卡，随后单击 Options，在左侧 Options 窗格中，单击 Metadata，对于 Metadata style（元数据样式），设置为 FGDC CSDGM Metadata，该样式允许用户查看和编辑完整的元数据，并且是一种众所周知的元数据内容标准，已在世界各地使用多年。

在 Catalog 面板中，右击 Yellow River. gdb，选择 Edit Metadata，弹出元数据对话框，可为地理数据库添加标题、标签、使用目的等各类信息。同样地也可为要素数据集以及要素类

添加元数据，如图 3.11 所示。

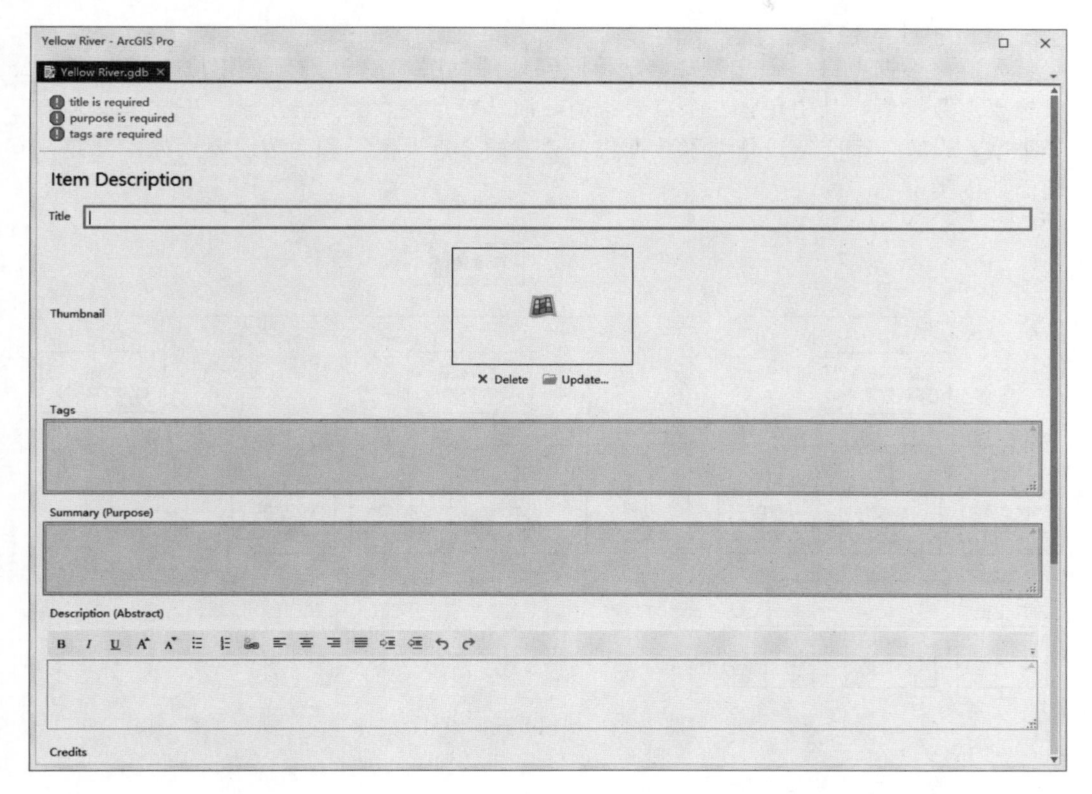

图 3.11 元数据对话框

3.2 矢 量 化

3.2.1 实验背景

空间数据的获取途径多种多样，如扫描矢量化、野外数据采集、摄影测量、遥感图像处理、数据交换以及键盘输入等。对现有纸质地图进行扫描、地理参考，随后进行矢量化是获取矢量数据的重要途径之一。矢量化有手动矢量化和自动矢量化两种方式。ArcGIS Pro 可以使用手动矢量化的方式进行矢量化，该方法主要用于数据量较小的地图，如行政区划、地铁网络、主干道等；也有专门的矢量化软件可以提供自动矢量化功能，如在 ArcMap 中的 ArcScan 工具等。

3.2.2 实验数据

进行了地理参考后的西安地图 . tif，平面坐标系统为 Xian1980 地理坐标系。

3.2.3 操作步骤

1. 新建工程与数据库

启动 ArcGIS Pro，以 Map 为模板新建一个工程，命名为西安地图，在 Contents 窗格中移除默认加载的地形图图层。在 Catalog 窗格的 Databases 下，自动创建了名为西安地

图 . gdb 的地理数据库。

2. 设计地理数据库

首先应该根据项目和研究需要，设计西安地图（图 3.12）地理数据库。设置一个公共设施要素数据集，其中包含三个点要素类，而学校点要素类分为小学、中学以及大学三个子类型；设置一个交通设施要素数据集，含有两个点要素类和两个线要素类；设置一个公园面要素类。

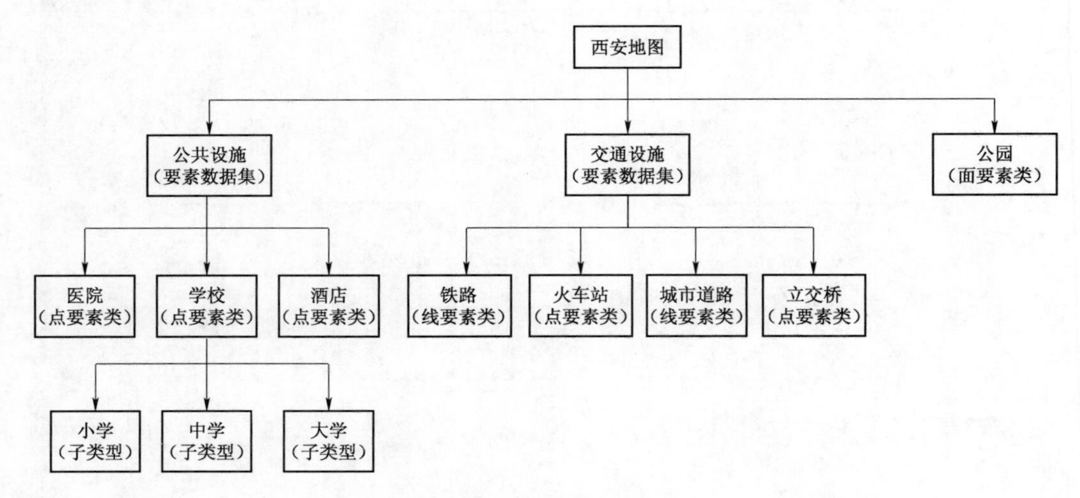

图 3.12　地理数据库设计

3. 新建要素数据集和要素类

根据前述地理数据库结构，在西安地图 . gdb 地理数据库中新建相应的要素数据集和要素类，在 Feature Class Type 中相应的选择 Point、Line 以及 Polygon 等，如图 3.13 所示。选择平面坐标系统与要矢量化的底图保持一致：Geographic Coordinate System/Asia/Xian 1980，高程坐标系统不设置。但若要素类包含高程值，则必须设置高程系统。目前我国使用的高程坐标系统为 Vertical Coordinate System/Gravity/Asia/Yellow Sea 1985。应当注意的是，在同一个要素数据集中的要素类，坐标系统必须保持一致。

在新建各要素类时，可以设计相应的属性表。如医院可以添加名称、等级、床位等字段；铁路可以添加名称、等级、车速等字段；学校可以添加名称、在校生人数、师生比等字段。特别地，为学校点新建一个名为“类型”的字段，数据类型为 Short Integer，如图 3.14 所示。为城市道路添加名为“等级”和“宽度”的字段，数据类型分别为 Text 型和 Float 型。

全部创建完成后，西安地图 . gdb 地理数据库结构如图 3.15 所示。

4. 为学校要素类添加子类型

在 Catalog 窗格中，右击学校要素类，选择 Design→Subtype，功能栏出现 Subtypes 选项卡，如图 3.16 所示。

单击 Subtypes 组的 Create/Manage 按钮，弹出 Manage Subtypes 对话框，Subtype Field 选择“类型”字段，在 Subtypes 的 Code 和 Description 中分别输入“1，小学；2，中学；3，大学”。单击 OK，再单击 Subtype 选项卡中的 Save，完成子类型创建，如图 3.17 所示。

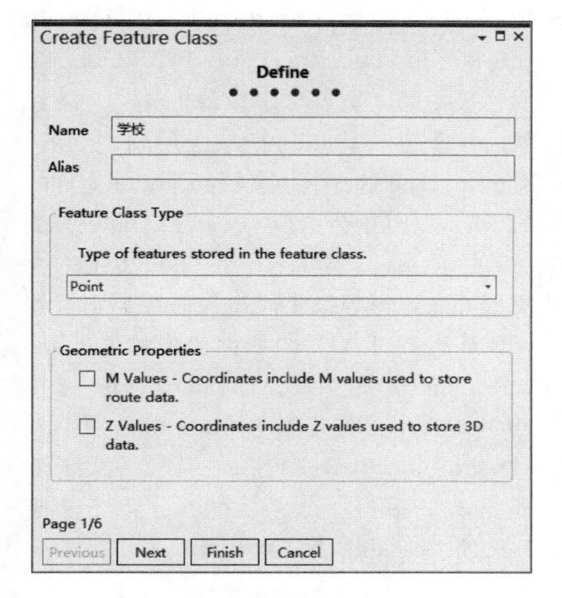

图 3.13 新建要素类

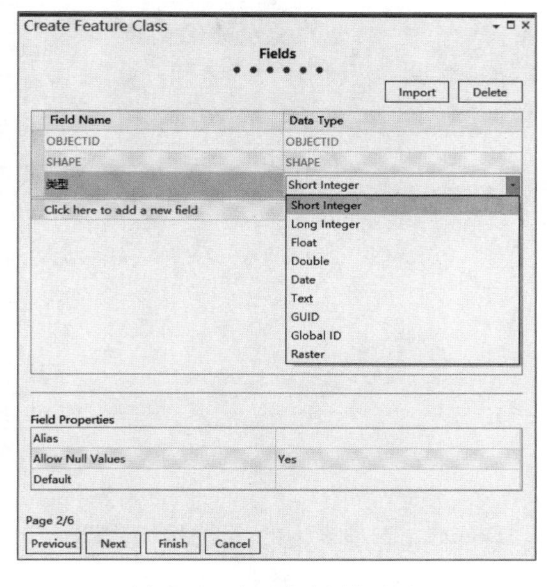

图 3.14 为要素类添加字段

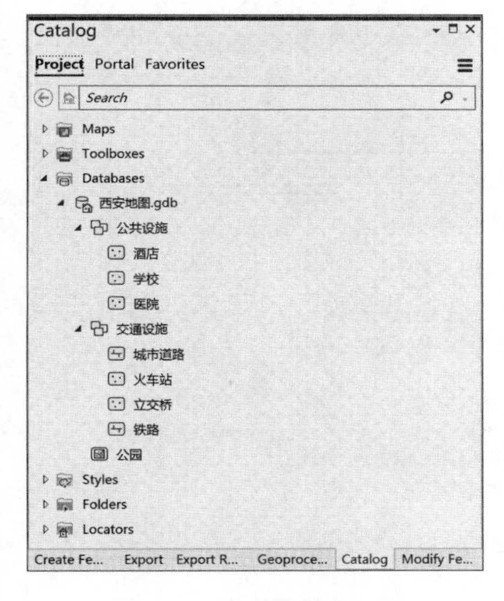

图 3.15 地理数据库组成

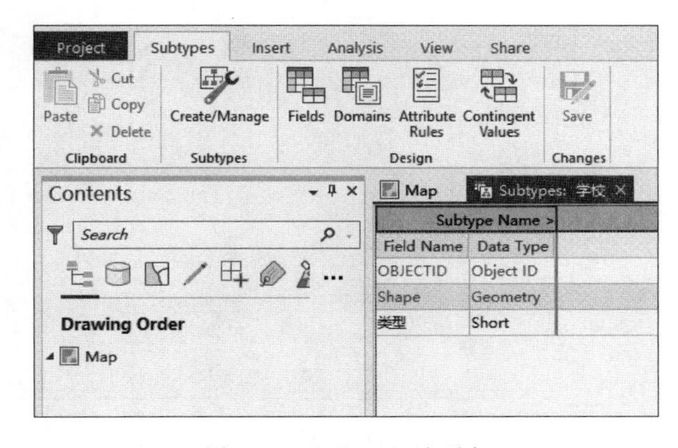

图 3.16 Subtypes 选项卡

5. 设置属性域

属性域是描述字段类型允许值的规则，用于约束表、要素类或子类型的任何特定属性的允许值。属性域有两种类型：一种是编码值属性域（Coded Value Domain），如规定公路的等级只能有主干道、次干道以及支路等三级；另一种是值域范围（Range Domain），用于指定数值属性的有效值范围，如道路宽度取值范围为 4～16m。

向城市道路添加属性域。将城市道路加载至 Contents 窗格中，打开其属性表，在宽度字段，单击 Domain 列，选择 Add New Domain，如图 3.18 所示。

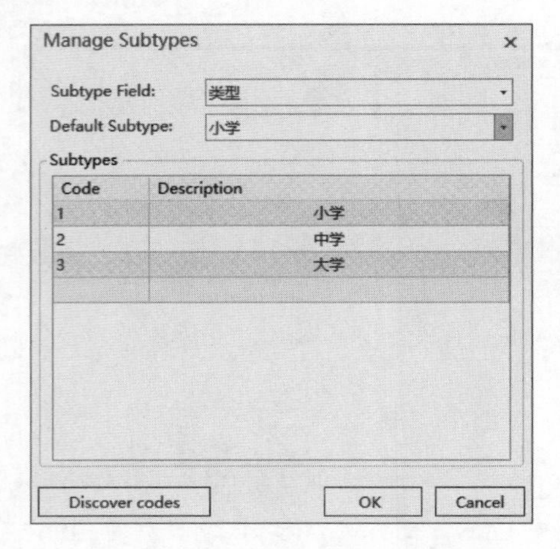

图 3.17　Manage Subtypes 对话框

弹出 Domains 表格（图 3.19），在 Domain Name 中输入宽度限制，Field Type 选择 Float，该类型应和属性表中的“宽度”字段的 Data Type 保持一致，因为接下来要将该属性域应用到“宽度”字段上。Domain Type 选择 Range Domain，在右侧的 Minimum 和 Maximum 中分别填入 4 和 12。设置完成后，点击功能栏 Domains 选项卡中的 Save 按钮。

使用类似方法，为等级字段添加等级类别属性域，Field Type 选择 Text，与属性表中的“等级”字段的 Data Type 保持一致。Domain Type 选择 Coded Value Domain，在右侧的 Code 中分别键入 1，2，3，Description 中分别键入主干道、次干道和支路，如图 3.20 所示。设置完成后，点击功能栏 Domains 选项卡中的 Save 按钮。设置完成后，关闭 Domains 表格和 Fields 表格。

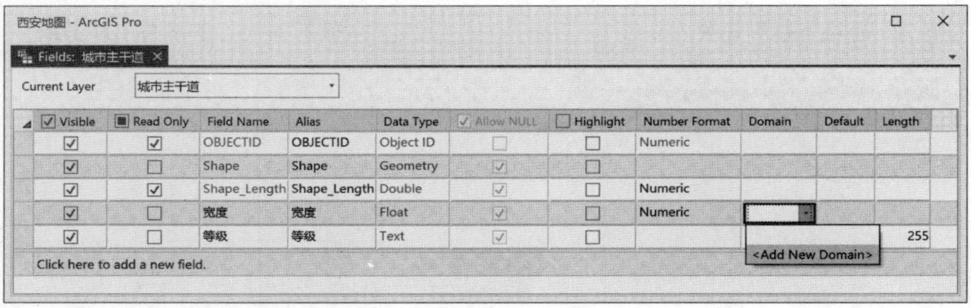

西安地图 - ArcGIS Pro

Fields: 城市主干道

Current Layer　城市主干道

Visible	Read Only	Field Name	Alias	Data Type	Allow NULL	Highlight	Number Format	Domain	Default	Length
☑	☑	OBJECTID	OBJECTID	Object ID	☐	☐	Numeric			
☑	☐	Shape	Shape	Geometry	☑	☐				
☑	☑	Shape_Length	Shape_Length	Double	☑	☐	Numeric			
☑	☐	宽度	宽度	Float	☑	☐	Numeric			
☑	☐	等级	等级	Text	☑	☐		<Add New Domain>		255

Click here to add a new field.

图 3.18　Domains 设计

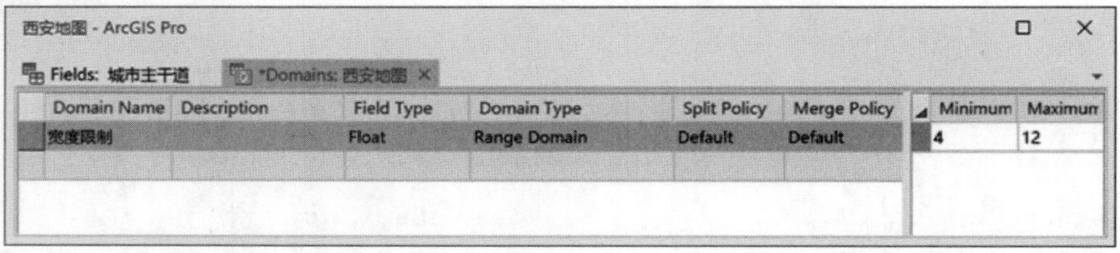

西安地图 - ArcGIS Pro

Fields: 城市主干道　*Domains: 西安地图

Domain Name	Description	Field Type	Domain Type	Split Policy	Merge Policy
宽度限制		Float	Range Domain	Default	Default

Minimum	Maximum
4	12

图 3.19　Domains 表格（Range Domain）

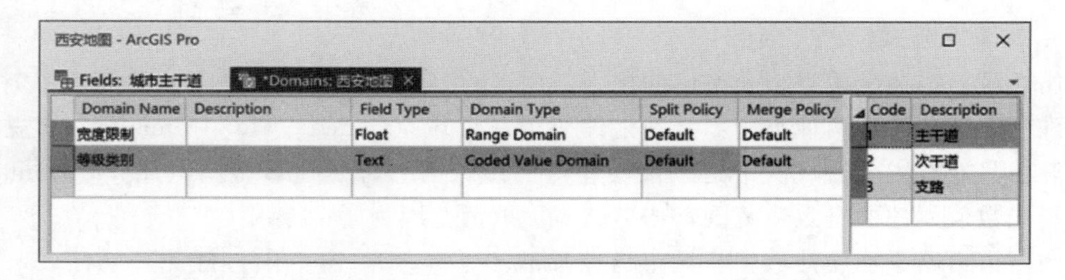

图 3.20　Domains 表格（Coded Value Domain）

6. 矢量化要素类

使用 Add Data 按钮添加要矢量化的底图（西安地图.tif）和新建的学校点要素类→切换至 Edit 功能栏选项卡，如图 3.21 所示。

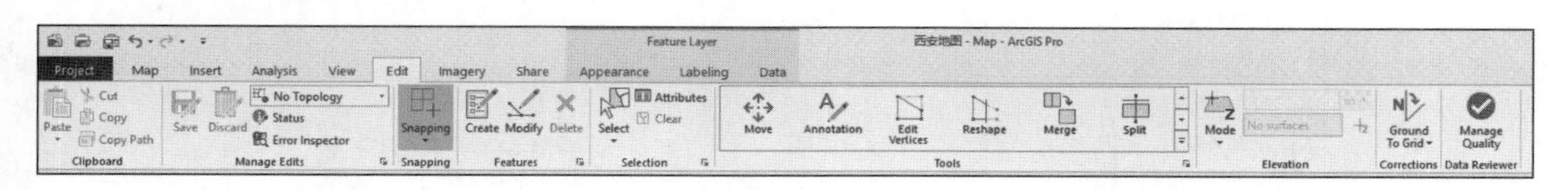

图 3.21　Edit 功能栏选项卡

单击 Edit 功能栏选项卡 Features 组中的 Create 按钮，弹出 Create Features 窗口，选中学校下的大学子类型。放大地图，找到标记有大学的地方，单击即可完成一个学校点要素的矢量化。单击 Edit 功能栏选项卡 Selection 组中的 Attributes 按钮，在弹出的 Attributes 窗口中，为每个矢量化的要素输入相应的属性值。注意在矢量化过程中随时单击 Save 按钮，保存矢量化成果。

对于点要素，如果知道坐标值，可以右击鼠标，单击 Absolute X，Y，Z，输入三维坐标进行矢量化。

同样地，矢量化学校下的中学、小学子类型。加载酒店、医院、火车站和立交桥等点要素类，逐一进行矢量化。

线文件的编辑可以使用 Line（直线）、Right Angle Line（直角线）、打断线（Split）、Radial（一点出发的多个射线）、Two－Point Line（两点线）、Circle（圆形）、Rectangle（矩形）、Ellipse（椭圆）以及 Freehand（类似手绘的自由线）、Trace（跟踪线）等方式画线，如图 3.22 所示。

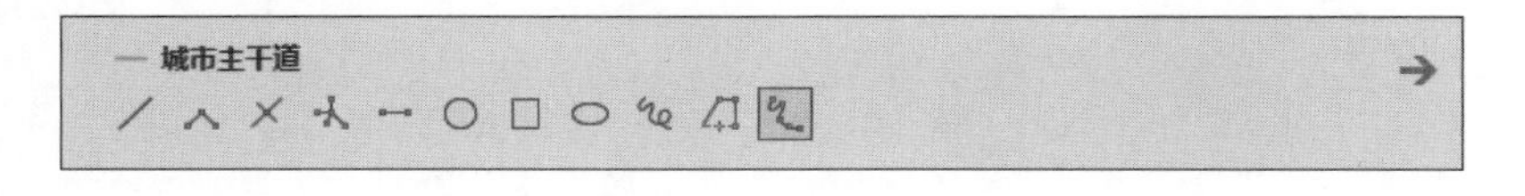

图 3.22　线文件的创建方式

在编辑过程中，可以右击鼠标，指定方向或者长度确定线的结点，绘制平行线、垂线等，如图 3.23 所示。

对于线要素，起点和终点称为 endpoint，线要素上的折点、起点以及终点合称为 vertex（节点）。如果创建的道路为了进行网络分析等后续操作，还应注意线的方向，矢量化过程中的前进方向就是线的方向。

对于城市道路线要素类，因为设置了其宽度和等级的属性域，因此在属性表的宽度字段中，只能输入介于 4～12 的数字，同时等级字段只能选择主干道、次干道和支路三个类型。

面文件的编辑可以使用 Polygon（折线）、Rectangle（矩形）、直角多边形（Right Angle Polygon）、Circle（圆形）、Ellipse（椭圆）以及 Freehand（类似手绘的自由线）等方式画线，如图 3.24 所示。在此，特别应注意 Auto Complete Polygon 的用法，为了保证数据拓扑正确（特别是避免碎屑多边形和多边形之间的缝隙），矢量化面状要素类时，经常需要使用 Auto Complete Polygon 以自动完成多边形。

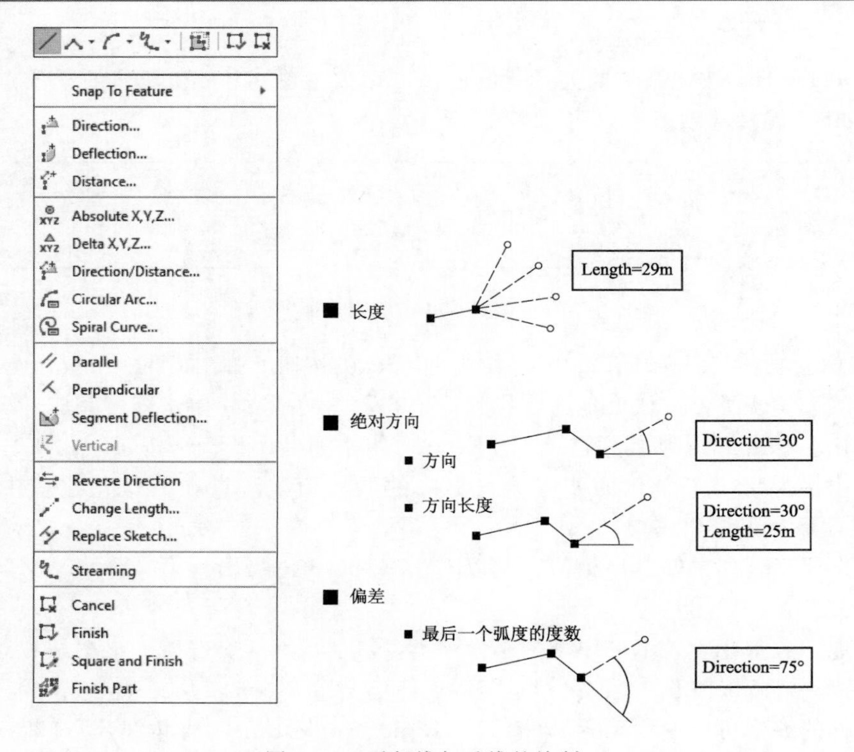

图 3.23　平行线与垂线的绘制

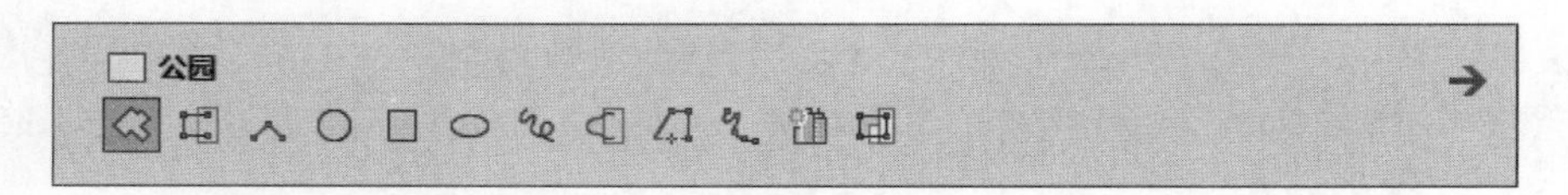

图 3.24　面文件的创建方式

7. 节点编辑

在编辑过程中，如果发现线或面的某个节点有误，可使用 Edit Vertices 来修改节点，如添加节点、删除节点、移动节点等，如图 3.25 所示。

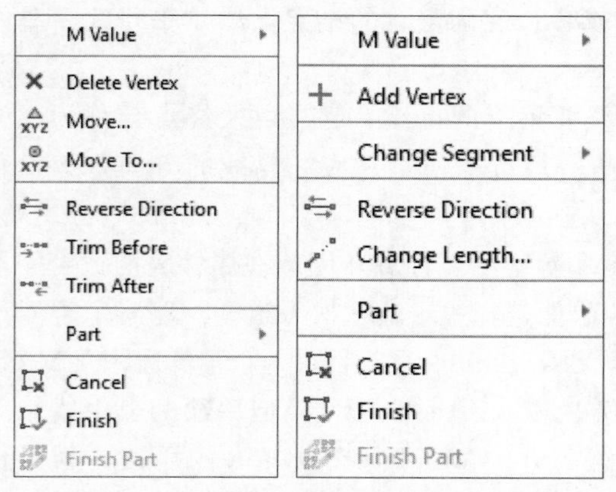

图 3.25　节点编辑（左图为在已有节点右击，右图为在没有节点的线段右击）

8. 捕捉

捕捉也是避免拓扑错误最重要的工具，可以捕捉到点、线和面的节点、端点以及线和面的边等，如图 3.26 所示。在此，应注意 *XY* tolerance 设置，如设置为 10 Pixels，则自动捕捉光标范围 10 像素之内的点。

9. 其他编辑工具

ArcGIS Pro 还提供了大量的编辑工具，供编辑点、线以及面要素使用，如图 3.27 所示。

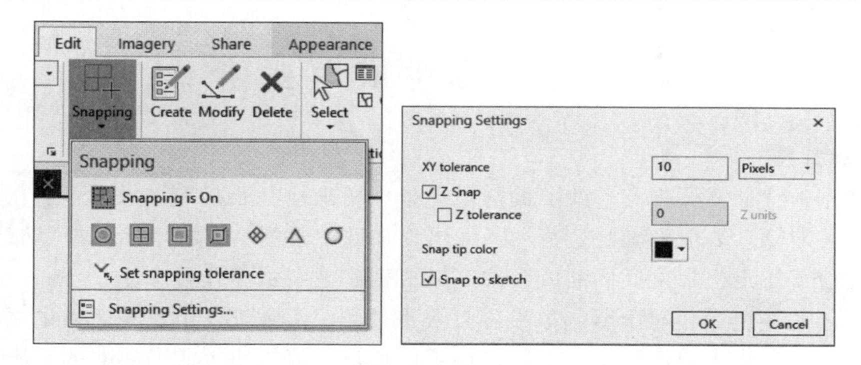

图 3.26 捕捉设置

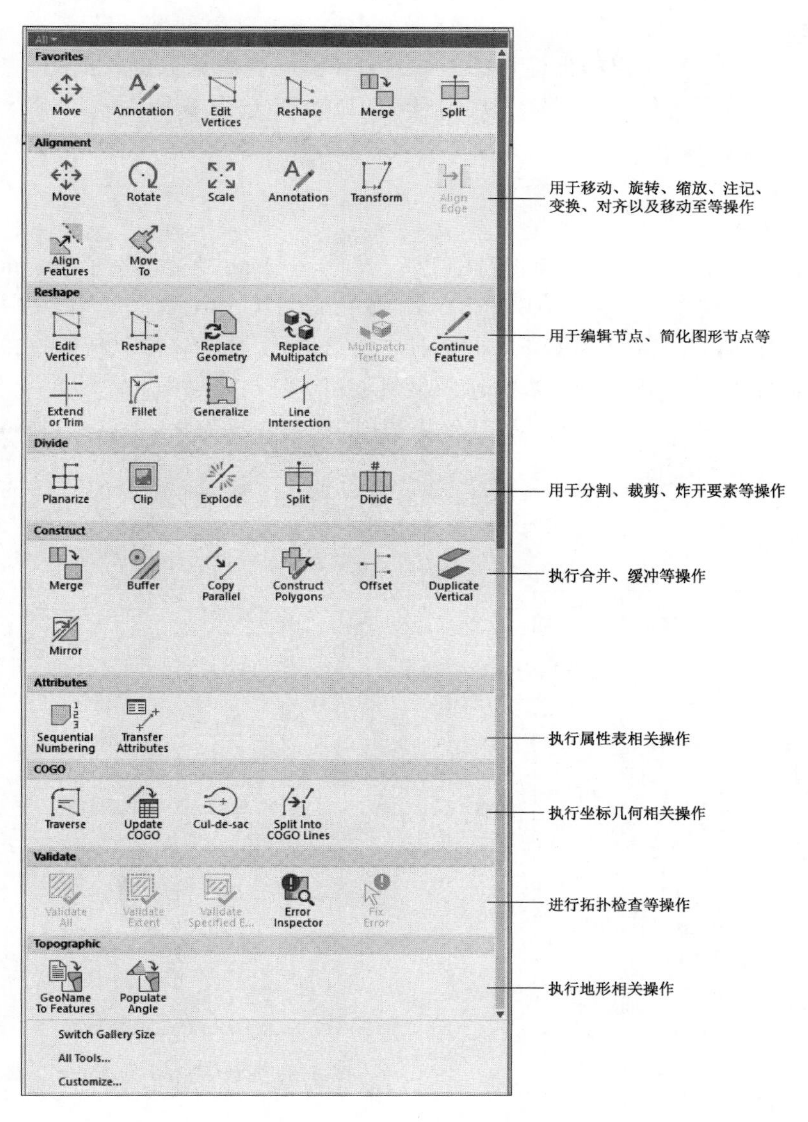

图 3.27 ArcGIS Pro 提供的其他编辑工具

3.3　点坐标生成面要素

3.3.1　实验背景

矢量数据的存储需要把点、线、面与地理坐标精确地参照起来。每一个点在坐标系中的位置都由一对 *X*、*Y* 值的确定。每一条线可以按照一系列 *X*、*Y* 坐标对来存储，线还可以通过存储位于端点坐标之间的曲线公式，来更精确地表示曲线形态。

面由封闭的线组成。对于形如边界等面状要素类，实际工作中，一般采集面状要素的特征点，然后进一步生成面要素。本例提供了由点坐标值快速生成面要素的方法，可以加深理解矢量面要素的存储结构。

3.3.2　实验数据

pts. xls 文件中保存了点的坐标和编号，打开 Excel 查看该数据，如图 3.28 所示。*X* 为 *X* 坐标值，*Y* 为 *Y* 坐标值，PID 为点编号，AID 为多边形编号，一共 3 个多边形，点 0～4 为面“1”的特征点，点 5～9 为面“2”的特征点，点 10～18 为面“3”的特征点。

3.3.3　操作步骤

1. 导入点数据

启动 ArcGIS Pro，以 Map 为模板新建工程。切换至 Map 功能栏选项卡，单击 Layer 组中的 Add Data 下拉菜单→选择 *XY* Point Data，在 Input Table 中选择 pts. xls/Sheet1$ ，设置输出要素类的名称，*X* Field 和 *Y* Field 分别选择 *X*，*Y*，选择 GCS_WGS_1984 坐标系，单击 Run，如图 3.29 所示，地理数据库中出现了相应的点要素类。

A	B	C	D
X	Y	PID	AID
108.9750	34.2587	0	1
108.9746	34.2561	1	1
108.9748	34.2527	2	1
108.9833	34.2527	3	1
108.9832	34.2589	4	1
108.9748	34.2521	5	2
108.9747	34.2428	6	2
108.9829	34.2428	7	2
108.9832	34.2471	8	2
108.9833	34.2523	9	2
108.9853	34.2574	10	3
108.9853	34.2559	11	3
108.9853	34.2544	12	3
108.9855	34.2527	13	3
108.9877	34.2528	14	3
108.9916	34.2527	15	3
108.9917	34.2549	16	3
108.9919	34.2563	17	3
108.9918	34.2575	18	3

图 3.28　Excel 工作表中的数据组织方式

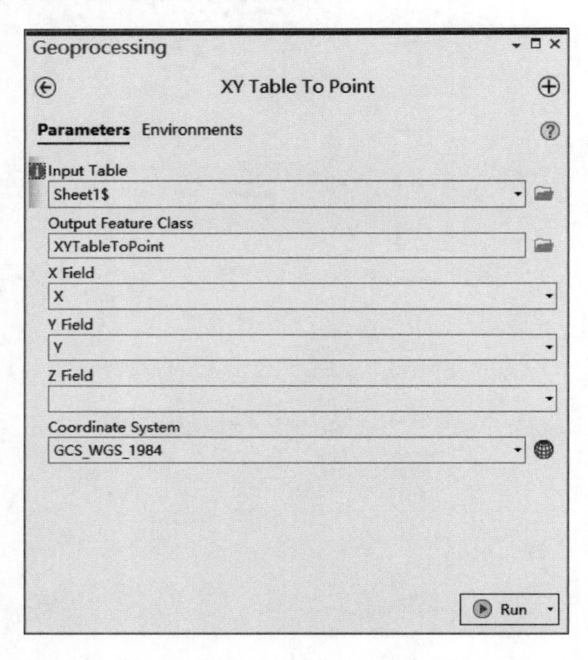

图 3.29　*XY* Table To Point 工具

2. 生成线数据

Geoprocessing\Data Management Tools\Features\Points To Line→打开 Points To Line 工具，选择 *XY* Table to Point 生成的点要素类为 Input Features，为输出要素类设置文件名，Line Filed 字段选取 AID，Sort Filed 字段选取 PID。选中 Close Line→单击 Run，生成线数据，如图 3.30 所示。

3. 生成面数据

Geoprocessing\Data Management Tools\Features\Feature To Polygon→打开 Feature To Polygon 工具，选择 Points To Line 工具生成的线文件为 Input Features，为输出要素类设置名称→单击 Run，生成面数据。

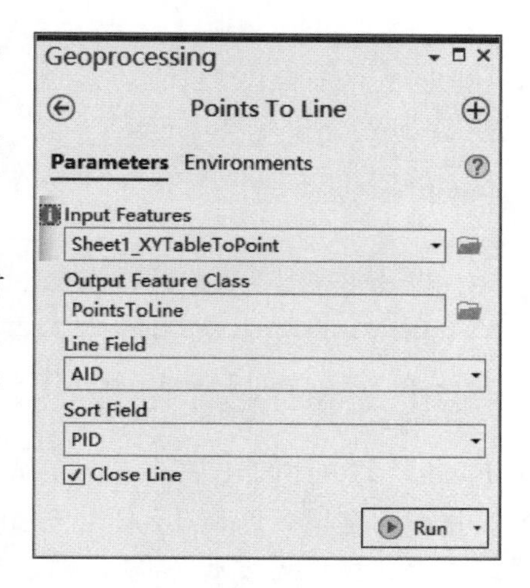

图 3.30　Points To Line 工具

4. 转化为 KML，并使用 Google Earth 打开查看

将 Feature To Polygon 工具生成的面要素，使用 Geoprocessing\Conversion Tools\KML\Layer To KML，转化为 KMZ 文件。KMZ 是 KML 文件的压缩形式，可以使用压缩软件打开 KMZ，其内包含了 KML 文件。KMZ 和 KML 文件是 Google Earth 用于显示三维数据的文件格式。KML 基于标签结构，类似于 HTML 和 XML，可以使用文本编辑器进行编辑。

安装 Google Earth，双击生成的 KMZ，查看范围内及周围影像。

3.4 属性表操作

3.4.1 实验背景

GIS 系统既可以处理矢量或栅格类型的空间数据，也可以处理属性数据。属性数据一般存储于属性表（Attributes）或者表格（Table）中。属性表的列称为字段（Field），行称为记录（Record）。在 ArcGIS 中，每一个要素对应着属性表的一条记录，如空间中的一点代表小学，对应着属性表里一条记录，可以记录小学的名称、在校生人数、师生比等属性数据。要素和记录通过 OBJECTID 字段连接。属性表的操作主要有通过属性选择要素，字段的添加、删除与计算，排序，统计，链接以及导出等操作。

3.4.2 实验数据

地级市点要素类，为陕西省各地级市的所在地，存储在 Shaanxi. gdb 地理数据库中。

陕西省 2009 年统计数据 . xlsx，记录了陕西省 10 个地级市 2009 年的生产总值（亿元）、第一产业（亿元）、第二产业（亿元）、第三产业（亿元）、人均生产总值（元）、总人口（人）以及非农业人口（人）。数据来自陕西省统计局（http://tjj. shaanxi. gov. cn）。

地级市要素类和陕西省 2009 年统计数据 . xlsx 中均含有 ADCODE99 字段（字段名称也可以不一致，但要求每条记录的值是唯一的）。

3.4.3　操作步骤

1. 链接 Excel 表格数据至地级市的属性表

打开 ArcGIS Pro，加载地级市要素类。在 Contents 中，右击地级市，选择 Attribute table，打开地级市的属性表→单击属性表最右侧的菜单（三条横线），选择 Joins and Relates，选择 Add Join，打开 Add Join 对话框，在 Input Table 中选择地级市要素类，Input Join Field 中选择 ADCODE99，单击 Join Table 右侧的 Browse 按钮，定位到陕西省 2009 年统计数据 .xlsx，双击选择 Sheet1$，Join Table Field 选择 ADCODE99。随后单击 OK，完成链接操作，如图 3.31 所示。

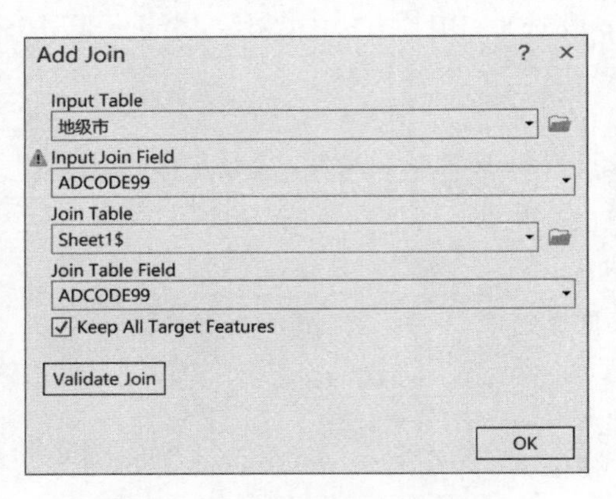

图 3.31　Add Join 对话框

2. 计算陕西省各地级市的城镇化率

打开地级市的属性表，单击属性表左侧上方的 Field，或者切换至 Data 功能栏选项卡，单击 Fields，打开 Fields View 窗口，单击最下方的 Click here to add a new field，添加名为城镇化率的字段，Data Type 为 Float 型，单击 Fields 选项卡的 Save 按钮，保存新增字段。注意此操作需要保存最近的编辑工作，方可执行。若想删除某个字段，只需在 Fields View 某个字段上右击，选择 Delete 即可。新增完字段后，关闭 Fields View 窗口。

在属性表中，右击城镇化率一列，选择 Calculate Field，依次双击 Fields 下方的非农业人口（人）、单击除号“\”、双击 Fields 下方的总人口（人），地级市．城镇化率下方显示：“! Sheet1$．非农业人口_人_! /! Sheet1$．总人口_人_!”。随后单击 Apply，属性表中的城镇化率一列由原来的 Null 更新为城镇化率。

ArcGIS Pro 使用 Python 脚本计算，每个字段名的前后均添加了感叹号，字符串用引号括起来。

3. 选择陕西省城镇化率大于 30%的地级市

切换至 Map 功能栏选项卡，在 Selection 组中，单击 Select By Attributes，在弹出的 Select By Attributes 窗口中，单击下方的 New expression，构建表达式：

Where 城镇化率 is greater than 0.3

单击 Apply，如图 3.32 所示，属性表和图形中，城镇化率大于 0.3 的记录和要素均高亮显示。

单击 Add Clause 还可以构建其他表达式，如城镇化率大于 0.3 且总人口大于 500 万的地级市，此时两个表达式使用 And 连接；如果要选择城镇化率大于 0.3 或者总人口大于 500 万的地级市，则两个表达式之间用 Or 连接。

除了可以根据属性选择要素外，还可以根据空间关系选择要素。加载需要选择的两个要素至 Contents 中，在 Map 功能栏选项卡的 Selection 组中，单击 Clear，确保没有要素被选中。随后单击 Select By Location，在弹出的 Select By Location 中，Input Features 中选择待选目标要素类，Relationship 选择某一空间关系，Selecting Features 中选择选

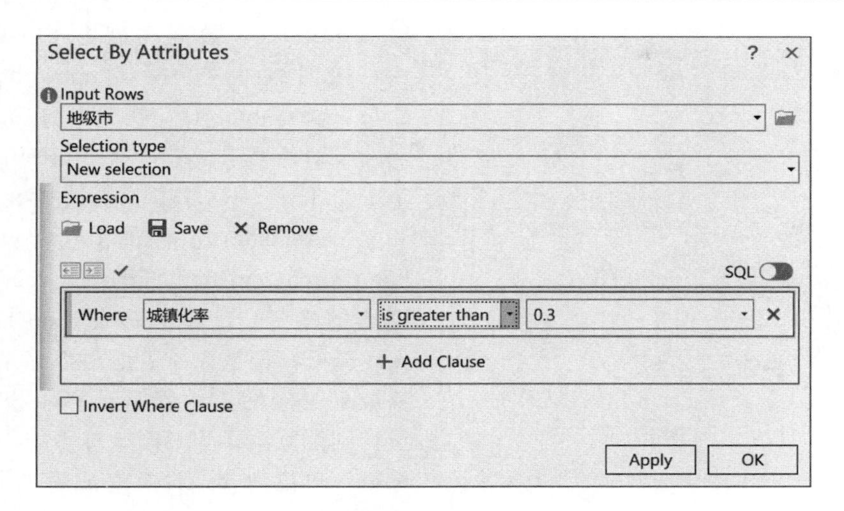

图 3.32 Select By Attributes 对话框

区要素类，单击下方的 Apply 即可。软件提供了 17 种空间关系规则，常用的有相交(Intersect)、在某一距离范围内（Within a distance)、包含（Contains)、位于（Within)、与其他要素共线（Share a line segment with)、与其他要素相同（Are identical to)、中心在要素范围内（Have their center in）等。

在选择时，还有一个 Selection type 参数，该参数用于指定选择类型，一共有以下 5 种选择类型：

（1）建立新选择（New selection)：生成的选择将替换任何现有选择。

（2）添加至当前选择（Add to the current selection)：将生成的选择添加至现有选择。

（3）从当前选择中移除（Remove from the current selection)：将生成的选择从现有选择中移除。

（4）从当前选择中建立子集（Select subset form the current selection)：将生成的选择与现有选择进行组合，两者共同的记录才会被选取。

（5）转换当前选择（Switch the current selection)：将所选的所有记录从选择中移除，将未选取的所有记录添加到选择中。

特别要注意的是，建立选择以后，后续所有对该数据集的编辑、空间分析、可视化等操作均基于该选集进行，如要针对全数据集进行操作，应及时清除选择，操作方法是在 Map 功能栏选项卡的 Selection 组中，单击 Clear。

计算完城镇化率之后，在 Joins and Relates，选择 Remove Join，可以移除链接。

4. 排序与统计

打开地级市的属性表，右击城镇化率一列，在弹出的菜单中，可以选择 Sort Ascending（升序)、Sort Descending（降序)、Statistics（统计）以及 Summarize（描述性分析）进行排序与统计。

5. 计算几何属性

打开地级市属性表，按照前述操作，为其增加两个字段，名称分别为 x_coordinate、

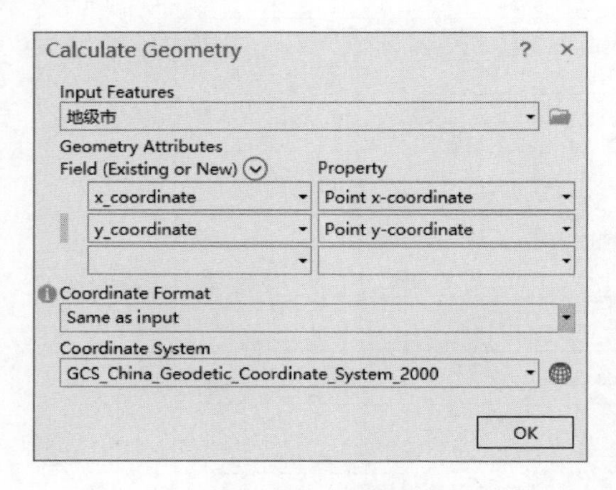

图 3.33　Calculate Geometry 对话框

y_coordinate，数据类型为 Float。保存之后，在属性表右击 x_coordinate，选择 Calculate Geometry，在弹出的 Calculate Geometry 对话框中，Input Features 中选择地级市，在 Target Field 中分别选择 x_coordinate 和 y_coordinate，右侧的 Property 分别选择 Point x_coordinate 和 Point y_coordinate，计算点的坐标。注意下方的 Coordinate System 选项，若是选择了地理坐标系统，则计算结果为经纬度；若是选择了投影坐标系统，则计算结果为投影坐标系统下的平面坐标值，单位为 m。设置完成后单击 OK，完成点坐标计算，如图 3.33 所示。

对于点要素，可以计算点的坐标；对于线要素，可以计算长度、椭球长度、节点的个数、线起点和线终点的坐标、质心坐标、中心点坐标以及坐标的最小值和最大值等；对于面要素，可以计算面积、椭球面积、周长、椭球周长、节点的个数、质心坐标、中心点坐标以及坐标的最小值和最大值等。

3.5　CAD 与 Revit 数据的导入和导出

3.5.1　实验背景

现实中存在大量不同类型的数据，如 CAD 数据、Revit 三维数据、KML 数据等。ArcGIS 为此提供了众多转换工具进行转换，这些工具多位于 Conversion Tools 和 Data Interoperability Tools 工具集中。

3.5.2　实验数据

rac_advanced_sample_project.rvt，某一地区的三维模型，Revit 软件建立。

cad.dwg，某一地区的 CAD 矢量图。

3.5.3　操作步骤

1. 转换 Revit 的 .rvt 文件

Revit 是 Autodesk 产品，用于创建和使用建筑信息模型（BIM）。它包含复杂的几何图形和描述建筑物及其建造过程的属性信息。Revit 模型本质以三维虚拟的形式组装所有的建筑结构，并且包含用于标识这些建筑结构的构造方式的所有信息。

可以直接将 .rvt 文件加载到本地场景中，即切换至 Insert 功能栏选项卡，插入 New Local Scene，使用 Add Data 按钮，加载 .rvt 文件至本地场景中。

也可以使用 Geoprocessing\Conversion Tools\BIM File To Geodatabase 将 .rvt 文件加载到地理数据库中，之后再将地理数据库加载至本地场景中。

.rvt 文件中的各级文件和地理数据库的对应方式见图 3.34 所示，领域（Discipline）

转换为要素数据集，类别（Category）转换为要素类，而系列（Family）和类型（Type）则保存在属性中。

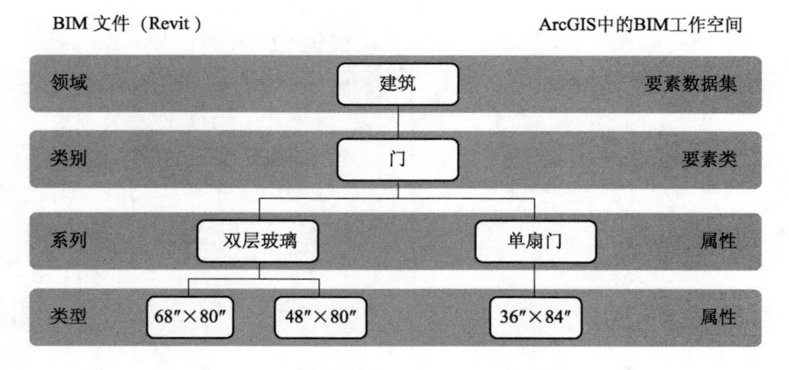

图 3.34 .rvt 文件和地理数据库的对应方式

GIS 可在区域或全球范围内对地理对象进行建模。但是 Revit 和 CAD 系统常用于以相对不受地球表面影响的比例对实际对象进行建模。在这种规模下，设计意图和几何精度是分析的主要重点，而不是实际地理位置。所以，CAD 数据的规模通常比 GIS 数据小，但具有较高的详细程度。因此，Revit、DWG 和 DGN 格式关注于对建筑的细节表达，本身不支持 ArcGIS 地理参考系统，导入或者加入到 GIS 中的此类文件一般会丢失坐标系统。如果 Revit 数据坐标正确，且知道具体的坐标系统的信息，则可以通过添加世界文件(.wld3）或者投影文件（.prj）的方式，使其具有正确的坐标系统。否则，可根据 Revit 调查点和控制点执行空间校正。

2. 导入 CAD 数据

在 ArcGIS Pro 中，CAD 数据显示为组图层，以匹配 CAD 文件名。各个图层按几何类型组织数据，并反映由 CAD 文件定义的图层、级别和颜色。可以直接将 CAD 数据加载到 ArcGIS Pro 中，加载后，在相应的图层右击→Data\Export Features 将该层数据导入至地理数据库中；也可以使用 Geoprocessing\Conversion Tools\CAD to Geodatabase 工具，如图 3.35 所示，将全部 CAD 文件导入至数据集中。坐标系统的处理同 Revit 数据。

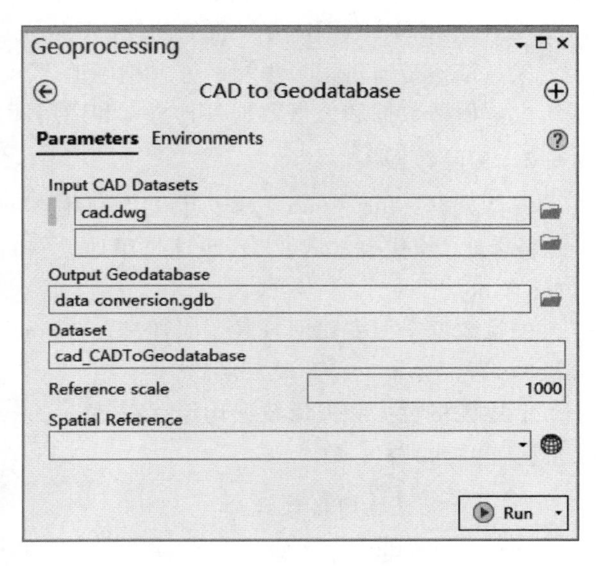

图 3.35 导入 CAD 数据至地理数据库

3. 导出 CAD 数据

首先使用 Add CAD Fields 工具为导出的要素类添加相应的 CAD 属性值，之后使用 Export to CAD 工具可以将多个要素类导出至 CAD 格式，如图 3.36 所示。

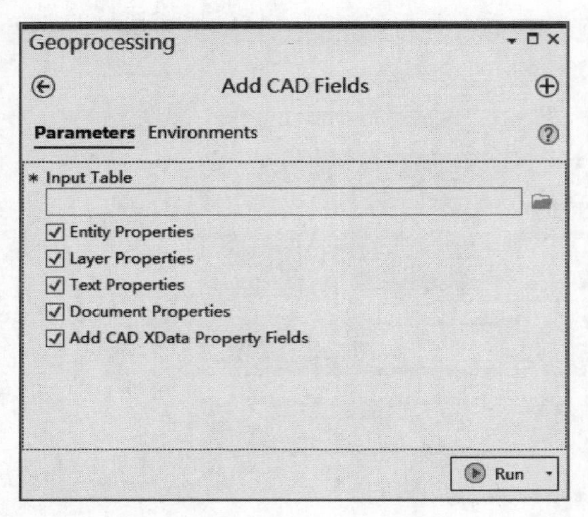

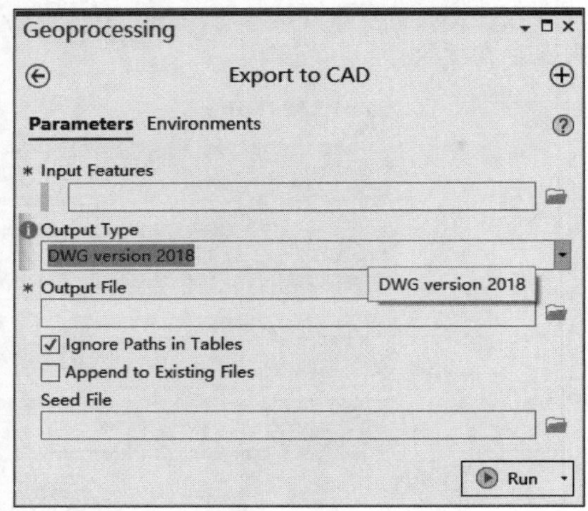

图 3.36 导出要素类至 CAD 格式

3.6 矢量与栅格数据转换

3.6.1 实验背景

计算机对地理实体的显式描述称为栅格数据结构，计算机对地理实体的隐式描述称为矢量数据结构。

栅格结构是最简单、最直观的空间数据结构，将地球表面划分为大小均匀紧密相邻的网格阵列，每个网格作为一个像元或像素，由行、列号定义，并包含一个代码，表示该像素的属性类型或量值。主要的 GIS 软件栅格数据格式有 ENVI 文件头格式、ERDAS IMAGINE、ESRI GRID 等，常见的 TIFF 以及 JPG 图片都属于栅格数据。

矢量结构是通过记录坐标的方式精确地表示点、线、多边形等地理实体。在地理信息系统中，栅格数据和矢量数据各具特点和适用性，常需要进行两种结构的转换。

3.6.2 实验数据

栅格数据：lucc_xian，西安市土地利用类型图，Value 值 1 代表耕地、2 代表林地、3 代表草地、4 代表水域、5 代表建筑用地。空间分辨率为 30m，坐标系统为 Krasovsky_1940_Albers。

矢量数据：西安路网分区。属性表的 Name 保存了分区名称，ADCODE 保存了每个分区的代码。

上述栅格数据和矢量数据均保存在 data conversion. gdb 地理数据库中。

3.6.3 操作步骤

1. 矢量数据转栅格数据

Geoprocessing\ Conversion Tools\ To Raster\ Polygon to Raster→打开 Polygon to Raster 工具→输入西安路网分区，选择需要给转换后的栅格赋值的字段，设定输出栅

格数据集的位置和名称，在 Cellsize 中设置栅格分辨率为 30（如果要素类有投影，单位为 m，没有投影，单位为（°）。可在 Environments 选项卡为输出数据设置投影）→切换至 Environments 选项卡展开 Raster Analysis，下方的 Snap Raster 选项，可以指定现有栅格，进行栅格捕捉，使转换后的栅格和现有栅格逐像元匹配，设置完成后，单击 Run 运行工具，完成转换，如图 3.37 所示。

2. 栅格数据转矢量数据

Geoprocessing\Conversion Tools\From Raster\Raster to Polygon→打开 Raster to Polygon 工具→设置输入栅格，字段和输出多边形要素名称→单击 Run，完成转换，如图 3.38 所示。点、线类要素也可以和栅格互相转换，相应的工具均位于 Conversion Tools 的 From Raster 或者 To Raster 组中。

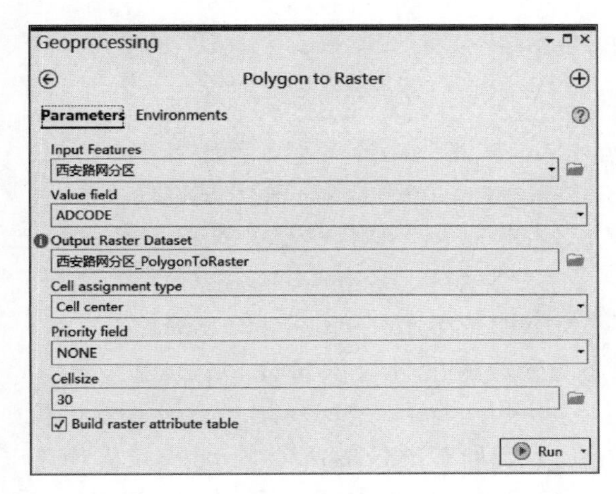

图 3.37　Polygon to Raster 工具

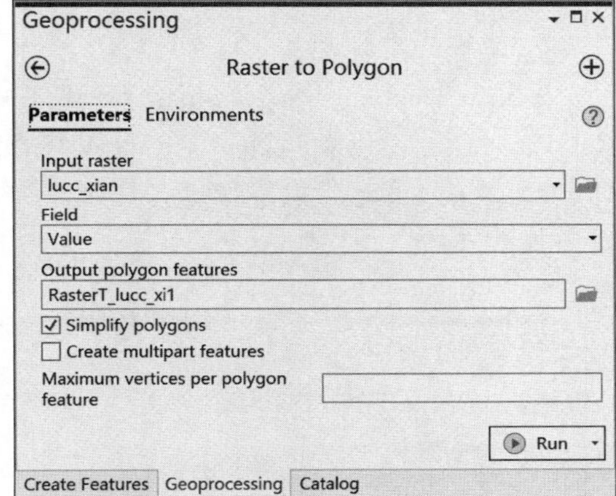

图 3.38　Raster to Polygon 工具

3.7　矢量与栅格数据的裁剪与拼接

3.7.1　实验背景

数据裁切是从整个空间数据中裁切出部分区域，以便获取真正需要的数据作为研究区域，减少不必要参与运算的数据。数据拼接是指将空间相邻的数据拼接为一个完整的目标数据。因为研究区域可能非常大，跨越若干相邻数据，而空间数据是分幅存储的，需要对这些相邻数据进行拼接处理，矢量数据拼接前提是进行了严格的边匹配，可利用 Edgematch Features 工具完成数据接边处理。

3.7.2　实验数据

矢量数据：黄河一级支流延河流域边界要素类、延河北岸、延河南岸要素类。

栅格数据：ASTGTM_N36E109M_DEM_UTM.img、ASTGTM_N36E110D_DEM_

UTM. img，覆盖延河流域的数字高程模型，空间分辨率为 30m，坐标系统为 WGS_1984_UTM_Zone_49N，数据来自中国科学院计算机网络信息中心地理空间数据云平台（http://www.gscloud.cn）。

3.7.3　操作步骤

1. 矢量数据的拼接与裁剪

Geoprocessing\Data Management Tools\General\Append→打开 Append 工具→Input Datasets选取延河北岸和延河南岸 2 个要素类，Output Dataset 设置输出要素类名称，下方设置需要保留的属性→单击 Run，完成矢量数据拼接。

Geoprocessing\Analysis Tools\Extract\Clip→打开 Clip 工具→Input Features 选取拼接后的要素类，Clip Features 选取延河流域边界，设置输出要素类位置和名称→单击 Run，完成矢量数据裁剪。

2. 栅格数据的拼接与裁剪

Geoprocessing\Data Management Tools\Raster\Raster Dataset\Mosaic to New Raster→打开 Mosaic to New Raster 工具→在 Input Rasters 中输入需要拼接的栅格数据，在 Output Location 中设置输出文件位置，在 Raster Dataset Name with Extension 中设置输出栅格名称，如果未添加后缀，则默认输出为 ESRI GRID 格式，可以添加 .img、.tif、.bil、.bip、.bmp、.bsq、.dat、.gif、.img、.jpg、.jp2、.png 为后缀，分别输出对应的文件格式。在 Spatial Reference for Raster 中可以设置输出栅格空间参考。在 Pixel Type 中设置栅格数据的像元值的值域范围，保持和输入数据一致，可以在 Layer Properties 对话框的 Source 选项下的 Raster Information 中查看 Pixel Type（像素类型）和 Pixel Depth（像素深度，存储每个像素所用的位数）值。输入 Number of Bands 的值，如果是单波段数据拼接，则输入 1，在 Mosaic Operator 中设置镶嵌算子，用于确定重叠区域像元的取值办法，有 First（取第一个输入图层的值）、Last（取最后一个输入图层的值）、Blend（图层的值）、Mean（平均值）、Minimum（最小值）、Maximum（最大值）以及 Sum（求和）等多种算法→设置完成后，单击 Run，完成拼接，如图 3.39 所示。

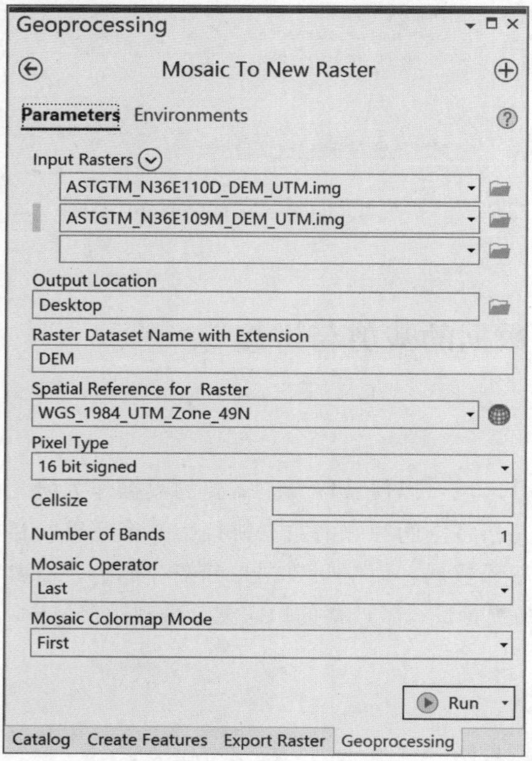

图 3.39　Mosaic to New Raster 工具

Geoprocessing\ Spatial Analyst Tools \ Extraction \ Extraction by Mask → 打开 Extraction by Mask 工具→设置输入栅格为上述拼接后的栅格，设置 Input raster or feature mask data 为延河流域边界，设置输出栅格的位置和名称→单击 Run，完成栅格数据裁剪。

3.8 拓　　扑

3.8.1 实验背景

拓扑研究几何对象在弯曲或拉伸等变换下仍保持不变的性质。拓扑关系对于数据处理和空间分析具有重要意义。为数据建立拓扑关系有两个主要作用：一是可以确保数据的完整性，使用拓扑可提供一种对数据执行完整性检查的机制；二是使用拓扑为要素之间的众多空间关系建模，如查找相邻要素、查询多边形内的点等。

在进行矢量化操作时，不可避免的会产生拓扑错误，如结点不重合、碎屑多边形、伪结点、不正规多边形、多边形不封闭、过头和不及等拓扑错误，如图 3.40 所示。

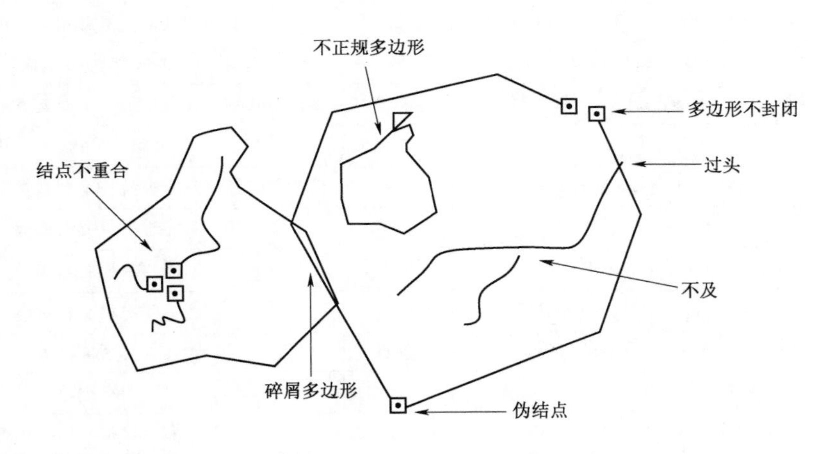

图 3.40　典型的拓扑错误

通过拓扑检查，可以有效避免上述拓扑错误，从而保持了数据的完整性。

拓扑空间关系主要有以下几种：

邻接关系：同类图形要素之间的拓扑关系，如点与点、线与线、面与面等。

关联关系：不同类别图形要素之间的拓扑关系，如点与线、线与点、线与面、面与点等。

包含关系：同类但不同级图形要素之间的拓扑关系。

连通关系：空间图形中弧段之间的拓扑关系。

ArcGIS 中提供了大量的拓扑规则，这些拓扑规则根据要素类型可以分为点、线以及面三组。每一组中，又可以分为要素类内部各个要素的拓扑关系以及不同要素类间的拓扑关系。详见表 3.1。

表3.1 **ArcGIS中常用的拓扑规则**

要素类型	规 则	对象	说 明
点	Must Be Disjoint	点	不相交
	Must Be Covered By Boundary of	点-面	点必须落在多边形边界上
	Must Be Properly Inside Polygons	点-面	点必须位于多边形内部
	Must Be Covered By Endpoint of	点-线	点必须覆盖线的终点
	Point Must Be Covered By Line	点-线	点必须在线上
	Must be Coincident With	点-点	与其他要素点对齐
线	Must Not Overlap	线	不能有线重合
	Must Not Intersect	线	不能有线交叉
	Must Not Have Dangles	线	不能有悬挂结点
	Must Not Have Pseudo Nodes	线	不能有伪结点
	Must Not Self - Overlap	线	一个要素不能自覆盖
	Must Not Self - Intersect	线	不能有线自交叉
	Must Not Intersect or Touch Interior	线	不能和其他要素有相交和重叠
	Must Be Single Part	线	一个线要素必须由一个 path 组成，即一笔画成
	Must Be Covered By Boundary of	线-面	要素中的每一条线被另一个要素类中的边界覆盖
	Must Be Inside	线-面	必须位于内部
	Must Be Covered By Feature Class of	线-线	要素中的每一条线被另一个要素类中的要素覆盖
	Must Not Overlap With	线-线	不能与另一要素重叠
	Must Not Intersect With	线-线	不能与其他要素相交
	Must Not Intersect or Touch Interior With	线-线	线不能有相交和重叠
	Endpoint Must Be Covered By	线-点	终点必须被覆盖
面	Must Not Have Gaps	面	不能有空隙
	Must Not Overlap	面	多边形要素相互不能重叠
	Must Be Covered By Feature Class of	面-面	多边形要素中的每一个多边形都被另一个要素类中的多边形覆盖
	Must Cover Each Other	面-面	两个多边形的要素必须完全重叠
	Must Be Covered By	面-面	第一个多边形层必须把第二个完全覆盖
	Must Not Overlap With	面-面	两个多边形层的多边形不能存在一对相互覆盖的要素
	Area Boundary Must Be Covered By Boundary of	面-面	第一个多边形的各要素必须为第二个的一个或几个多边形完全覆盖
	Boundary Must Be Covered By	面-线	多边形层的边界与线层重叠
	Contains Point	面-点	多边形要素类的每个要素的边界以内必须包含点层中至少一个点
	Contains one Point	面-点	多边形要素类的每个要素的边界以内必须包含点层中的一个点

在使用 ArcGIS 建立拓扑之前，需要理解拓扑容差（Cluster Tolerance）和要素等级（Rank）两个概念。

（1）拓扑容差。当两个邻近点的 X、Y、Z（Z 代表高程）距离小于给定的限值时，两个点会聚合成为一个点，共享同一坐标，称这个限值为拓扑容差。在拓扑容差为 0.001m 的拓扑数据集中，两邻近线段的端点 V1、V2，如果它们的 X、Y 坐标差值中有任意一个小于 0.001m（两点间的距离小于 2×0.001m）时，两点就会融合成为一点，两条邻近的线段融为一条线段。默认 X 和 Y 容差设置为 0.001m，或 X、Y 分辨率的 10 倍，在大多数情况下均推荐此设置。

（2）要素等级。两个小于拓扑容差的邻近点能够聚合成为一个点，那么聚合时应该以哪一个点作为参照呢？此时，对拓扑要素进行分等定级可以解决此问题。对参与拓扑的要素按照精度进行分类，精度高的要素排在前面，精度低的排在后面。在 ArcGIS 中，Rank＝1 为最高一级，Rank＝50 为最低一级。例如，由野外勘测、GPS 定点、地形图采集三种不同途径获取的坐标点，精度应该是野外勘测＞GPS 定点＞地形图采集。所以在分等定级时 Rank 可设置为 1、2、3。在邻近点（距离小于拓扑容差）聚合时，低级点会向高级点聚拢，同级点聚拢在它们的均值处。拓扑容差对于高程（Z）同样适用。当邻近点的 X、Y 小于拓扑容差时，两点是否聚合还需看 Z 值（当且仅当 Z 值存在）是否小于 Z 的拓扑容差。同样，不同点聚合时，取等级高的点的 Z 值作为聚合点的 Z 值，如果 Rank 相同，则 Z 取平均值。

一个典型的拓扑操作流程为：设计拓扑→在地理数据库建立要素数据集（所有参与拓扑操作的要素类必须位于同一个要素数据集内）→创建拓扑→验证拓扑→在编辑环境中识别和修复拓扑错误。本例通过对土地利用规划结果进行拓扑操作以掌握创建拓扑关系的具体操作流程，包括拓扑创建、拓扑错误检查、拓扑错误修改以及拓扑编辑等基本操作。

3.8.2 实验数据

名为 3.8 拓扑的文件夹中包含有拓扑 .gdb 地理数据库，其中包含有一个名为简单拓扑的要素数据集，该要素数据集中包含有河流和水文站两个要素类。

拓扑文件夹中还有 Blocks.shp 和 Parcels.shp 两个 shp 文件，来源于 ArcGIS Tutorial Data。Blocks.shp 为北美某地区的总体规划，Parcels.shp 为该地区的细节规划。Blocks.shp 和 Parcels.shp 属性表中均含有 Res 字段，1 表示该地块为住宅区，0 为非住宅区。

3.8.3 拓扑初步

1. 添加数据库

启动 ArcGIS Pro，新建名为拓扑练习 1 的工程。在 Catalog 窗格，右击 Databases，选择 Add Database，定位至 3.8 拓扑文件夹，选择拓扑 .gdb 地理数据库，将拓扑 .gdb 添加至工程中，之后右击拓扑 .gdb，选择 Make Default，将其设置为默认地理数据库。

2. 创建拓扑

在拓扑 .gdb 地理数据库中，右击简单拓扑要素数据集，选择 New→Topology→弹出创建拓扑向导。输入所创建拓扑的名称为简单拓扑_Topology，*XY* Cluster Tolerance（聚类容限）设置为默认值 0.001m（在聚类容限长度内的所有顶点和结点将被看作同一点），设置 Number of *XY* Ranks 数量为 1，在 Feature Classes 选中水文站和河流，设置拓扑中每个要素类的等级，本例中均设置为 1，单击 Next，如图 3.41 所示，为拓扑添加规则。需要注意的是，参与拓扑的所有要素类必须位于同一个要素数据集中。

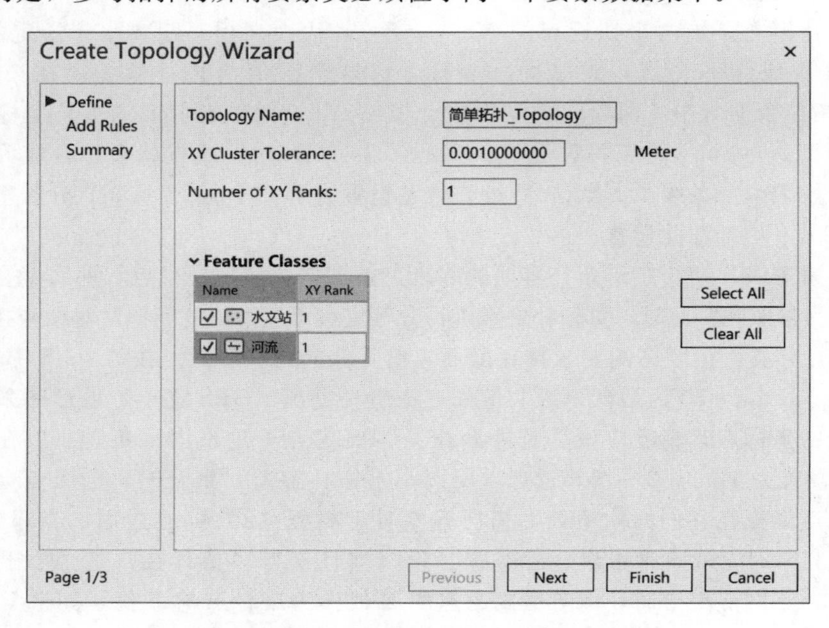

图 3.41　拓扑向导—名称、容差与等级设置（一）

单击 Add 按钮，添加两条拓扑规则，分别为：①河流 Must Not Have Dangles（Line）；②水文站 Must Be Covered By（Point－Line）河流。

其中，规则①是对河流要素类内部进行拓扑检查，不能有悬挂，即图 3.40 中的“过头”和“不及”；规则②是针对水文站和河流两个要素类的拓扑关系，要求水文站必须位于河流之上。按照图 3.42 所示设置后单击 OK，预览所创建的拓扑。确定无误后单击 Finish，完成拓扑创建。

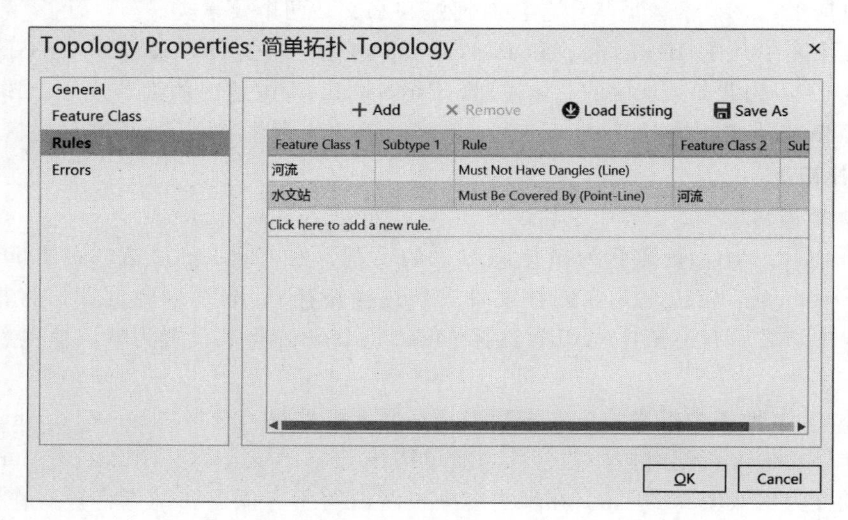

图 3.42　添加拓扑规则

3. 查找拓扑错误

将创建的简单拓扑_Topology 加载至地图中，切换至 Edit 功能栏选项卡，单击 Manage Edits 组中的 Error Inspector 按钮，打开 Error Inspector 对话框，使河流和水文站全部显示在窗口中→单击 Error Inspector 对话框中的 Validate 按钮，即可检查出拓扑错误，并在下方表格中显示拓扑错误的详细信息，注意此处只显示视图范围内的拓扑错误，如图 3.43 所示。

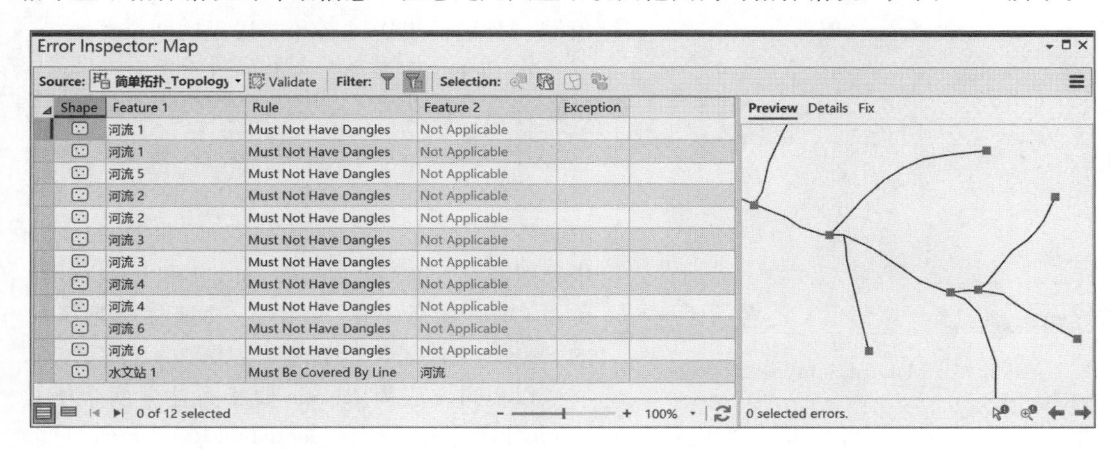

图 3.43　Error Inspector 对话框

4. 修改拓扑错误

在 Error Inspector 窗口右侧 Preview 中，缩放至某个拓扑错误，点击下方的箭头加红色叹号按钮（Select and fix errors in the map），在 Preview 窗口中单击拓扑错误，弹出修改工具，对于"过头"的拓扑错误，可以选择 Trim 进行修剪，对于"不及"的拓扑错误，选择 Extend 工具延长，对于水文站不在河流上的拓扑错误，可以使用 Snap 进行捕捉改正，如图 3.44 所示。

对于大量的拓扑错误，可以使用地理处理工具进行修改，如删除相同项工具（Delete Identical）删除重复的点、线、面等。修改完毕后，再次检查拓扑错误，所有错误修改完成后，单击 Edit 选项卡中的 Save 按钮，保存编辑。

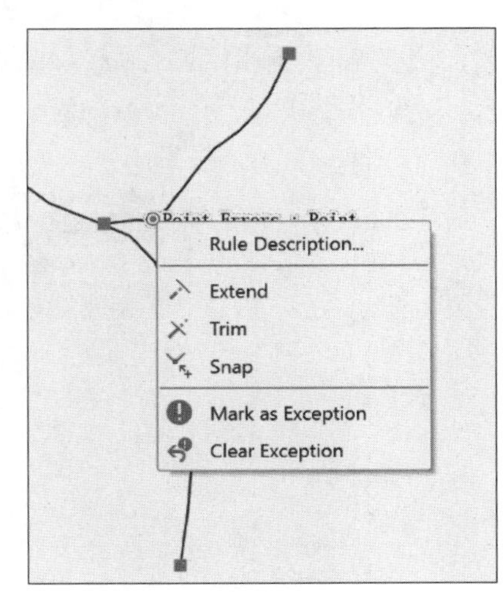

图 3.44　修改拓扑错误

3.8.4　将子类型用于拓扑

1. 添加数据库

启动 ArcGIS Pro，新建名为拓扑练习 2 的工程。在 Catalog 窗格，右击 Databases 中的拓扑练习 2.gdb，新建 Feature Dataset，命名为 plan→使用 Import Coordinate System，使坐标系统与 3.8 拓扑文件夹中的 Blocks.shp 或 Parcels.shp 的坐标系一致，单击 Run 完成要素数据集的创建。

2. 向数据集导入数据

右击 plan 要素数据集，单击 Import，选择 Feature Class（Multiple）→导入 Blocks 和 Parcels 至 plan 要

素数据集。

3. 在要素类中建立子类型

创建地块的拓扑关系前，需要把要素类分为居民区和非居民区两个子类型，即把 Blocks 和 Parcels 要素类的 Res 属性字段分为 Residential 和 Non－Residential 两个属性代码值域，分别代表居民区和非居民区两个子类型。

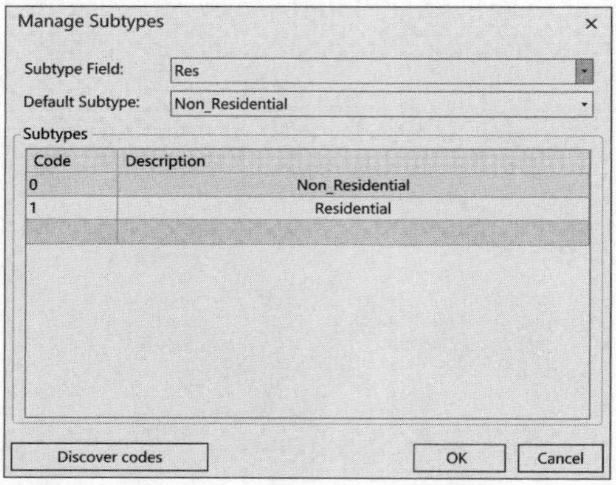

图 3.45　Manage Subtypes 对话框

在 Blocks 要素类上右击→依次选择Design→Subtypes，打开 Subtypes 功能栏选项卡，单击 Subtypes 组中的 Create/Manage 按钮，弹出 Manage Subtypes 对话框，Subtype Field 选择“Res”字段，在 Subtypes 的 Code 和 Description 中分别输入 0 和 Non_Residential；1 和 Residential。单击 OK，随后单击 Subtype 功能栏选项卡中的 Save，完成子类型创建，如图 3.45 所示。

以相同方法为 Parcels 要素类建立两个子类型：Code 的赋值分别为 0 和 1，对应的 Description 分别为 Non－Residential 和 Residential。

4. 创建拓扑

在 New database 中，右击 plan 要素数据集→New→Topology→弹出创建拓扑向导。输入所创建拓扑的名称和聚类容限（在聚类容限长度内的所有顶点和结点将被看作同一点），设置 Number of XY Ranks 数量为 1，在 Feature Classes 选中 Blocks 和 Parcels，设置拓扑中每个要素类的等级，本例中均设置为 1，如图 3.46 所示，单击 Next，为拓扑添加规则。

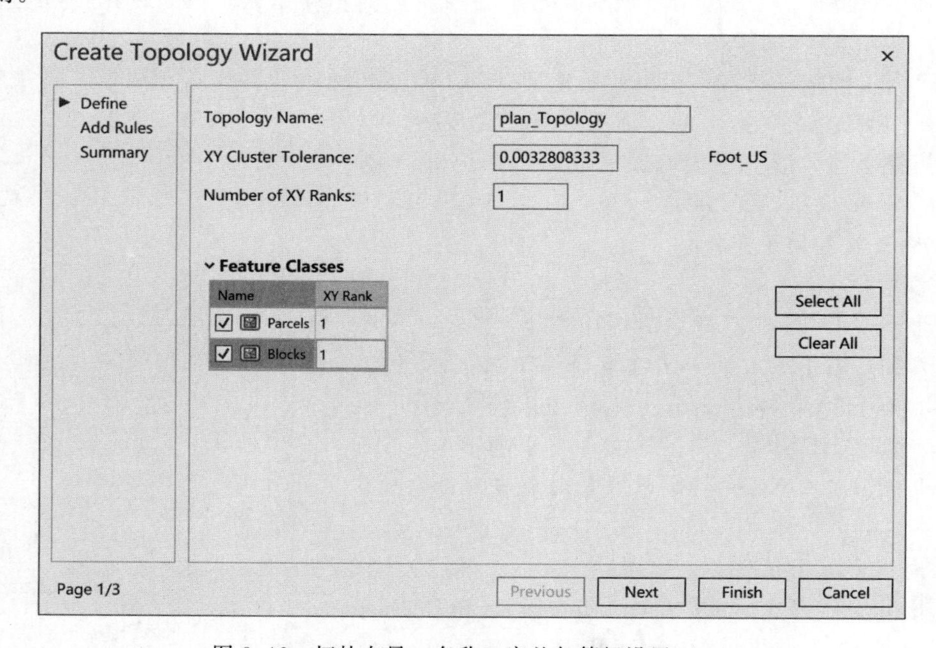

图 3.46　拓扑向导—名称、容差与等级设置（二）

单击 Add 按钮，按照图 3.47 所示设置。此拓扑规则表示 Parcels 中的非居住区不能与 Blocks 中的居住区重叠，即细节规划不能与总体规划冲突。完成后单击 Next，预览所创建的拓扑，之后单击 Finish，完成拓扑创建。

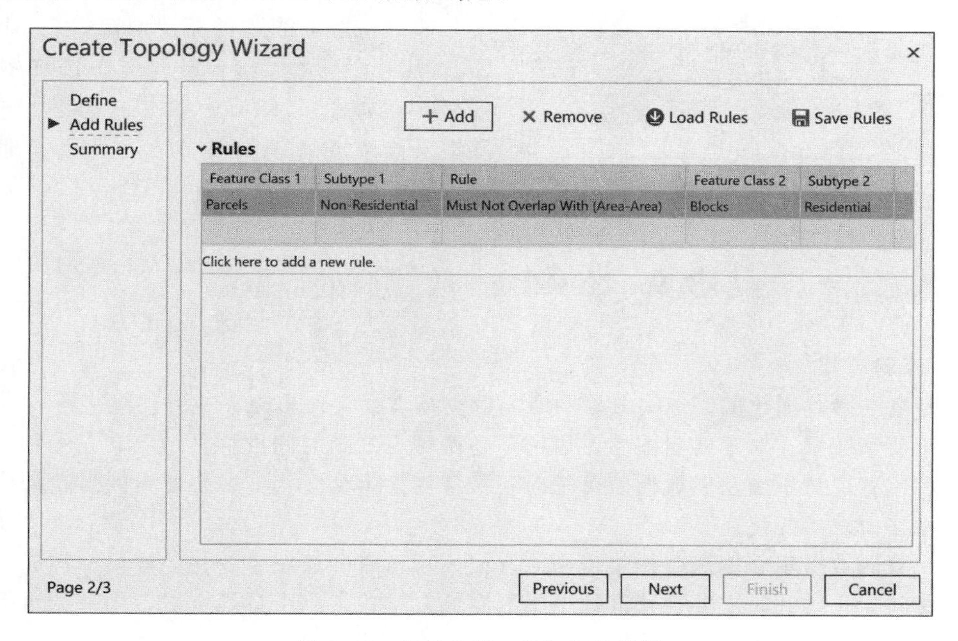

图 3.47　拓扑向导—添加拓扑规则

5. 查找拓扑错误

将创建的拓扑加载至地图中，切换至 Edit 功能栏选项卡，单击 Manage Edits 组中的 Error Inspector 按钮，打开 Error Inspector 对话框→使 Parcels 和 Blocks 完全显示在窗口中，单击 Validate，即可检查出拓扑错误，并在下方表格中显示拓扑错误的详细信息，如图 3.48 所示。

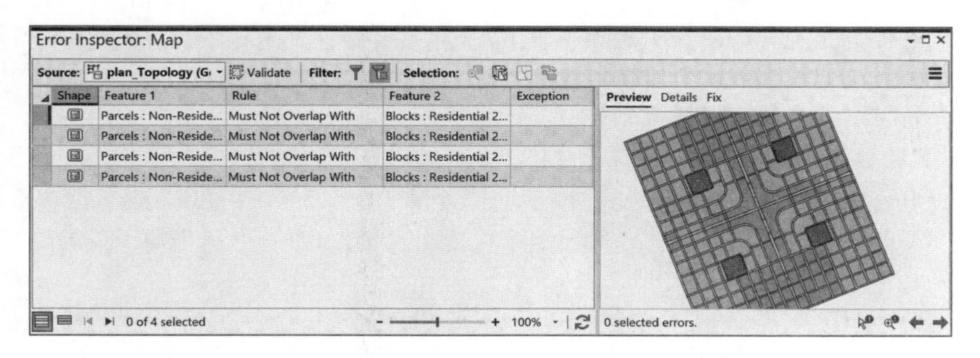

图 3.48　Error Inspector 对话框

6. 修改拓扑错误

当 Parcels 中的非居住区与 Blocks 中的居住区重叠时，产生拓扑错误。为了修改拓扑错误，可以把产生拓扑错误的 Parcels 中的 Non－Residential 改为 Residential→选中有拓扑错误的地块，打开属性表，修改 Res 字段，从 0 改为 1。拓扑修改后需要重新进行检查。

7. 拓扑编辑

如一个地块的边界需要修改，在 Manage Edits 组中的 Topology 列表框中选中刚创建的拓扑，如图 3.49 所示，单击某一公共边，移动、修改或者编辑其节点，其相邻地块边界也跟随改变。

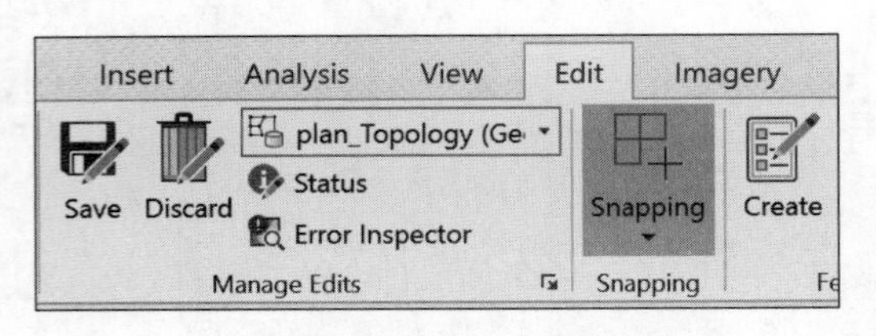

图 3.49 拓扑编辑

3.9 NetCDF 数据处理

3.9.1 实验背景

GIS 也支持时态数据，空间数据中时间的支持方式主要有以下三种：

(1) 要素图层。对于要素图层，可用下述两种方式随时间推移显示要素：①每个要素的形状和位置保持不变，但属性值可随时间推移而发生变化；②每个要素的形状和位置随时间的推移而发生变化。

(2) 镶嵌数据集。镶嵌数据集可用于存储表示随时间而发生变化的栅格。例如，土地利用随时间变化，此时需要在镶嵌数据集的属性表中包含一个日期字段，用来指示每幅图像的时间。

(3) NetCDF 图层。对于 NetCDF 要素图层，可使用时间维度或包含时间值的属性字段（起始时间和结束时间字段）来指定图层的时间。对于 NetCDF 栅格图层，只能使用时间维度来指定图层的时间。

NetCDF（网络公用数据格式）是一种用来存储温度、湿度、气压、风速和风向等多维科学数据（变量）的文件格式。从数学上来说，NetCDF 存储的数据就是一个多自变量的单值函数。用公式表达就是 $f(x, y, z, \cdots)$ =value，函数的自变量 x，y，z 等在 NetCDF 中叫作维（Dimension）或坐标轴（Axis），函数值 Value 在 NetCDF 中叫作变量（Variables）。而自变量和函数值在物理学上的一些性质，如计量单位（量纲）、物理学名称等在 NetCDF 中就称为属性（Attributes）。

3.9.2 实验数据

baseline_tas_annual_mean_1986_2005.nc，全球 1986—2005 年平均气温数据，NetCDF 格式。该数据的空间分辨率为 1°，地理坐标系统为 WGS_1984，数据来源于美国国家大气研究中心。

3.9.3 操作步骤

1. 通过 NetCDF 数据创建图层

启动 ArcGIS Pro，打开 Geoprocessing\Multidimension Tools\NetCDF\Make NetCDF Raster Layer→打开 Make NetCDF Raster Layer 工具→定位到数据所在文件夹下，在 Input netCDF File 下然后选择 baseline_tas_annual_mean_1986_2005.nc，Variable 选择 climatology_tas_annual_mean_of_monthly_means，该变量为 1986—2005 的多年平均离地

面 2m 处气温（称为 Baseline），单位为℃→X Dimension 和 Y Dimension 分别选择 longitude（经度）和 latitude（纬度）→Output Raster Layer 输入 Temperature_Mean Annual Baseline，Band Dimension 选择 time→单击 Run，如图 3.50 所示。Contents 中出现新图层，该图层为世界各地的年平均温度。浏览查看该图层（分辨率、数据范围），了解全球气温状况。

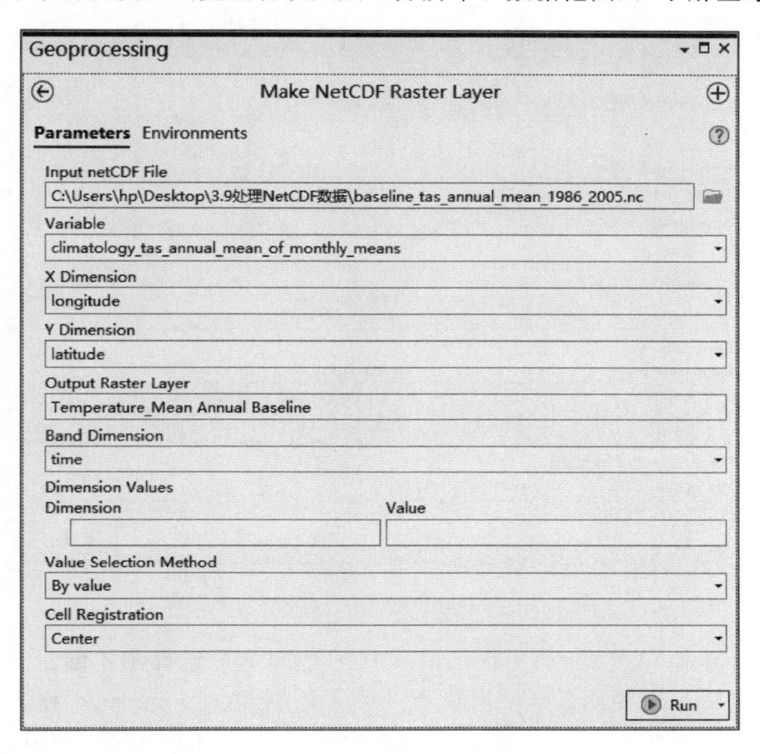

图 3.50 Make NetCDF Raster Layer 工具

2. 通过 NetCDF 数据创建表

打开 Geoprocessing\Multidimension Tools\NetCDF\Make NetCDF Table View→打开 Make NetCDF Table View 工具→定位到数据所在文件夹下，在 Input netCDF File 下然后选择 baseline_tas_annual_mean_1986_2005.nc，Variable 选择 climatology_tas_annual_mean_of_monthly_means，→Output Table View 输入 Mean Annual Temperature Values→Row Dimensions 分别选择 longitude（经度）和 latitude（纬度）→Dimension Values 下的 Dimension 中选择 time，右侧的 Value 选择 1986/07/01 12：00：00 AM，该 nc 文件只有一个图层，如果有多个图层，可以在此进行选择。通过这些参数设置，输出的表格将显示每个经纬度组合的历史年平均气温→单击 Run，如图 3.51 所示，Contents 中出现新表格。

打开该表。表中包含 NetCDF 数据，共四列，OID 为每一行且唯一，显示了每个 longitude 和 latitude 交叉点的 climatology_tas_annual_mean_of_monthly_means 值，单位为℃。

打开 Geoprocessing\Data Management Tools\Layers and Table Views\Make XY Event

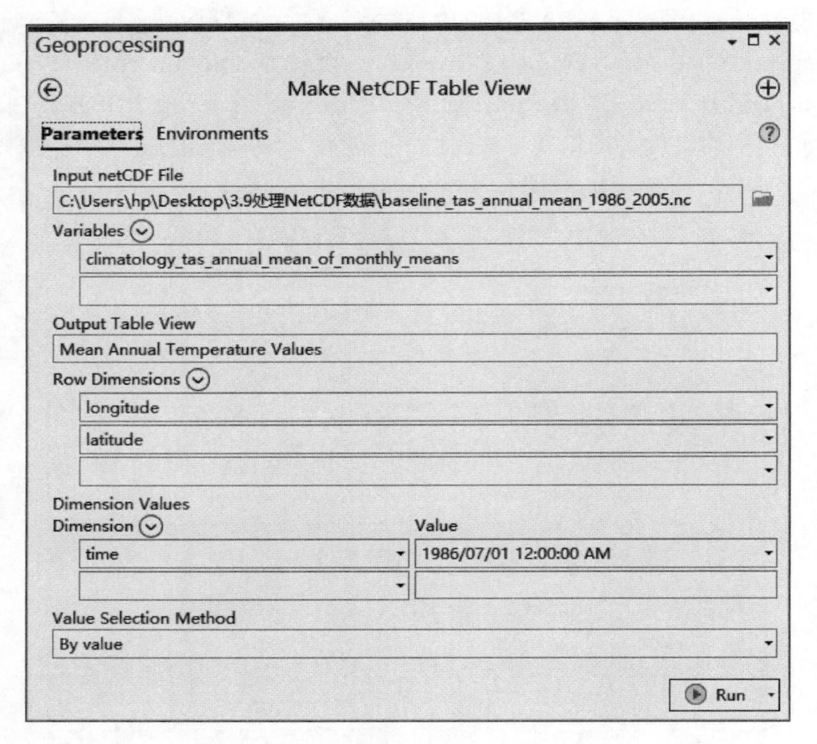

图 3.51　Make NetCDF Table View 工具

Layer 工具，在 Make *XY* Event Layer 工具中→*XY* Table 选择刚才创建的 Mean Annual Temperature Values 表格，*X* Field 和 *Y* Field 分别填入 longitude 和 latitude，Layer Name or Table View 填入 Mean Annual Temperature Values_Layer，Spatial Reference 设置为 GCS_WGS_1984，单击 OK，即可生成历史平均气温散点图，如图 3.52 所示。

MyProject - ArcGIS Pro

Mean Annual Temperature Values

Field: Add Calculate　Selection: Select By Attributes Zoom To Switch Clear Delete Copy

OID	longitude	latitude	climatology_tas_annual_mean_of_monthly_means
1	-180	-90	-46.6386
2	-179	-90	-46.6386
3	-178	-90	-46.6386
4	-177	-90	-46.6386
5	-176	-90	-46.6386
6	-175	-90	-46.6386
7	-174	-90	-46.6386
8	-173	-90	-46.6386
9	-172	-90	-46.6386
10	-171	-90	-46.6386
11	-170	-90	-46.6386
12	-169	-90	-46.6386
13	-168	-90	-46.6386

0 of 65,341 selected　Filters:　100%

图 3.52　Make NetCDF Table View 工具生成的表格

3. 制作横跨纬度的图表温度

在 Contents 中右击 Mean Annual Temperature Values_Layer，选择 Create Chart/Scatter Plot，单击下方 Scatter Plot1 中的 Properties 按钮，右侧的 Chart Properties 中，X-axis Number 设置为 latitude，Y-axis Number 设置为 climatology_tas_annual_mean_of_monthly_means，查看散点图，发现气温向南北两极递减，在散点图上框选，相应的点也会在地图中选中。

至此已经完成了关于投影和数据的专项练习，为后续进行分析、制图等操作打下了坚实的基础。实践表明，在 GIS 系统中大部分时间消耗在了数据采集与管理上。对于任何的进入到 GIS 系统中的数据，应做到"组织合理、坐标完整、拓扑正确、命名科学。"

第 4 章　分　析

4.1　分 区 统 计

4.1.1　实验背景

统计分析是地理分析的起点，实际工作中经常用到基于特定的分区，统计各分区内的各类要素。分区统计的对象可以是矢量数据，也可以是栅格数据。本实验首先基于矢量数据统计某地级市二环内各区域的公路长度，其次基于栅格数据分区统计降水量。在执行栅格数据的分区统计之前，需要先对收集到的降水量数据进行内插，生成面数据，再运行分区统计。

4.1.2　实验数据

基于矢量数据的分区统计：西安路网分区和城市道路要素类，存储在路网要素数据集中。数据来自国家基础地理信息数据库（http://www.ngcc.cn）。

基于栅格数据的分区统计：某一地区各气象站的降水量数据 rainfall.xls，包含有四列，分别是 Index、X、Y、P，分别表示索引、X 坐标、Y 坐标以及降水量（mm），数据来自《中华人民共和国水文年鉴》黄河流域水文资料。分区统计 .gdb 中还保存有分区边界要素类，用于进行栅格数据分区。

4.1.3　统计大陆各省区主要公路长度

1. 标识公路数据

打开 ArcGIS Pro，加载西安路网分区和城市道路两个要素类→Geoprocessing\Analysis Tools\Overlay\Identity，打开 Identity 工具。Input Features 选取城市道路，Identity Features 选取西安路网分区，确定输出位置和名称为：主要公路_Identity，Attributes to Join 选取 All Attributes，单击 Run，得到被西安路网分区所标识的公路数据（同一条公路数据在边界处被分割）。

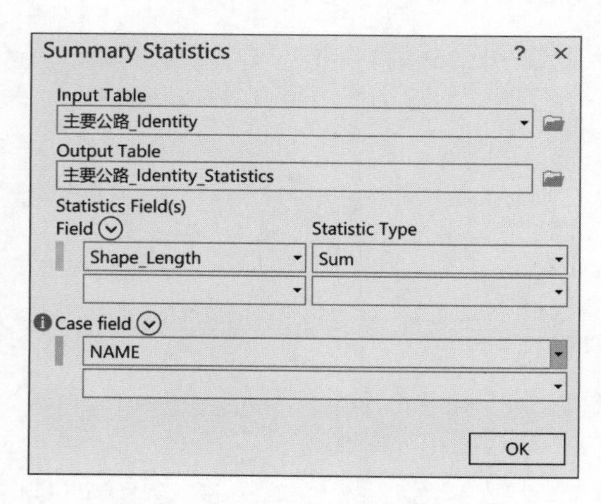

图 4.1　Summary Statistics 对话框

2. 统计各省份公路长度

打开主要公路_Identity 属性表，右击 NAME 字段，选择 Summarize，设置输出表格名称，Statistics Field(s) 选择 Shape_Length，Statistic Type 选择 Sum（求和），Case field 选择 NAME，单击 OK，完成统计，如图 4.1 所示。

统计完成后，结果表格会以独立表

（Standalone Tables）的形式加载在Contents中，右击表格，选择Open，打开表格以查看结果。

4.1.4 统计分区降水量

1. 导入采样点数据

启动ArcGIS Pro，以Map为模板新建工程，在Contents窗格中移除默认加载的地形图图层。切换至Map功能栏选项卡，单击Layer组中的Add Data下拉菜单→选择*XY* Point Data，在Input Table中选择rainfall.xls\Sheet1$，设置输出要素类名称为点雨量，*X* Field和*Y* Field分别选择*X*，*Y*。空间坐标系导入分区边界要素类的坐标系。单击Run，如图4.2所示。点雨量要素类加载至Contents窗格中。同时添加分区边界至Contents窗格中。

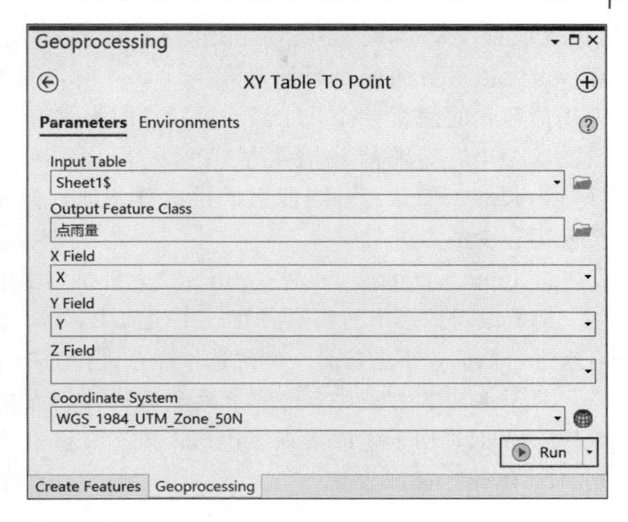

图4.2 *XY* Table To Point工具

2. 生成全区降水量数据

定位到Geoprocessing\Spatial Analyst Tools\Interpolation\IDW，打开反距离权重插值工具，Input point features输入点雨量，*Z* value field设置为*P*（存储降水量的属性字段），Output raster设置为面雨量，像元大小设置为1000，如图4.3所示→切换至Environments选项卡→设置Processing Extent为Same as layer分区边界→单击Run，生成面雨量。

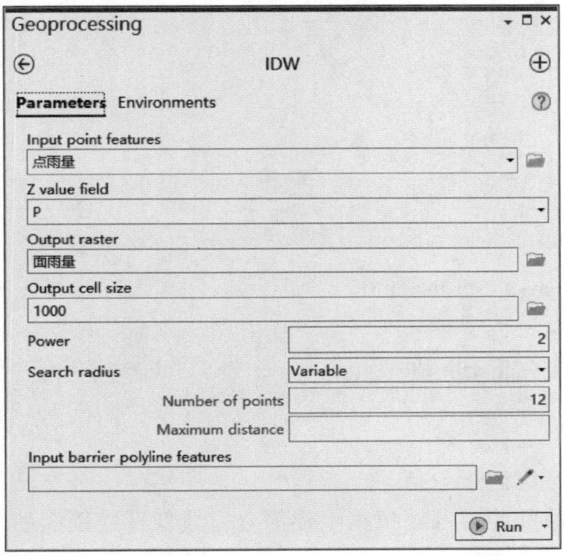

图4.3 反距离权重（IDW）插值

对于反距离权重插值工具的进一步说明：

反距离权重（Inverse Distance Weighted，IDW）是最简单也是最常用的插值方法。该方法通过计算像元周围采样点的平均值来预测像元值。采样点距离待估像元的中心越近，则它在插值中的权重就越大。当采样点密集且空间分布连续时，IDW的性能最佳。

IDW工具中的Power参数用于设定调整采样点的相对影响，当该值为0时，所有采样点在指定的搜索半径内具有几乎相等的权重。随着Power值的增加，采样点的权重随着距离的增加而快速衰减。

搜索半径（Search radius）可设置为

Fixed或者Variable。当设置为Fixed时，需指定一个距离常数，利用该半径内所有采样点对像元值进行插值。当设置为Variable时，需要指定用于参与计算的采样点数量，每个插值像元的搜索半径可能都不相同，因为它将一直扩展半径直到满足所设定的采样点数量要求为止。如果某些需要插值像元周围采样点分布稀疏，可以设定一个最大距离(Maximum distance)，当搜索半径达到该值，但是采样点的数量仍然不足时，插值运算会采用较少的点进行。

在Input barrier polyline features中允许指定多个线要素用作断层，这些线要素可能是悬崖、河流或者地形中的其他突变。在插值中，仅采用barrier polyline features中同侧的采样点来进行插值，不会从另一侧挑选采样点进行分析。本质上是对多个分开的表面进行插值。

对于水文学中经常应用的泰森多边形计算面雨量，ArcGIS Pro提供了Create Thiessen Polygons工具用于生成泰森多边形，该工具位于Analyst Tool\Proximity中。

3. 统计各区降水量

Geoprocessing\Spatial Analyst Tools\Zonal\Zonal Statistics as Table，打开Zonal Statistics as Table工具→Input raster or feature zone data下拉列表框选择分区边界，Zone field选择index，Input value raster选择面雨量，设置输出表格位置和名称，Statistics type选择All或者根据需要选择统计参数，单击Run，如图4.4所示，获取统计值，使用ArcGIS Pro或在Excel中打开输出文件，查看统计结果。

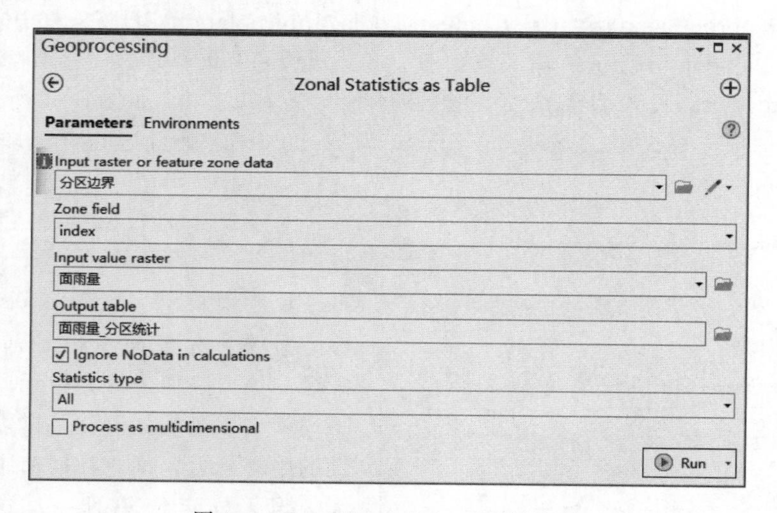

图4.4　Zonal Statistics as Table工具

4.2 连锁店新址规划

4.2.1 实验背景

某连锁店计划在某地新开分店，经营者考虑因素包括与现有连锁店的距离、与公交站点的距离、与居民点的距离以及与货物配送站的距离等，根据上述因素完成新开连锁店的位置选择。具体应满足的条件是：①距离城市主干道200m之内，交通便利；②距离大型社区500m之内，保证客流量；③在配送站点的服务范围之内，服务范围以配送站点的规模大小确定；④距离现有连锁店 2km 开外，以避免门店过于集中。

对每个条件进行缓冲区分析，符合条件赋值为 1，不符合条件的取值为 0，得到各自的分值图。接着运用空间叠置分析对上述四个图层叠加求和，并分等定级，确定合适区域。本实验的制作过程中，参考了汤国安教授《ArcGIS 地理信息系统空间分析实验教程》一书的市区择房分析。

本例是基于矢量数据的空间分析。通过本例，熟悉缓冲区分析、叠置分析等基于矢量的基本操作。缓冲区是地理空间目标的一种影响范围或服务范围。从数学角度看，即给定一个空间对象或集合，确定它们的邻域，邻域的大小由邻域半径 R 决定。邻域半径一般由最小欧氏距离确定，也可以是其他定义的距离。对于多个要素而言，缓冲区分析的结果是各个要素之间的并集。

叠置分析是将同一地区、同一比例尺的两幅或以上的图层重叠在一起，产生新的空间图形或空间位置上新的属性的过程。对于矢量数据而言，主要的叠置分析有图层合并（Union）、图层相交（Intersect）、识别叠加（Identity）、图层擦除（Erase）、裁剪操作（Clip）以及修正更新（Update）等。

4.2.2 实验数据

城市道路网络要素类：来自对西安地图的矢量化，道路等级字段标明了道路的等级，分为主干道、次干道以及支道三个等级。

大型社区、配送站点、现有连锁店三个要素类：均为虚拟数据，并不代表实际存在，其中配送站点含有服务半径字段，定义的服务半径分别为 500m、1000m 以及 5000m。上述四个要素类均保存在连锁店.gdb 地理数据库中，坐标系统均为 CGCS2000 3 Degree GK CM 108E。

4.2.3 操作步骤

1. 主干道缓冲区的建立

打开 ArcGIS Pro，加载城市道路网络、大型社区、配送站点以及现有连锁店四个要素类。

在 Contents 中，打开城市道路网络属性表，单击 Select by Attributes，在 Select by Attributes 中，单击 New expression，选择 Where 道路等级 is equal 主干道，单击 Apply，选中市区主干道→在 Geoprocessing 中，定位至 Analyst Tool\Proximity\Buffer→打开 Buffer 工具，Input Features 选取城市道路网络，选取一个输出文件位置，设置输出名称为城市道路网络_buffer，Distance 选择 Linear Unit，输入 200m；Side Type 选择 Full，End Type 选择 Round，Method 选择 Planar，Dissolve Type 选择 Dissolve all output features into a single feature，单击 Run，生成主干道缓冲区，如图 4.5 所示。

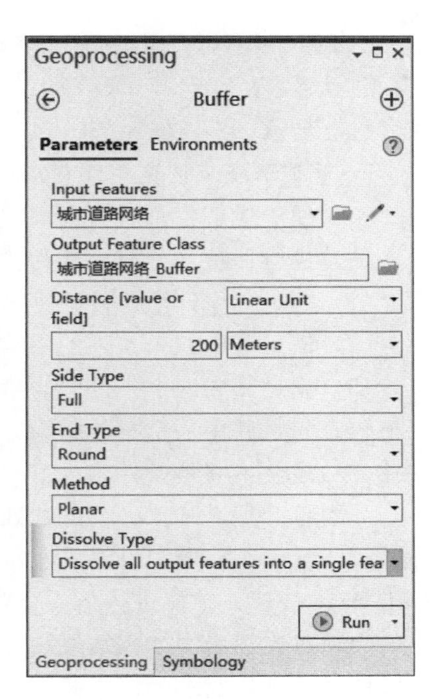

图 4.5 Buffer 工具

缓冲完成之后，在 Map 功能栏选项卡的 Selection 组中，单击 Clear，取消主干道选择状态。在 Proximity

工具箱下，还有一个名为 Multiple Ring Buffer 的工具，用于制作多环缓冲区。

2. 建立大型社区影响缓冲区

打开 Buffer 工具→Input Features 选取大型社区，输出文件名大型社区_buffer，Distance选择Linear unit，输入 500m，Method 选择Planar，Dissolve Type 选择 Dissolve all output features into a single feature，单击 Run，生成大型社区影响缓冲区。

3. 配送站点影响区建立

打开 Buffer 工具→Input Features 选取配送站点，输出文件名为配送站点_buffer，Distance 选择 Field，字段选择服务半径（打开属性表，查看服务半径，本次缓冲按照服务半径字段进行缓冲）；Dissolve Type 选择 Dissolve all output features into a single feature，单击 Run，生成配送站点缓冲区。

4. 现有连锁店影响区建立

打开 Buffer 工具→Input Features 选取现有连锁店，输出文件名为现有连锁店_buffer，Distance 选择 Linear unit，输入 2km，Dissolve Type 选择 Dissolve all output features into a single feature，单击 Run，完成现有连锁店缓冲区。

5. 进行叠置分析，求出满足要求的区域

首先求出主干道、大型社区及配送站点缓冲区的交集区域。Geoprocessing\Analyst Tool\Overlay\Intersect→打开 Intersect 工具→依次添加城市道路网络、大型社区及配送站点三个缓冲区文件，设置要素为道路_社区_站点，Attributes To Join 文本框中选择 All attributes，Output Type 选择 Same as input→单击 Run，求出交集区域。

接着求出同时满足四个条件的区域。Geoprocessing\Analyst Tool\Overlay\Erase→打开 Erase 工具→Input Features 文本框中选择 Intersect 工具计算出的三个区域的交集数据（道路_社区_站点），Erase Features 文本框中选择现有连锁店缓冲区文件→指定输出要素类名称（适宜区），所得结果即为连锁店的适宜分布区。

6. 对整个城市区域的连锁店条件进行评价

为了便于了解整个城市区域的连锁店适宜情况，可应用上述数据对整个城市区域的连锁店条件进行评价，分级标准为：

（1）满足其中四个条件的为第一等级。

（2）满足其中三个条件的为第二等级。

（3）满足其中两个条件的为第三等级。

（4）满足其中一个条件的为第四等级。

（5）完全不满足条件的为第五等级。

分别打开配送站点、大型社区以及城市道路网络 3 个缓冲区的结果属性表→分别添加“站点”“社区”以及“道路”字段，并全部赋值为 1，注意每次添加完字段以及赋值及时单击 Save 按钮，才能进行下一个要素类的操作，字段类型为短整型（Short）。

为现有连锁店缓冲区结果属性表添加“连锁店”字段，赋值为－1（因为连锁店之外的区域才是满足要求的，因此取值为－1）。

Geoprocessing\Analyst Tool\Overlay\Union→打开 Union 工具→依次输入 4 个缓冲区文

件，设置输出要素类名称（Union），Attributes To Join 文本框中选择 All attributes，单击 Run，求出叠加区域。

打开 Union 文件属性表→新增 class 字段（Short 型）→属性表中右击 class 字段，选择 Calculate Field→构建表达式：

class = ！站点！+！社区！+！连锁店！+！道路！

单击 OK，完成计算，如图 4.6 所示。

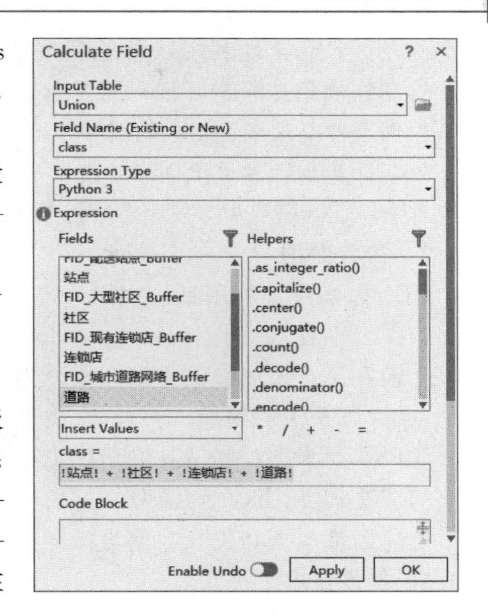

图 4.6 计算字段

对 class 字段进行符号化分级显示：第一等级数值为 3；第二等级数值为 2；第三等级数值为 1；第四等级数值为 0；第五等级数值为 -1。在 Contents 中，右击 union 图层→选择 Symbology→Primary Symbology 列表框中选择 Unique values→在弹出的 Symbology 窗格中，Field1 后方选择 class，单击 Classes 下方的 Add all values，随后在 Color Scheme 中选择合适的色彩方案，完成符号化操作，如图 4.7 所示。

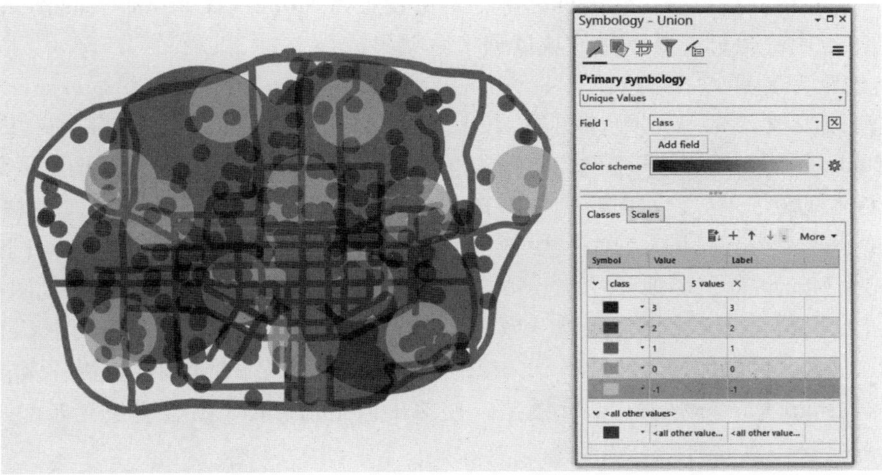

图 4.7 分析结果

4.3 野生动物栖息地评价

4.3.1 实验背景

本例主要是基于栅格数据的空间分析，涉及坡度提取、距离制图、重分类以及栅格运算等操作。某类动物栖息地适宜性评价需要考虑地形、土地利用、距离水源的距离，以及和现有居民点的距离等多个因素，从总体上把握这些因素能够确定出适宜性比较好的动物栖息地。具体包括：①动物栖息地位于坡度较陡的地区，便于避开大规模人类活动；②距离水源较近；③土地利用以林地和草地最佳，其次为农地、未利用地、水域以及建筑用地；④动物栖息地应避开现有居民点。

根据上述要求准备相应的图层，图层权重分别为：距离居民点的远近占0.5，土地利用占0.25，距离河流和坡度因素各占0.125。本实验的权重不一定合理，根据实际需要可以改变权重值，实际研究中多使用专家打分法、层次分析法以及模糊评价法等多种方法确定权重。

4.3.2 实验数据

DEM：数字高程模型，空间分辨率50m，来自中国科学院计算机网络信息中心地理空间数据云平台（http://www.gscloud.cn）。

土地利用：该区域的土地利用分为耕地（1）、林地（2）、草地（3）、水域（6）、建筑用地（8）以及未利用地（9）六个类型，空间分辨率为50m。

居民点要素类：区域县级居民点分布。

河流要素类：区域河流分布。

上述栅格数据和矢量数据均保存在栖息地.gdb地理数据库中。

4.3.3 操作步骤

1. 从DEM栅格图层提取坡度数据集

打开ArcGIS Pro，加载DEM、土地利用栅格图层以及居民点和河流两个要素类→Geoprocessing\Spatial Analyst Tools\Surface\Slope→打开Slope工具→在Input raster中选择DEM数据集，指定输出栅格的名称（本例设置为Slope），Output measurement选择Degree，单击Run运行工具，生成坡度栅格数据集。

2. 直线距离制图

制作河流要素类的直线距离图层。Geoprocessing\Spatial Analyst Tools\Distance\Legacy\Euclidean Distance→打开Euclidean Distance工具——该工具计算投影平面上每个像元到最近源的欧氏距离（最短直线距离），输入源数据可以是要素类或栅格→Input raster or feature source data列表框中选择河流要素类，Output distance raster设置输出栅格名称为河流距离。切换至Environments选项卡，设置坐标系与DEM图层一致，Processing Extent与DEM图层保持一致，在Raster Analysis中设置栅格大小Cell Size与DEM图层一致，下方的Mask选择DEM图层为掩膜，即以DEM图层边界去裁剪运算结果。下方的Snap Raster选择DEM图层，使输出栅格与DEM图层逐像元匹配，设置完成后，单击Run，生成河流直线距离。

类似操作与设置（Processing Extent、Cell Size、Mask、Snap Raster均选择DEM栅格数据集），完成居民点数据集的直线距离提取，输出栅格图层为居民点距离。

除了欧氏距离（Euclidean Distance），ArcGIS Pro还提供了欧氏方向（Euclidean Direction）和欧氏分配（Euclidean Allocation）等欧氏距离分析工具。欧氏方向（Euclidean Direction）求得像元与最近源之间的方位角方向（以度为单位）。使用360°圆，刻度360°指北，90°指东，顺时针增加。值0供源像元使用。欧氏分配（Euclidean Allocation）输出的每个像元都是距其最近源的值。

3. 重分类

栖息地较陡地形对动物有利。采用等间距分级把坡度分为10级。陡峭地区适宜性好，赋以较大的值，平坦的地区赋以较小的值，得到坡度适宜性数据。Geoprocessing\Spatial Analyst Tools\Reclass\Reclassify，打开 Reclassify 工具→Input raster 下拉列表框选择生成的 slope 图层→单击下方 Classify 按钮，弹出的对话框 Method 中选择 Equal Interval (等间距)，Classes 设置为 10。将坡度分为 10 类，确定 New 的数值，保证最大的坡度赋予 10，而最小的坡度范围值为 1，设置输出栅格名称 (Reclass_slope)，单击 Run，如图 4.8 所示。

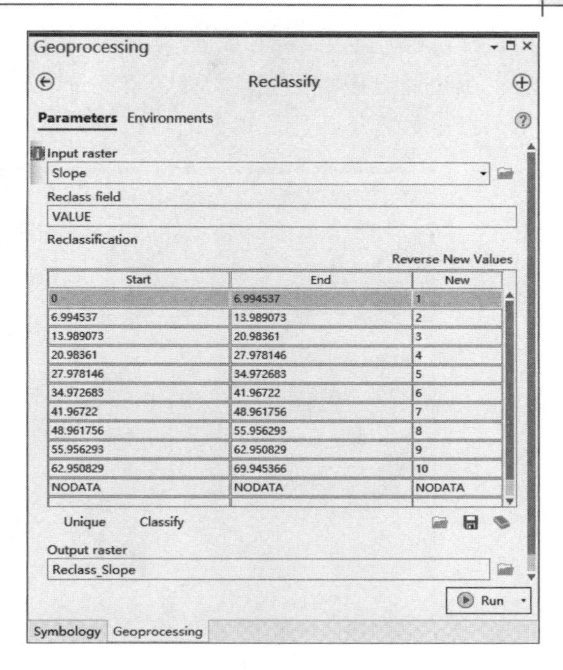

图 4.8　Reclassify 重分类工具

类似方法重分类居民点距离图层，等间距分为 10 类，距离最近的地方赋值为 1，最远的地方赋值为 10，输出图层命名为 Reclass_居民点。

重分类河流距离数据集，等间距分为 10 类，距离最近的地方赋值为 10，最远的地方赋值为 1，输出图层命名为 Reclass_河流。

重分类土地利用数据集：打开 Reclassify 工具→Input raster 下拉列表框选择土地利用图层，Reclass field 选择 name 字段，单击下方的 Unique 按钮，在下方的 New 一列中，将林地赋值为 10，草地赋值为 6，耕地赋值为 2，水域、建筑用地及未利用地赋值为 0，表示此三类用地不适宜做动物栖息地，输出图层为 Reclass_土地利用。

Reclassify 是经常使用的地理处理工具，用来重分类或更改栅格中的值。可以按单个值进行重分类 (Unique)，也可以对连续数据进行重分类 (Classify)。按单个值进行重分类时，Reclassify 工具将以一对一的方式将一个值更改为另一个值。按值的范围进行重分类时，Reclassify 工具需要设定输入栅格中现有值的各个下限和上限以及它们各自对应的替代值，可以使用自然断点法 (Natural Breaks (Jenks))、分位数法 (Quantile)、等间距法 (Equal Interval)、自定义间距法 (Defined Interval)、手动间距法 (Manual Interval)、几何分级法 (Geometrical Interval) 以及标准差法 (Standard Deviation) 等方法对原始数据进行分类。Reclassify 工具也可以将特定值设置为 NoData，或将 NoData 像元设置为值。将特定值更改为 NoData 后，特定值覆盖区域将从后续分析中移除。需要注意的是 Reclassify 工具输出的栅格的数据类型始终为整型。

4. 适宜区分析

重分类后，各个数据集统一在相同的分类体系内，现在给四种因素赋以不同的权重，然后合并数据集以找出最适宜的位置。Geoprocessing\Spatial Analyst Tools\Spatial Analyst Tools\Map Algebra\Raster Calculator，打开 Raster Calculator 工具→在Rasters列表双击栅格图层，在 Tools 列表双击运算符，键盘输入权重值，构建表达式：

"Reclass_居民点" * 0.5 + "Reclass_土地利用" * 0.25 + "Reclass_Slope" * 0.125 + "

Reclass_河流距离" *0.125

确定输出栅格位置及文件名（评价结果），单击 Run，如图 4.9 所示。得到最终评价结果栅格数据集，分值越大的地区越是适合选做动物栖息地。

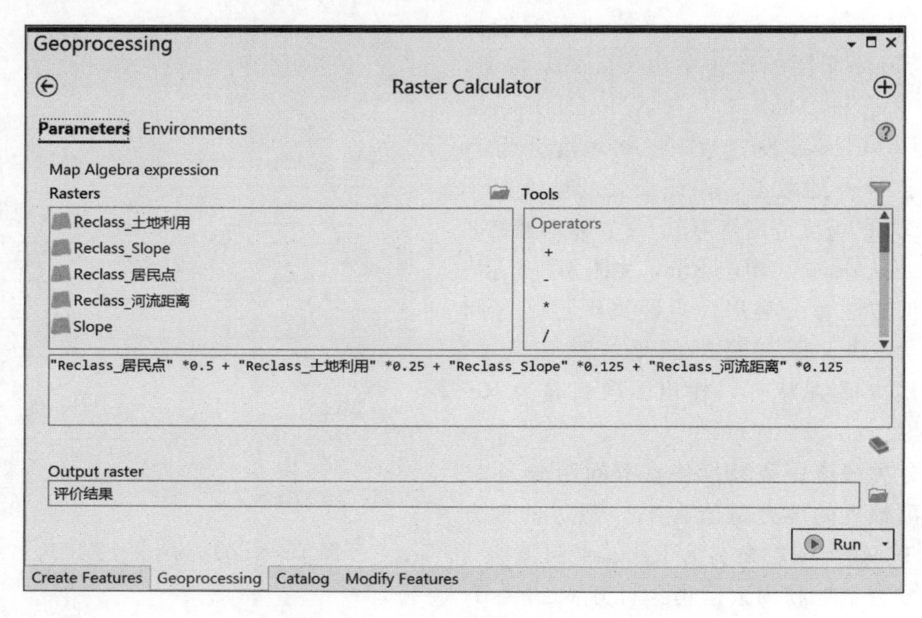

图 4.9　Raster Calculator 工具

单击 Contents 的评价结果下方的黑白渐变色块，将 Color scheme 更改为喜欢的颜色方案，对结果进行符号化，查看最终效果，如图 4.10 所示。

上述操作也可以使用 Spatial Analyst Tools\Overlay 中的 Weighted Sum 工具实现，如图 4.11 所示。

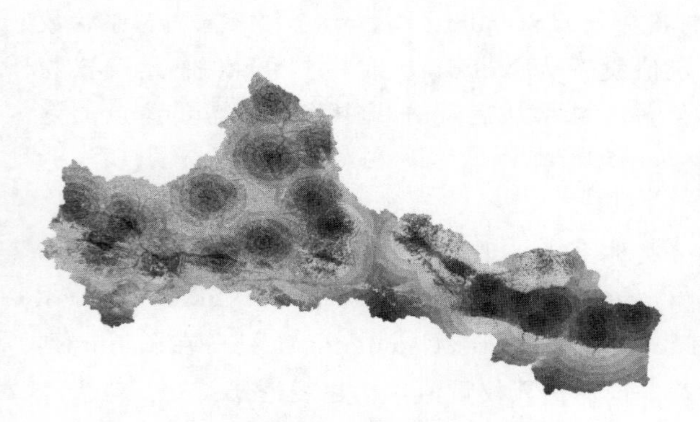
图 4.10　分析结果

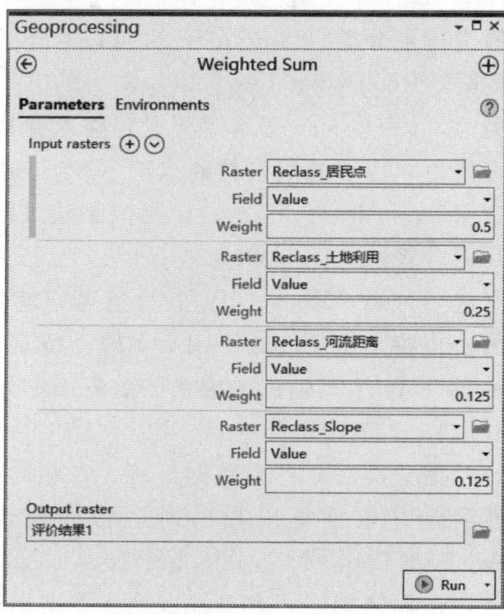

图 4.11　Weighted Sum 工具

4.4 寻找汇流路径

4.4.1 实验背景

在水文实践中，经常需要求流域任一点到水文站的水流路径距离。使用成本距离工具可以实现上述需求。在使用成本距离工具时，我们以累积汇流量的倒数作为成本，为了避免出现除数为0的情形，首先给累积汇流量加任意的正数，本例中加1。在计算累积汇流量之前，首先进行填洼处理，之后计算水流方向，根据水流方向进一步计算出累积汇流量。

通过练习，熟悉水文分析中的填洼、水流方向以及累积汇流量的计算，熟悉距离制图中的成本距离以及成本路径等函数功能。并能通过本例举一反三，解决道路、管线选线等实际问题。

成本加权距离工具可以看成是对欧氏直线距离的进一步修改，将经过某个像元的距离赋以成本因素。例如，翻过一座山到达目的地是最短的直线距离，而绕行距离较长，但是更节省时间和体力，那么绕行就是成本加权距离最短，这里的时间和体力均可作为成本。成本距离工具主要有：

成本距离（Cost Distance）：求得每个像元至最近源的累积成本距离。

成本回溯链接（Cost backlink）：求得一个方向栅格，可以从任意像元沿最小成本路径返回最近源。

成本分配（Cost Allocation）：求得每个像元的最近的源。

成本路径（Cost Patch）：求的任意像元到最近源的最小成本路径。

成本连通性（Cost Connectivity）：在两个或多个输入区域之间生成成本最低的连通性网络，如求取多个基地间补给线路的最佳网络。

4.4.2 实验数据

汇流路径.gdb地理数据库，其中包括DEM（数字高程模型），分辨率2.5m；暴雨中心和水文站两个点要素类。数据的坐标系统均为WGS_1984_UTM_Zone_49N。

4.4.3 操作步骤

1. 对DEM进行填洼处理

打开ArcGIS Pro并新建工程，加载汇流路径.gdb地理数据库里的DEM栅格数据集和暴雨中心和水文站两个点要素类。

由于数据噪声、内插方法的影响，DEM数据中常常包含一些“洼地”，“洼地”将导致流域水流不畅，不能形成完整的流域网络。因此在进行水流方向计算前，需对洼地进行填充。在Toolboxes中定位到Spatial Analyst Tools下的Hydrology工具组中，找到Fill，双击打开填洼工具，在Input surface raster中输入DEM，输出表面栅格设置为Fill，如图4.12所示。

2. 生成水流方向

打开Spatial Analyst Tools下的Hydrology工具组中的Flow Direction工具，输入栅格为填洼后的Fill，设置输出栅格名为FlowDir，Flow direction type设置为默认的D8算法，单击Run，得到水流方向栅格，如图4.13所示。

D8算法通过计算中心栅格与邻域栅格的最大距离权落差来确定。距离权是指中心栅格与邻域栅格的高程差除以两栅格间的距离。水流方向输出结果对中心栅格的8个邻域栅格进行编码，东、东南、南、西南、西、西北、北、东北依次编码为1、2、4、8、16、32、64、128。

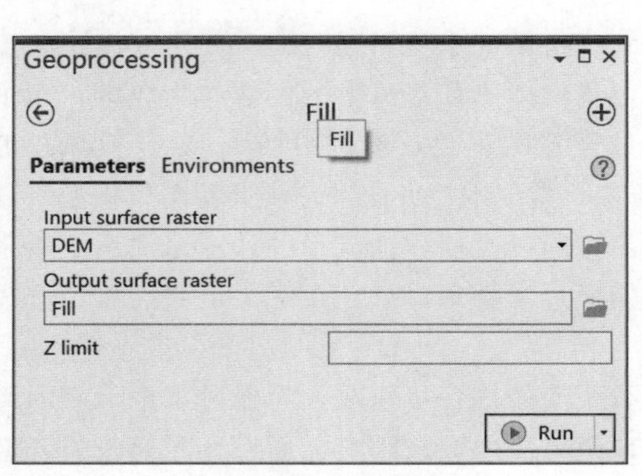

图4.12 Fill工具

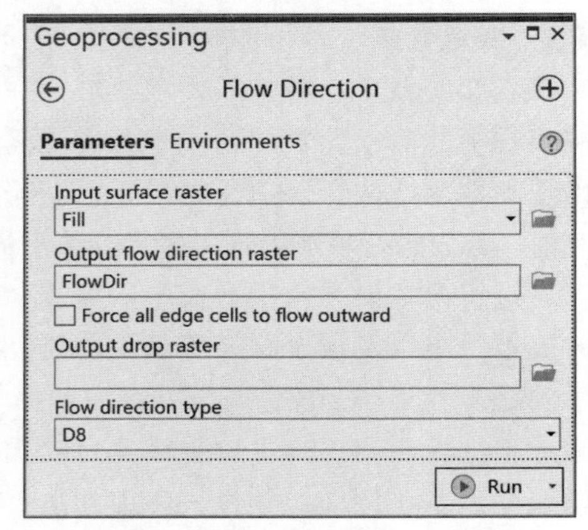

图4.13 Flow Direction工具

3. 计算累积汇流量并生成最终成本数据集

打开Spatial Analyst Tools下的Hydrology工具组中的Flow Accumulation工具，输入流向栅格为FlowDir，设置累积汇流量输出结果为FlowAcc，如图4.14所示。

累积汇流量的计算思想是假设DEM的每点处有一个单位的水量，根据区域地形的水流方向数据计算每点处所流过的水量数值，便得到了该区域的累积汇流量。

Geoprocessing\Spatial Analyst Tools\Spatial Analyst Tools\Map Algebra\Raster Calculator，打开Raster Calculator工具→构建表达式：

1/("FlowAcc" +1)

注意：括号需在半角状态下输入→确定输出栅格名（cost），得到最终成本数据集。以累积汇流量的倒数作为成本，为了避免出现除数为0的情形，给累积汇流量加1，如图4.15所示。

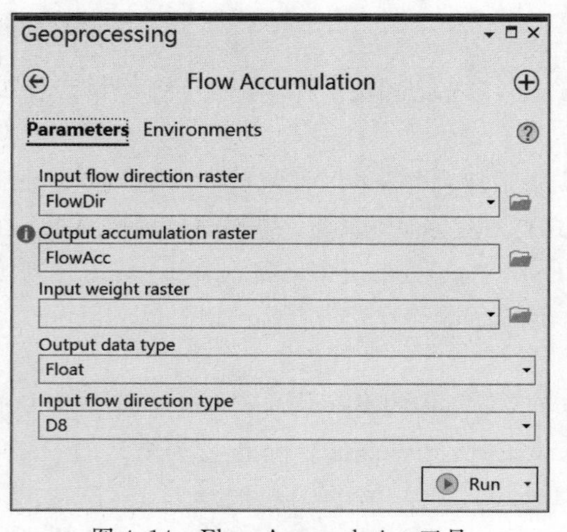

图4.14 Flow Accumulation工具

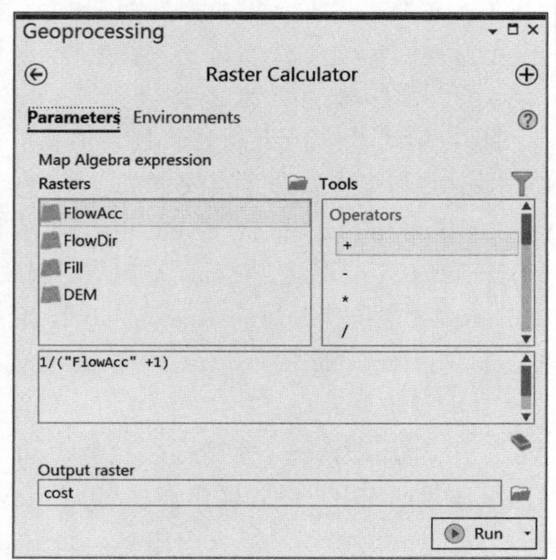

图4.15 Raster Calculator工具

4. 计算成本权重距离函数

Geoprocessing\ Spatial Analyst Tools\ Distance\ Legacy\ Cost Distance，打开 Cost Distance 工具→在 Input raster or feature source data 中选择水文站为源数据，在 Input cost raster 中选择 Raster Calculator工具生成的 cost 成本数据集，在 Output distance raster对话中指定输出的距离栅格（distance），在 Output backlink raster 中指定成本回溯链接栅格（backlink），单击 Run（见图 4.16），得到成本距离栅格（见图 4.17）和成本回溯链接栅格（见图 4.18）。

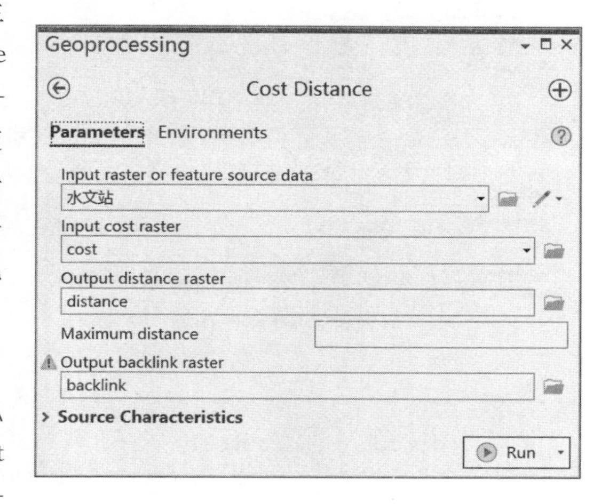

图 4.16 Cost Distance 工具

5. 求取成本最低路径

Geoprocessing\Spatial Analyst Tools\ Distance\ Legacy\ Cost Path，打开 Cost Path 工具→在 Input raster or feature destination data 中选择暴雨中心要素类为目的地数据，在 Input cost distance raster 中选择 Cost Distance生成的 distance 数据集，在 Input cost backlink raster 中选择 Cost Distance 生成的 backlink 数据集，设置输出路径和文件名（path），单击 Run，得到成本最低路径，如图 4.19 所示。

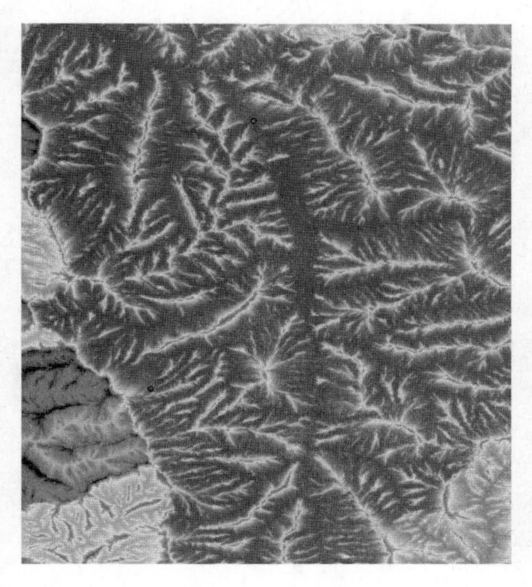

图 4.17 成本距离栅格

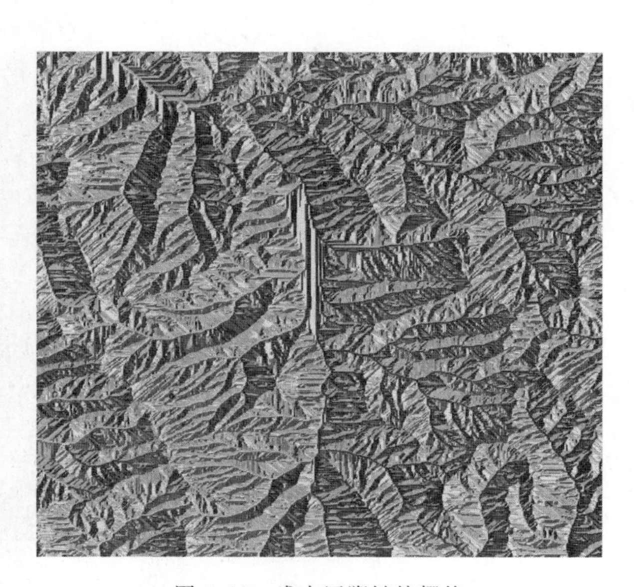

图 4.18 成本回溯链接栅格

搜索并打开 Raster to Polyline 工具，将 path 栅格数据转换为矢量数据，查看线路长度、走向等，如图 4.20 所示。

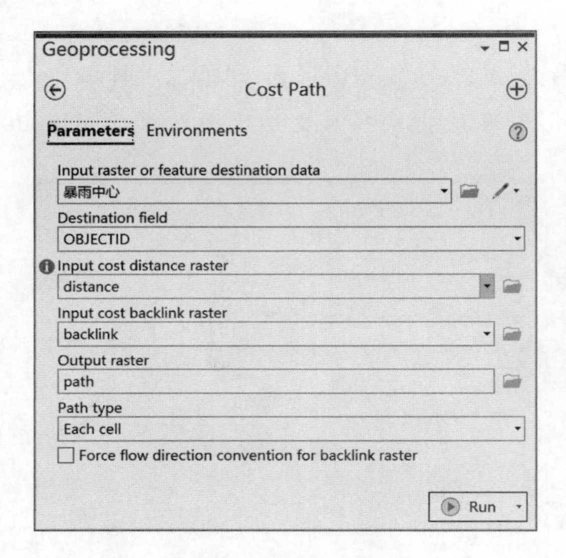

图 4.19　Cost Path 工具

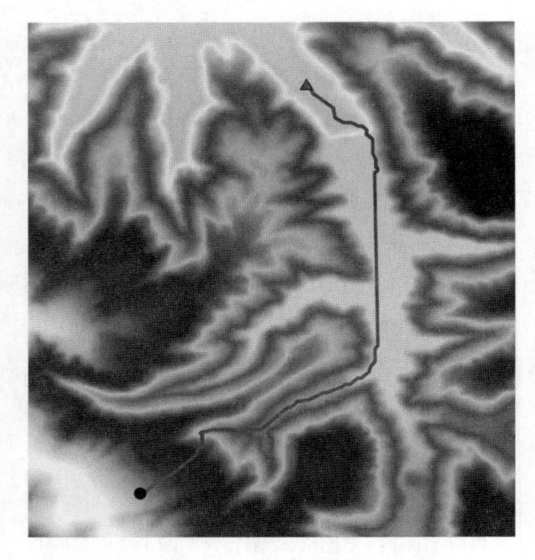

图 4.20　生成的最短水流路径

4.5　寻找大理河流域坡度大于15°的坡耕地

4.5.1　实验背景

黄河以高输沙量闻名于世，而黄土高原大量的坡耕地是黄河泥沙的主要来源地。大理河是陕北的一条河流，位于黄土高原腹地。在本例中，通过 ModelBuilder 寻找大理河流域坡度大于 15°的坡耕地，供生态环境保护部门参考。

4.5.2　实验数据

大理河流域 DEM 和土地利用类型图（LUCC），分辨率均为 30m，坐标系均为 WGS_1984_UTM_Zone_49N。土地利用分为五类，分别是耕地（1）、林地（2）、草地（3）、水域（4）以及建筑用地（5），括号中的数字为地类编码。

4.5.3　操作步骤

打开 ArcGIS Pro，加载 DEM 与 LUCC 两个栅格图层，在 Analysis 功能栏选项卡的 Geoprocessing 组中，单击 ModelBuilder 按钮，打开 Model 窗口，同时调出 ModelBuilder 关联工具，如图 4.21 所示。

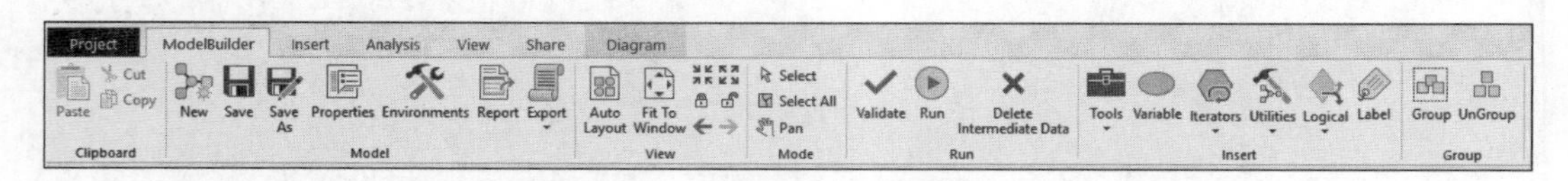

图 4.21　ModelBuilder 选项卡

在 Analysis 功能栏选项卡单击 Tools，定位至 Geoprocessing\Spatial Analyst Tools\Surface，找到 Slope 工具，拖至 Model 窗口→双击 Slope 工具，弹出的对话中，设置 Input raster 为 DEM，输出变量为 Slope，单击 OK，建立起输入变量 DEM 和工具的链接，此

时工具由灰色的矩形框变为黄色的矩形框，输入栅格为蓝色椭圆，输出栅格为绿色椭圆。单击 ModelBuilder 功能栏选项卡中的 Run，运行模型，获得 Slope 图层。

在 Spatial Analyst Tools\Reclass 中找到 Reclassify 工具，拖至模型窗口输出变量（Slope）图框的右侧，鼠标移至 Slope 输出栅格（不要单击），变为手形工具时单击输出变量 Slope，然后拖至 Reclassify 工具，松开鼠标，弹出的菜单中选择 Input Raster，Slope 工具的输出变量作为 Reclassify 工具的输入变量。在 Model 中双击 Reclassify 工具，打开 Reclassify 工具，将 slope 分为两类，小于 15°赋值为 1，大于 15°赋值为 2，设置输出变量为 Reclass_Slope。再次运行模型，获得分类后的 Reclass_Slope 图层。

从 Contents 中拖动 LUCC 至 Reclass_Slope 输出变量的下方。在 Spatial Analyst Tools 中找到位于 Map Algebra 中的 Raster Calculator，将其放置在 Reclass_Slope 输出变量和 LUCC 变量的右方。使 Reclass_Slope 和 LUCC 作为 Map Algebra expression 同 Raster Calculator 连接起来。双击 Raster Calculator，构建表达式：

"%LUCC%" * 10 + "%Reclass_Slope%"

土地利用代码×10＋分类后的坡度，在输出数据中，11 代表了坡度小于 15°的耕地，而 12 为坡度大于 15°的耕地。同时设置输出栅格名称为 slope_farmland。至此，完成了模型的搭建，如图 4.22 所示。

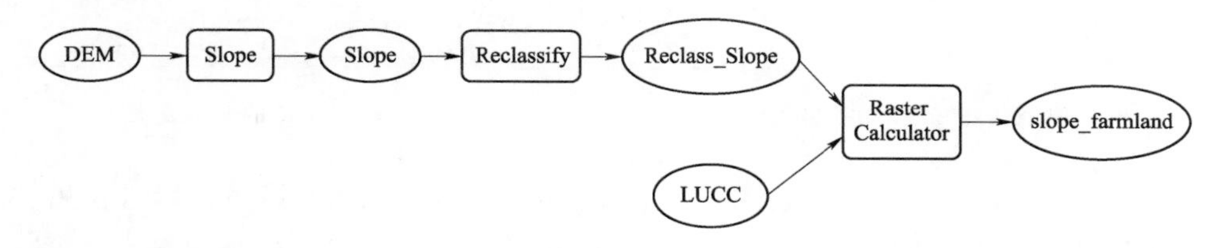

图 4.22　模型组成

单击 Run，运行模型。运行结束后，加载输出的栅格 slope_farmland，打开其属性表。发现 VALUE 为 11（小于 15°的耕地）的数量为 1074731，由于栅格大小为 30m，则面积为 $1074731 \times 30\text{m} \times 30\text{m} = 967\text{km}^2$，VALUE 为 12（大于 15°的耕地）的面积为 $1187465 \times 30\text{m} \times 30\text{m} = 1069\text{km}^2$，大于 15°的耕地占耕地总面积的比例为 53%。未来这些地区为生态环境保护的重点关注区域。

需要注意的是，每次向模型加入新工具时，都要运行一次模型，以保证下一个工具的输入数据可用。模型还可以实现循环（Iterators）以及条件（Logical）等结构，以实现较复杂功能，如图 4.23 所示。

此外，模型还提供了 150 多种变量用作输入，如栅格文件、矢量文件、TIN 数据、文本文件、表格、坐标系、像元大小、坐标系统、空间范围等，如图 4.24 所示。

建立的模型可以保存在工程的工具箱里，后缀为 .tbx，多次使用。Model 的主要使用场景是对多组数据重复执行多个工具，此时，模型可以显现较大优势。

如果想对多个数据使用同一个工具，如对 20 个不同地区的 DEM 同时计算坡度，则可以使用该工具的批处理功能。以 Slope 工具为例，定位在 Geoprocessing\Spatial Analyst Tools\Surface 中，在 Slope 工具上右击，选择 Batch，弹出 Batch Slope 工具，在 Choose

a batch parameter 中可以选择输入栅格、输出的测量值（坡度还是百分比）、Z factor、Method 以及 Z unit 等作为批处理参数。下方的复选框用于设置临时使用批处理工具还是将其保存为批处理工具，供下次使用，如图 4.25 所示。

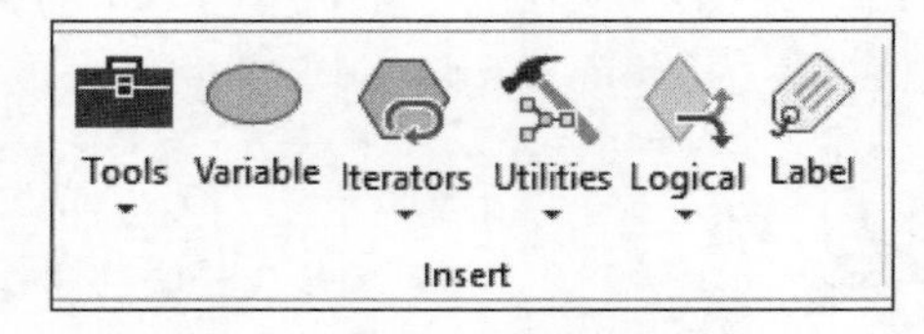

图 4.23　模型组件

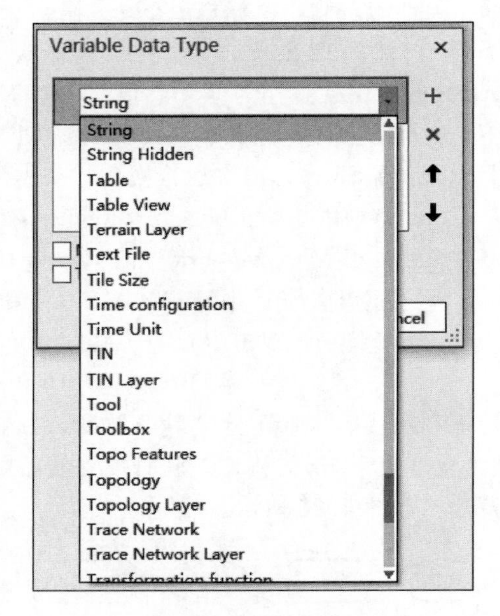

图 4.24　模型支持的输入变量

在 Choose a batch parameter 中选择 Input raster，单击 Next，在 Batch Input raster中可以添加多个 DEM 数据集，运行一次计算出每个 DEM 的坡度值，如图 4.26 所示。

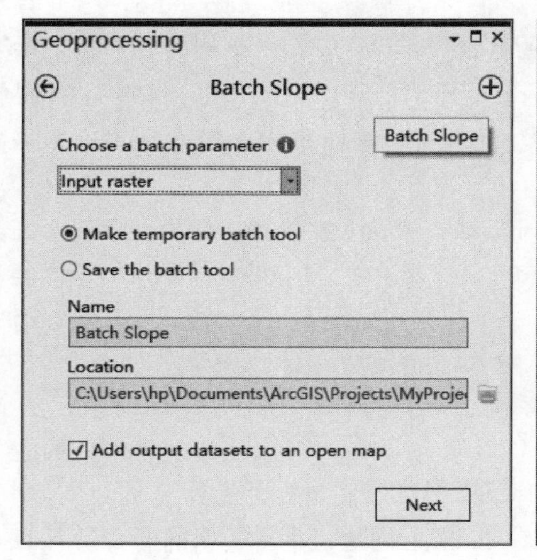

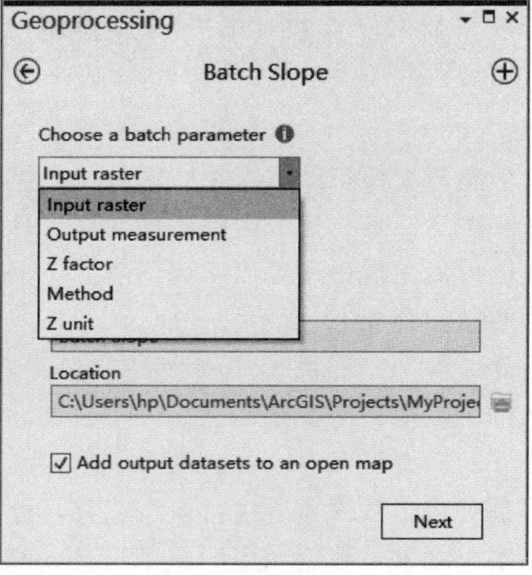

图 4.25　批处理设置

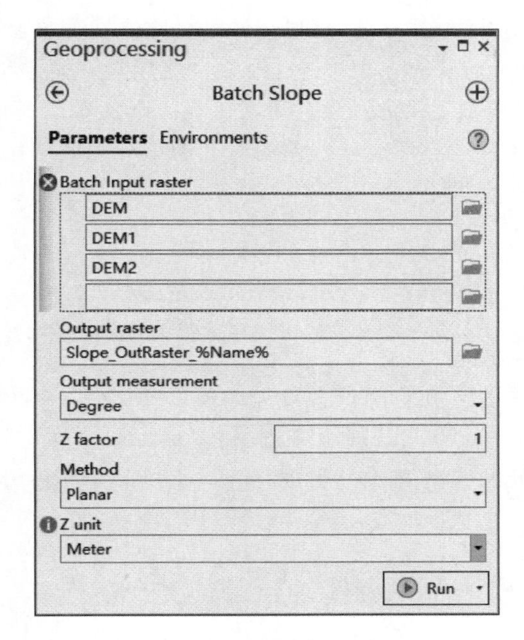

图 4.26 批处理工具

4.6 克里金地统计学插值

4.6.1 实验背景

在实际工作中，经常收集到某一地区多个点位的数据，如降水量、温度、气压以及风速等。为了获得区域数据，需要进行空间插值，除了常用的反距离权重、全局（局部）多项式以及径向基函数插值法等插值方法外，还有基于地统计原理的克里金插值法，克里金插值法有普通克里金法、协同克里金法以及经验贝叶斯克里金法等，经验贝叶斯克里金法还可以对 3D 数据进行空间插值。

地统计学[1]（Geostatistics）又称地质统计，是法国著名统计学家 G. Matheron 在大量理论研究的基础上逐渐形成的一门新的统计学分支。它是以区域化变量为基础，借助变异函数，研究既具有随机性，又具有结构性、空间相关性和依赖性的一门自然学科。地统计分析的核心就是通过对采样数据的分析、对采样区地理特征的认识选择合适的空间内插方法创建表面。

一个变量呈现一定的空间分布时，称之为区域化变量。区域化变量与一般的随机变量不同之处在于，一般的随机变量取值符合一定的概率分布，而区域化变量根据区域内位置的不同而取不同的值，它是与位置有关的随机变量。区域化变量具有随机性和结构性两个显著特征。

协方差函数和变异函数是以区域化变量理论为基础建立起来的地统计学的两个最基本

[1] 地统计学的基本理论简介，具体内容可参考相关书籍。

的函数。地统计学的主要方法之一——克里金法就是建立在变异函数理论和结构分析基础之上的。变异函数（variograms），又称变差函数、变异矩，是地统计分析所特有的基本工具。在一维条件下变异函数定义为，当空间点 x 在一维 x 轴上变化时，区域化变量 $Z(x)$ 在点 x 和 $x+h$ 处的值 $Z(x)$ 与 $Z(x+h)$ 差的方差的一半为区域化变量 $Z(x)$ 在 x 轴方向上的变异函数，记为 $\gamma(h)$，即

$$\begin{aligned}\gamma(x,h)&=\frac{1}{2}Var[Z(x)-Z(x+h)]\\&=\frac{1}{2}E[Z(x)-Z(x+h)]^2-\frac{1}{2}\{E[Z(x)]-E[Z(x+h)]\}^2\end{aligned} \tag{4.1}$$

设 $Z(x)$ 是系统某属性 Z 在空间位置 x 处的值，$Z(x)$ 为一区域化随机变量，并满足二阶平稳假设，h 为两样本点空间分隔距离，$Z(x_i)$ 和 $Z(x_i+h)$ 分别是区域化变量 $Z(x)$ 在空间位置 x_i 和 x_i+h 处的实测值 $[i=1, 2, \cdots, N(h)]$，则变异函数 $\gamma(h)$ 的离散计算公式为

$$\gamma(h)=\frac{1}{2N(h)}\sum_{i=1}^{N(h)}[Z(x_i)-Z(x_i+h)]^2 \tag{4.2}$$

这样对不同的空间分隔距离 h，计算出相应的 $\gamma(h)$ 值。如果以 h 为横坐标，$\gamma(h)$ 值为纵坐标，画出变异函数曲线图，就可以直接展示区域化变量 $Z(x)$ 的空间变异特点。可见，变异函数能同时描述区域化变量的随机性和结构性，从而在数学上对区域化变量进行严格分析，是空间变异规律分析和空间结构分析的有效工具。

变异函数有三个非常重要的参数，即基台值（Sill）、变程（Range）或称空间依赖范围（range of spatial dependence）和块金值（Nugget）或称区域不连续性值（localized discontinuity）。这三个参数可以直接从变异函数图中得到，它们决定了变异函数的形状与结构。当变异函数随着间隔距离 h 的增大，从非零值达到一个相对稳定的常数时，该常数称为基台值 C_0+C。当间隔距离 $h=0$ 时，$\gamma(0)=C_0$，该值称为块金值或块金方差（nugget variance）。基台值是系统或系统属性中最大的变异，变异函数达到基台值时的间隔距离 a 称为变程。变程表示在$h\geqslant a$ 以后，区域化变量 $Z(x)$ 空间相关性消失。块金值表示区域化变量在小于抽样尺度时非连续变异，由区域化变量的属性或测量误差决定，如图 4.27 所示。

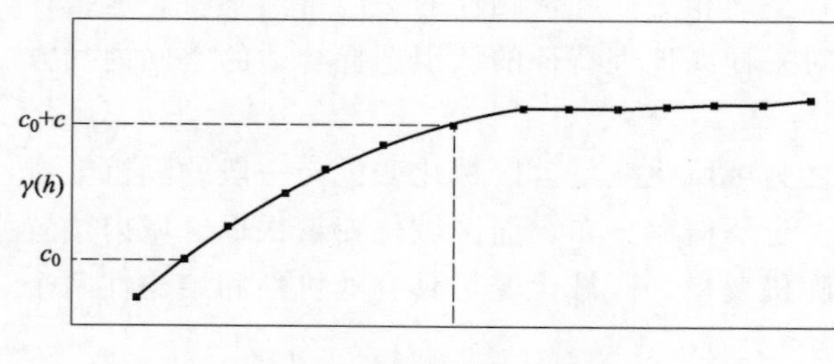

图 4.27　块金值与基台值

地统计学将变异函数理论模型分为三大类：第一类是有基台值模型，包括球状模型、指数模型、高斯模型、线性有基台值模型和纯块金效应模型；第二类是无基台值模型，包括幂函数模型、线性无基台值模型和抛物线模型；第三类是孔穴效应模型。

4.6.2　实验数据

将黄河中游地区 2015 年 1138 个气象站的年降水量，存为气象站点要素类，属性表中

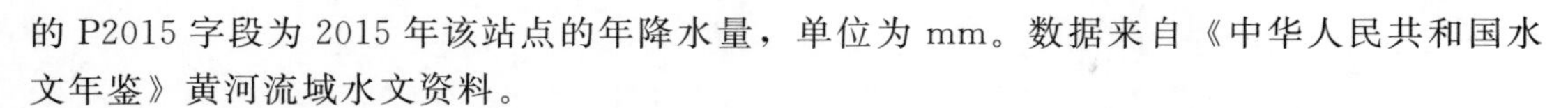

的 P2015 字段为 2015 年该站点的年降水量，单位为 mm。数据来自《中华人民共和国水文年鉴》黄河流域水文资料。

4.6.3 简单克里金插值

1. 制作直方图，查看数据

加载 weather station. gdb 中的气象站要素类。在 Contents 窗格中，右击气象站，选择 Create Chart/Histogram→在弹出的 Chart 窗口上方，单击 Properties，在 Chart Properties 中的 Variable 下方的 Number 选择 P2015，在 Statistics 中选中 Mean（平均值）、Median（中位数）以及 Sed. Dev.，同时也可以看到数据的个数、最小值、最大值、总和、偏度（Skewness）和峰度（Kurtosis）等统计量。可以设置 Bins（柱的个数），以调整直方图的显示。

在 Chart 窗口中已经出现了 P2015 的直方图，拖动选框，选择最左侧的四个 Bins，对应的 Map 窗格中，降水量最小的点已被选中，主要分布在西北一带。同样，拖选右侧 Bins，查看降水量较高的值所在地，分布在南部秦岭北坡一带。在功能区 Map 功能栏选项卡的 Selection 组中，单击 Clear，取消选择。关闭直方图。

2. 使用简单克里金（Simple Kriging）插值降水量

切换至 Analysis 功能栏选项卡，单击 Geostatistical Wizard，弹出地统计向导对话框，左侧用于选择模型，右侧选择数据。在 Geostatistical methods 中选择 Kriging/CoKriging，右侧 Input Dataset 1 中，在 Source Dataset 中选择气象站，Data Field 选择 P2015。Input Dataset 2 不需要设置，当使用 CoKriging 时才需要第二个数据集，如图 4.28 所示。

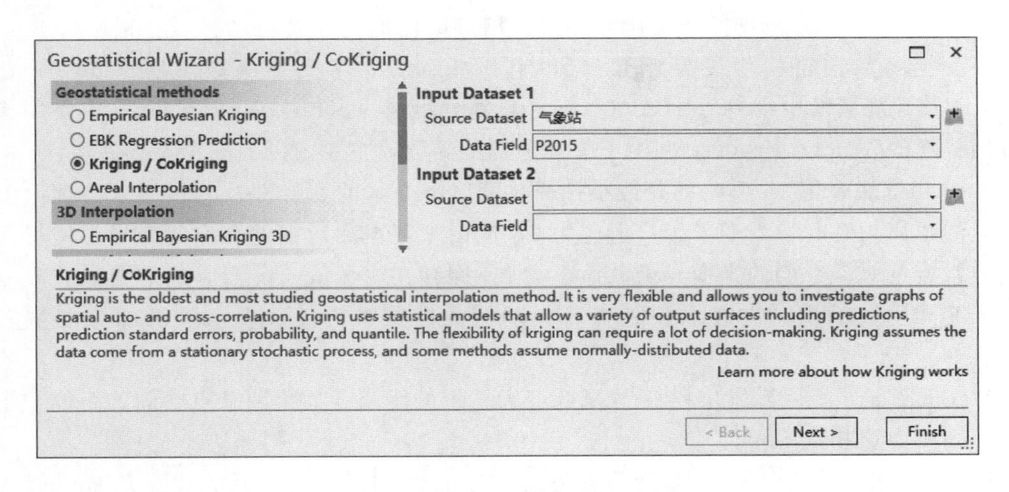

图 4.28 地统计向导—输入数据

单击 Next，提示有多个样本位置重复，选择 USE Mean，使用多个点的平均值，单击 Next。在 Kriging 页面左侧窗格的 Simple Kriging 下，选择 Prediction，指定要预测降水量。右侧的 Transformation type 选择 None，不进行变换。当数据不是正态分布时，可以选择 Log、Box－cox、Arcsin 以及 Normal Score 等进行变换，如图 4.29

所示。

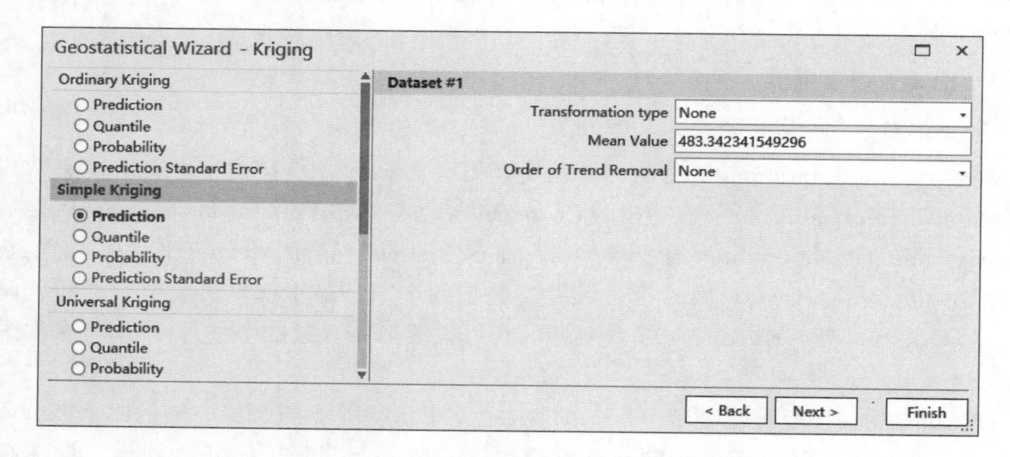

图 4.29　地统计向导—数据变换

单击 Next，打开 Semivariogram/Covariance Modeling（半变异函数/协方差）窗口。在 General Properties 中，将 Function Type 更改为 Semivariogram。左侧的图形显示为半变异函数。半变异函数图是克里金法的数学支柱，拟合有效的半变异图是克里金差值中最重要的工作，也最耗时。

半变异函数的 x 轴是任意两个数据点之间的距离，y 轴是这两个点的值之间的期望平方差。对于地图上的任何两个位置，可以使用半变异函数来估计两个位置的数据值的相似性。根据地理学第一定律“所有事物都与其他事物相关，但是附近事物比远处事物更相关”，所以半变异函数的曲线总是随着距离的增加而逐渐变平。

半变异函数窗格由半变异函数（Semivariogram）、半变异函数图（Semivariogram map）以及常规属性（General Properties）三部分组成。Semivariogram map 主要用于检测各向异性。General Properties 用于配置半变异函数，主要由以下三个参数确定：

Nugget（块金值）：反映的是最小抽样尺度以下变量的变异性及测量误差。理论上当采样点的距离为 0 时，半变异函数值应为 0，但由于存在测量误差和空间变异，使得两采样点非常接近时，它们的半变异函数值不为 0，即存在块金值。块金值是半变异函数 y 轴上的半变异函数的值，它表示相距为 0 点的值的期望平方差，表示随机部分的空间异质性。

Major Range（主变程）：半变异函数变为平坦的距离。如果两个点之间的距离大于主变程，则认为这些点不相关。

Partial Sill（偏基台值）：半变异函数在主变程内的值称为基数。通过从基台值减去块金值来计算。表示空间上不相关的点之间的值的期望平方差。

在半变异函数页面中，主要目标是通过在 General Properties 中设置参数，以使左侧半变异函数（Model）尽可能地从半变异函数图中的合并值（Binned，点状符号）和平均值（Averaged，十字符号）中间穿过。

设置合理的块金值、主变程以及偏基台值是一项非常具有挑战性的工作，即使有经验的地统计学家有时也很难把握这些参数，ArcGIS 提供了模型优化选项，以自动优化这些参数值。

在 Model#1 的右侧列表框中选择模型，并观察左侧曲线、点状符号及十字符号的位置关系，发现 Gaussian（高斯模型）可以获得较好的匹配结果（Spherical 球形模型也是常用的模型）。选择 Gaussian 模型，单击右侧最上方的 Optimize model 旁边的按钮，进行模型优化。优化完毕后，半变异函数和参数将进行更新，单击 Next，如图 4.30 所示。

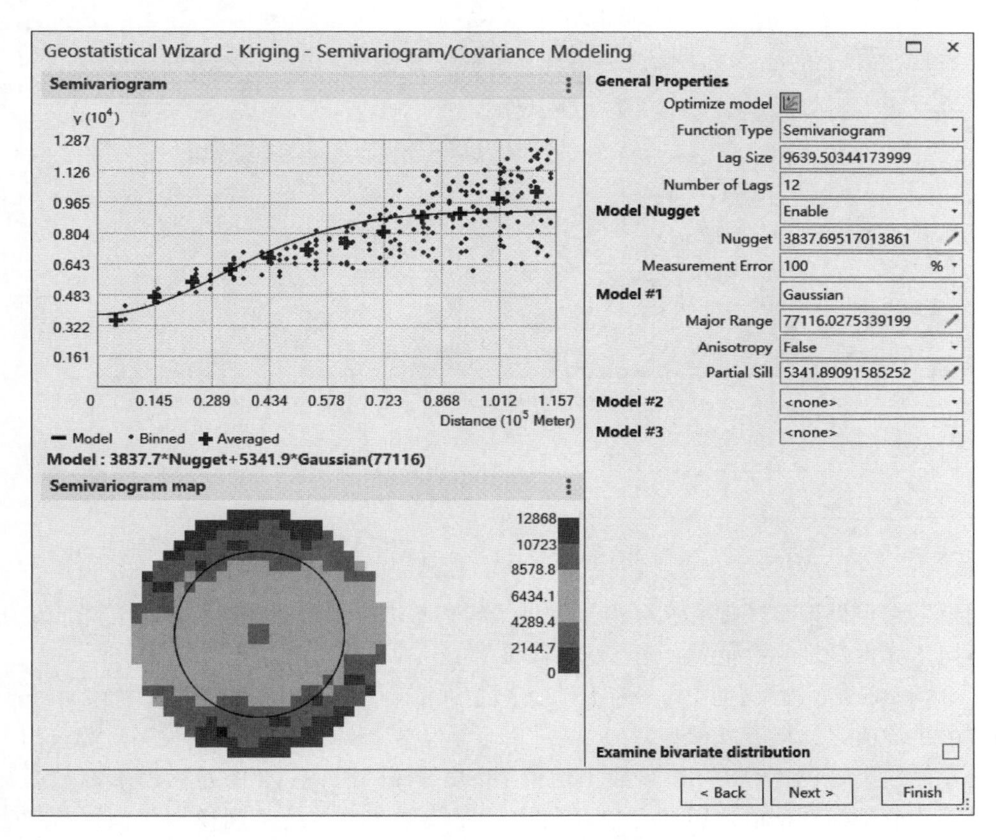

图 4.30 地统计向导—半变异函数/协方差

在打开的 Searching Neighborhood（搜索邻域）页面中，可以设置搜索范围。在克里金插值中，每个位置的预测值都基于相邻的输入点，因此 Searching Neighborhood 页面用于设置使用多少个相邻输入点以及相邻输入点来自哪个方向。由于本例使用的雨量站均匀地分布在地图上，因此不需要更改默认的搜索范围。如果输入点有聚集或者间隔不均匀现象，则需要在搜索邻域中考虑这一点。

在搜索邻域的左侧窗口的不同位置单击鼠标左键，可以在右侧的 Identify Result 中显示鼠标所在位置的预测值与标准差，如图 4.31 所示。

单击 Next，打开 Cross validation 交叉验证窗口。ArcGIS 使用留一交叉验证对插值结果进行验证。留一交叉验证法的基本原理是只使用样本中的 1 项来当做验证数据，而剩

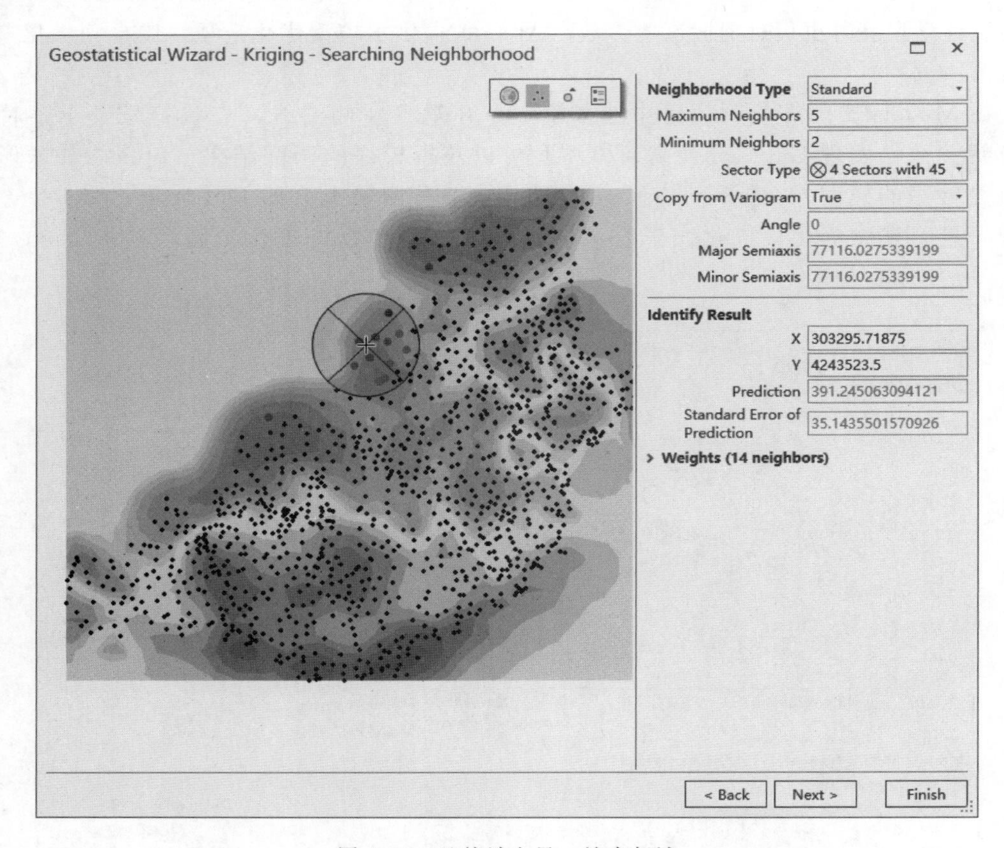

图 4.31　地统计向导—搜索邻域

余的则留下来当做训练数据。这个步骤一直持续到每个样本都被当做一次验证数据，此方法主要用于样本量较小的情况。

Cross validation 页面的 Predicted 选项卡的 Summary 提供了模型的平均值 Mean（此为偏差的平均值，越接近 0 模型精度越高），均方根 RMS（衡量预测值与平均测量值的接近程度，值越小预测越准确），标准化均值 Mean Standardized（接近 0 表示模型是无偏的，由于此值是标准化的，因此可以在使用不同数据和单位的不同模型之间进行比较），标准化均方根以及平均标准误差等指标用于评估模型的精度。

从 Predicted 选项卡左侧的图形也可以观察模型的精度，预测值和测量值的回归线（黑色粗线）与灰色的参考线（1∶1）越接近，表示模型的精度越高，如图 4.32 所示。

切换至 Error 选项卡，在误差图中，黑色粗线回归线呈减小趋势，这表明插值模型对数据进行了平滑，这意味着较大的值被低估了，而较小的值被高估了，几乎所有的地统计模型都会发生某种程度的平滑，如图 4.33 所示。

切换至 Normal QQ Plot 选项卡，在 Normal QQ Plot 图中，如果点状符号接近灰色参考线，则表示预测遵循正态分布。在图形中，点状符号大部分都靠近参考线，但是存在一些偏差，尤其是图形左下方的点。如果预测数据不符合正态分布，则需要对数据进行某些变换。单击 Finish，完成地统计插值，如图 4.34 所示。

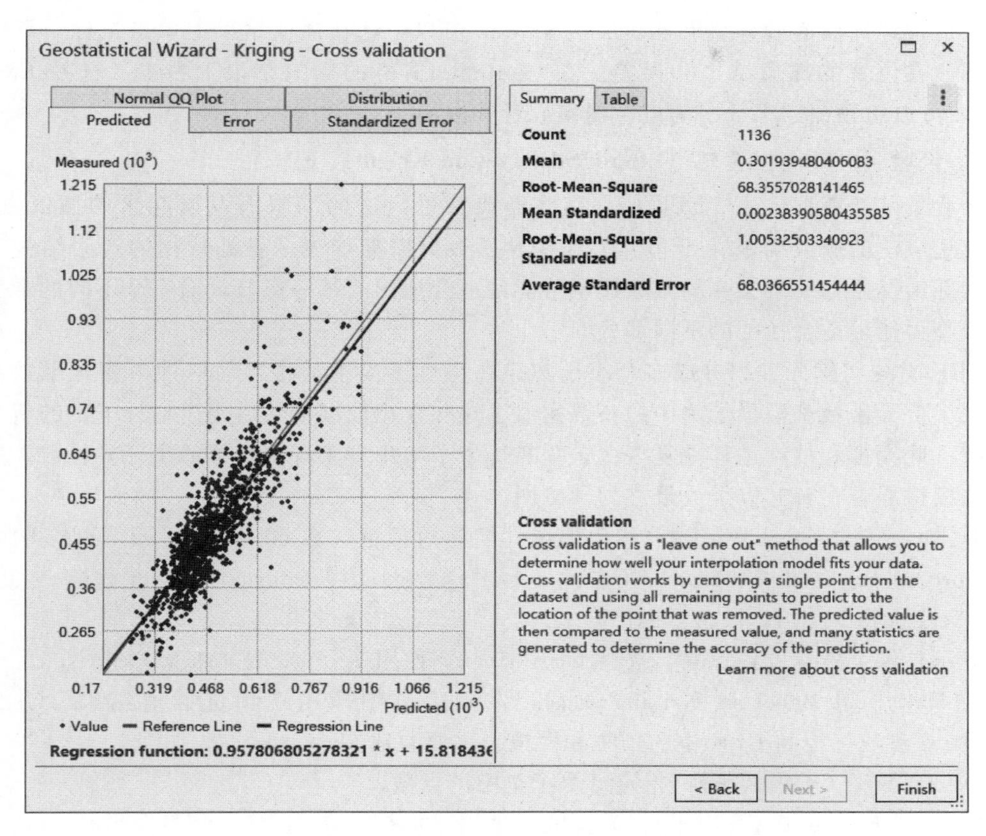

图 4.32　地统计向导—交叉验证 1

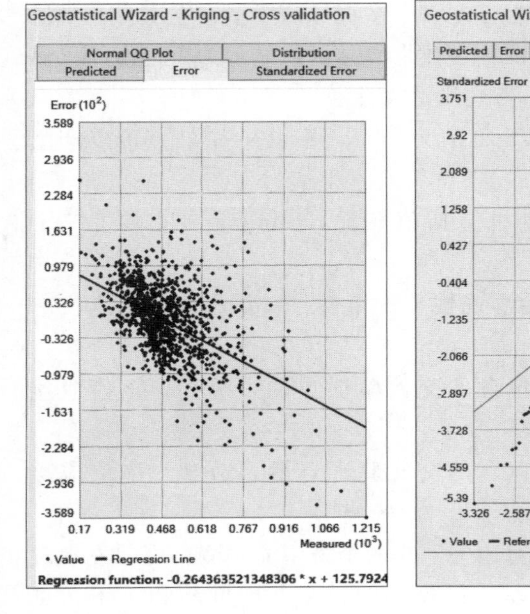

图 4.33　地统计向导—交叉验证 2

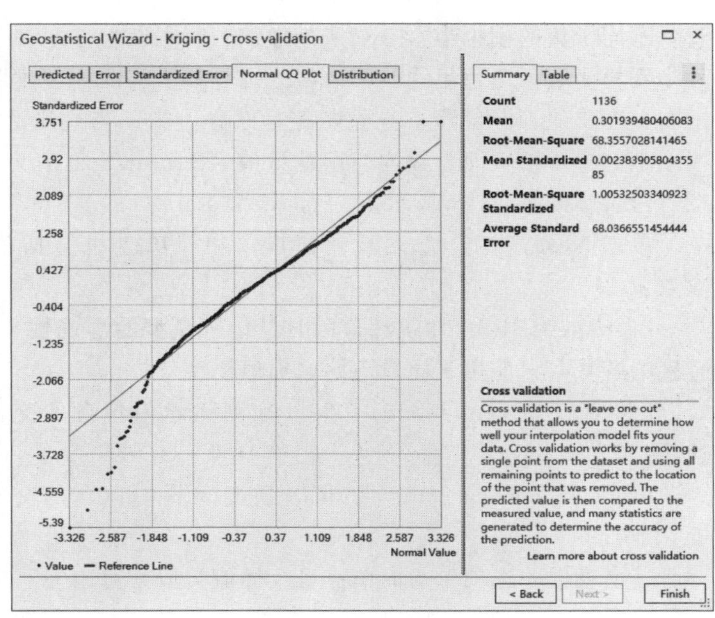

图 4.34　地统计向导—交叉验证 3

完成地统计插值后，结果自动加载至Map窗口中，在插值结果上单击鼠标，可以查看鼠标所在位置的插值结果和误差。在Contents窗格的插值结果上右击，选择Export Layer，可以将预测结果导出为点、栅格或者等值线。

4.6.4 经验贝叶斯克里金法（Empirical Bayesian Kriging，EBK）

经验贝叶斯克里金法（EBK）是克服经典克里金法的局限而发展起来的插值方法。经典克里金法的最大局限在于，一个半变异函数可以准确表示各处数据的空间结构。但是，实际情况是，一个半变异函数模型可能最适合地图的某一部分，而完全不同的半变异函数模型可能最适合地图的不同部分。

EBK首先将输入数据分成多个小子集。在每个子集中，将自动估计半变异函数，并使用该半变异函数来模拟子集中的新数据值。这些模拟数据值然后用于估计子集的新半变异函数。此模拟和估计过程重复多次，并在每个子集中产生许多模拟的半变异函数。然后将这些模拟混合在一起以生成最终的预测图。

单击Geostatistical Wizard，弹出地统计向导对话框，在Geostatistical methods中选择Empirical Bayesian Kriging，在右侧Input Dataset中，Source Dataset选择气象站，Data Field选择P2015，单击Next。

提示有多个样本位置重复，选择USE Mean，使用多个点的平均值，单击Next。

在Empirical Bayesian Kriging页面，左侧上方图像用于预览插值结果。General Properties参数可控制EBK中的子集和模拟。主要参数有：

Subset Size（子集大小）：指定每个子集中的点数。

Overlap Factor（重叠因子）：设置的子集相互重叠程度。

Number of Simulations（模拟数量）：控制每个子集中模拟半变异函数的数量。

不同子集的模拟半方差（灰色细线）和实证半方差（十字符号）显示在左下方。中位数半变异函数为黑色粗线，第一四分位数和第三四分位数半变异函数显示为黑色虚线。单击右上窗口的不同位置，若子集发生变化，图4.35也随之变化。

本例中，该页面参数均使用默认值。Subset Size值为100，则1136个站点可以产生12个子集，如图4.35所示。

单击Next，打开交叉验证窗口，和简单克里金插值相比，Summary中多了三个参数：

Average CRPS：此统计值同时量化了模型的准确性和稳定性，应尽可能小。它没有直接的解释，只能用于比较不同的插值模型。

Inside 90 Percent Interval：90%预测间隔中包含的交叉验证点的百分比，该值应接近90。

Inside 95 Percent Interval：95%预测间隔中包含的交叉验证点的百分比，该值应接近95。

其余参数和选项卡与简单克里金插值类似。对比一下这两个模型的预测精度，发现对于黄河中游地区降水量的预测，两种模型均可以获得较好的效果，精度不相上下，见表4.1。

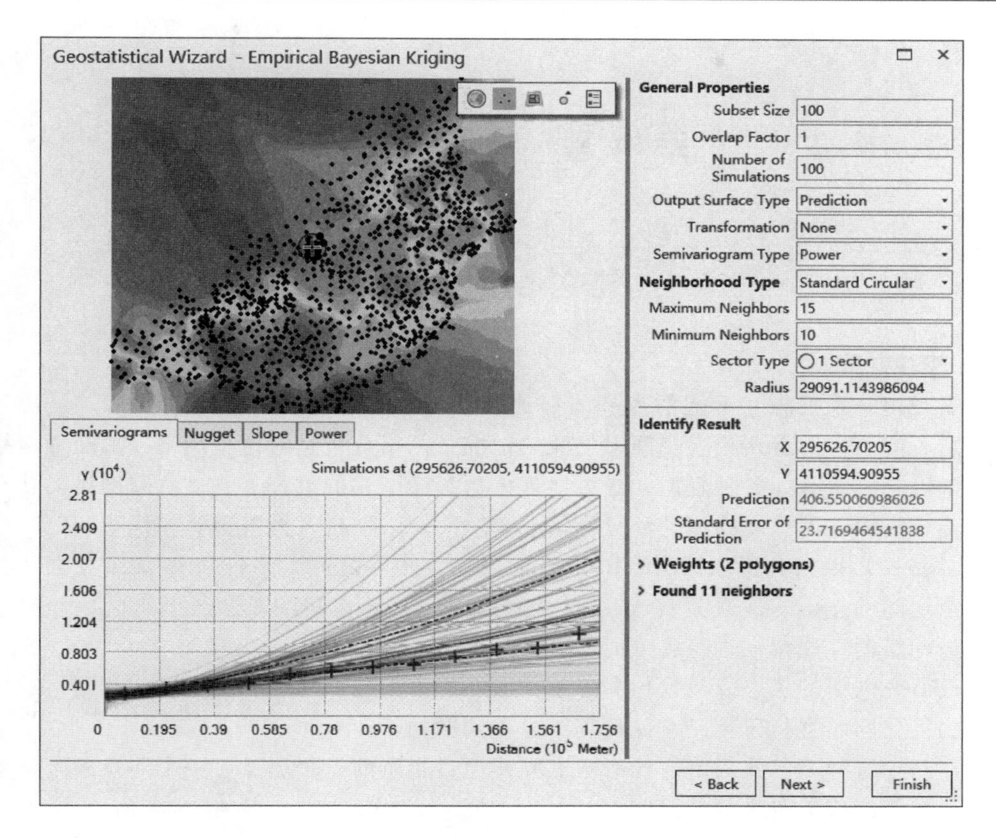

图 4.35 经验贝叶斯克里金插值

表 4.1 **简单克里金法与 EBK 精度对比** 单位：10^3mm

摘 要 统 计	简 单 克 里 金 法	EBK
均值	0.302	0.594
均方根	68.356	66.798
标准化均值	0.002	0.009
标准化均方根	1.005	0.982
平均标准误差	68.037	67.465

第5章　网　络

5.1　建立道路网络数据集

5.1.1　实验背景

网络是由一系列相互连通的点和线组成的系统，用来描述某种地理要素（资源、物质、信息、能量）沿着路径在空间上的流动情况。网络分析是对地理网络（如交通网络）、城市基础设施网络（如各种管网）进行地理分析和模型化的过程。通过研究网络的状态及模拟和分析资源在网络上的流动和分配情况，解决网络结构及其资源等的优化问题。

在GIS中，网络分析依据网络拓扑关系（线性实体之间、线性实体与结点之间、结点与结点之间的连接、连通关系），通过考察网络元素的空间及属性数据，以数学模型为基础，对网络的性能特征进行多方面的分析计算。

通过研究网络的状态以及模拟和分析资源在网络上的流动和分配情况，对网络结构及其资源的优化问题进行研究。常见的网络分析问题如下：

（1）路径选择：寻找网络上任意两点间或通过指定的一个起点、一个终点和若干个中间点的最短距离或花费最少的路线。

（2）资源分配：根据需求按距离最近或花费最小原则寻找供应中心（资源分发或汇聚地）。

（3）网络流量分析：按照某种优化标准（如时间最少、费用最低、路程最短、运送量最大等）设计资源的运送方案，选择最佳布局中心的位置。

在ArcGIS中，网络分析有两种类型：

（1）定向网络，也称设施网络（Utility Network），流向由源（source）至汇（sink），网络中流动的资源自身不能决定流向，资源行进的路径需要由外部的重力、水压等因素来决定，如河流、自来水、天然气以及电流等。从技术上来考虑，设施网络分析（Utility Network）基于几何网络（Geometric Network）。

设施网络常用于水、电、气等管网的连通性分析。在设施网络中，水、电、气通过管道和线路输送给消费者，水、电、气被动地由高压向低压输送，不能主观选择方向。

设施网络解决的问题有：①寻找连通的/不连通的管线；②上/下游追踪；③寻找环路；④寻找通路；⑤爆管分析。

（2）非定向网络，也称传输网络（Transportation Network），流向不完全由系统控制，网络中流动的资源可以决定流向，如交通系统。从技术上来考虑，传输网络分析（Network Analyst）基于网络数据集（Network Dataset）。

传输网络常用于道路、地铁等交通网络分析。在传输网络中，汽车和火车都是可以自由移动的物体，具有主观选择方向的能力。

传输网络解决的问题有：①计算点与点之间的最佳距离，时间最短或者距离最短，最佳路径能够绕开事先设置的障碍物；②可以进行多点的物流派送，能够按照规定时间规划送货路径，也能够自由调整各点的顺序，也会绕开障碍物；③寻找最近的一个或者多个设施点；④确定一个或者多个设施点的服务区，绘制服务区范围的条件可以是多个，如同时列出 3min、6min、9min 的服务区；⑤绘制起点—终点成本矩阵（OD 成本矩阵）。

ArcGIS 中的设施网络和传输网络区别见表 5.1。

表 5.1　设施网络和传输网络区别

比较项目	设施网络（Utility Network）	传输网络（Transportation Network）
对应地理网络	定向网络	非定向网络
数据模型	几何网络（Geometric Network）	网络数据集（Network Datasets）
组成元素	边线和交汇点 (Edges and junctions)	边线、交汇点和转弯 (Edges，junctions and turns)
连通性管理	网络系统管理	创建数据集时用户控制
网络属性	基于要素类属性	更灵活的属性模型
网络模式	单一模式	单一模式或多模式
分析类型	流向分析 追踪分析	最佳路径分析 服务区分析 最近服务设施分析 OD 成本矩阵分析
对应模块	设施网络分析模块 (Utility Network Analyst)	网络分析模块 (Network Analyst)

除了设施网络和传输网络，ArcGIS 还提供 3D 网络数据集，用于为建筑物、矿山、洞穴等结构的内部通道构建模型，执行三维网络和路径分析。典型的应用如消防员不能 5min 内到达的高层建筑物的楼层有哪些。建立三维网络，要素需要具有精确的 Z 坐标值。

本实验以西安道路网络为数据集，建立 Network Dataset，为后续的传输网络分析提供基础数据。

5.1.2　实验数据

道路要素类，其含有道路名称、道路等级（分为主干道、次干道以及支道三个等级）、Shape_Length（道路长度，单位：m）以及车速等字段。坐标系统为 CGCS_2000_3_Degree_GK_CM_108E。

对于道路网络而言，道路等级、高峰期与否以及私家车还是公交车，运行速度都会有差异。本路网的车速为交通高峰期公交车车速，不同道路等级根据实际调查赋值，车速单位为 km/h，其中主干道车速变化于 6.64～10.05km/h，次干道车速变化于 6.58～9.56km/h，支道车速变化于 4.68～9.05km/h 之间。

钟楼要素类，保存了西安钟楼位置。

医院要素类，保存了西安市部分三甲医院的位置，用于设施服务区分析。

上述三个要素类保存在西安.gdb 地理数据库中。

5.1.3　操作步骤

1. 创建要素数据集

打开 ArcGIS Pro，新建名为网络分析的工程，在 Contents 窗格中移除默认加载的地形图。右击 Catalog 窗格的 Databases，选择 Add Database，定位至西安 . gdb，将西安 . gdb 增加到当前工程中，并将西安 . gdb 设置为默认地理数据库。

右击西安 . gdb，新建一个名为 network 的要素数据集（Feature Dataset）→坐标系统与道路要素类保持一致，单击 Run，完成 Feature Dataset 建立。

2. 向数据集导入数据

右击 network 要素数据集→单击 Import，选择 Feature Class→将西安 . gdb 中的道路要素类导入 xa_network 要素数据集，输出名为 xa_road。在数字化道路时，应该充分利用捕捉工具，如果是 CAD 等其他格式的数据，可先转为 Feature Class，添加投影，进行拓扑检查，无误后方可进行网络分析，如图 5.1 所示。本实验数据已经经过拓扑检查。

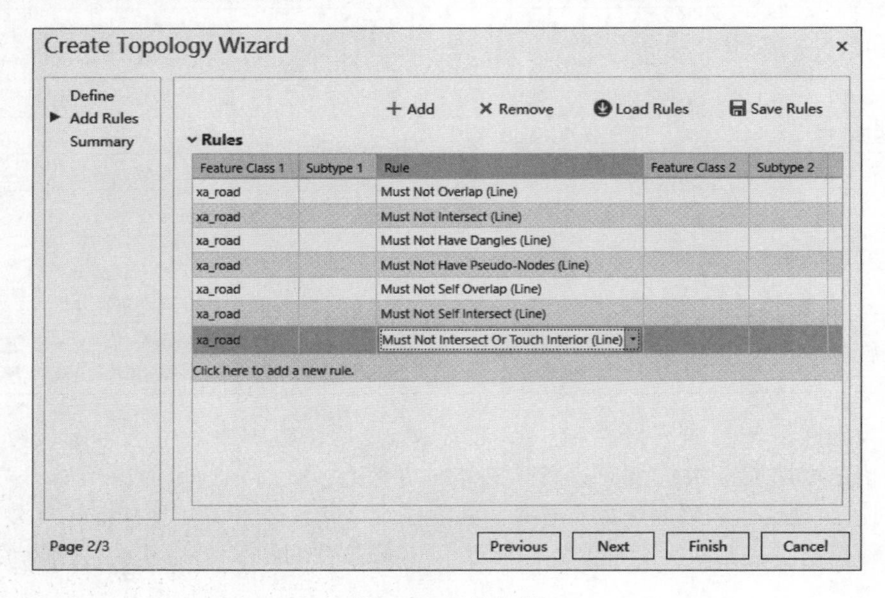

图 5.1　拓扑向导

3. 建立网络数据集

右击 network 数据集→单击 New，选择 Network Dataset，打开新建网络数据集对话框。Network Dataset Name 设置为 xa_network，Source Feature Classes 下选中 xa_road 要素类，Elevation Model 选择 No elevation。网络模型可以根据高程建立连通性，如两条线在端点相交，但是两个端点的高程值不同，则不会建立连通。单击 Run，建立网络数据集，如图 5.2 所示。

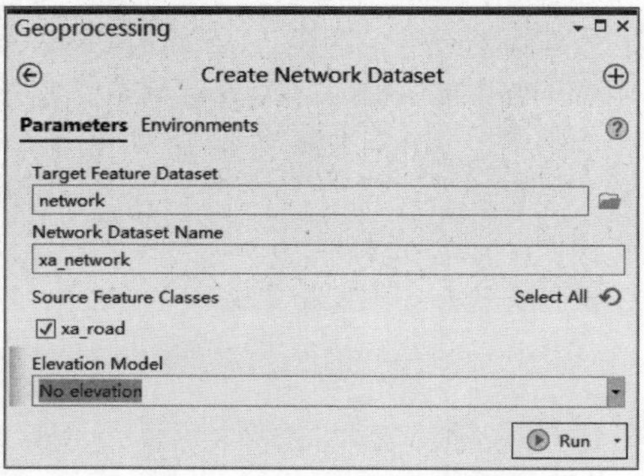

图 5.2　创建网络数据集

完成后，xa_network 网络数据集会自动添加在 Contents 窗格下。为了修改网络属性，暂时将 xa_network 网络数据集从 Contents 窗格中移除。

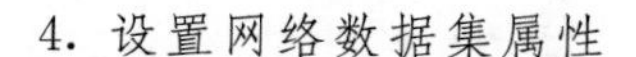

4. 设置网络数据集属性

在 Catalog 窗格中，右击 xa_network，选择 Properties，打开 Network Dataset Properties 对话框。

在 General 选项卡中，用于查看网络数据集的名称、建立状态、源、空间范围和空间参考等状态，一般不需要进行修改。

切换至 Source Setting 选项卡。在 Sources 中单击 Add/Remove Sources，可以添加或者删除网络数据集中网络元素，所有网络元素应位于同一个要素数据集中。本例不需要更改该设置。

边（Edges）、交汇点（Junctions）以及转弯（Turns）是网络的三个基本元素。其中边是线要素类（Line feature classes），交汇点（Junctions）是点要素类（Point feature classes），转弯是转弯要素类（Turn feature classes）。在网络数据集中，边的每个端点处都必须存在交汇点。因此，如果没有在边的端点处创建交汇点，则构建网络数据集时，将自动创建系统交汇点。

接下来，设置网络的连通规则。网络数据集中的连通性基于线的端点、线的折点以及点的几何重叠状况，还取决于在网络数据集上设置的连通规则。

在 Vertical Connectivity 中，可以根据高程建立连通性。网络元素的连通性不仅可取决于它们在 X 和 Y 空间中是否重合，还可取决于它们的高程是否相同。可使用两种方法进行高程建模，即在属性表中使用带高程的字段或者使用要素类的 Z 坐标值。带高程的字段适用于边和交汇点，使用高程字段的边用两个字段来描述高程，起点和终点各一个字段，起点和终点的确定和矢量化的方向有关。而 Z 坐标值通常用来建立 3D 网络。

高程连通性的常见应用是立交桥，两条路相交，但是端点高程不同，则不会在两条路线之间建立连通。本例的要素类均没有高程信息，此处不需要更改。

在 Group Connectivity 中，可以设置组连通性，当网络中包含多个要素类（如网络中既有道路又有地铁）、或者一个要素类含有子类型（如道路可以根据不同的等级分在不同的子类型中）可以设置组连通性。一个连通性组中可以包含任意数量的源。每个边只能被分配到一个连通组中，每个交汇点可以被分配到一个或多个连通性组中。例如，常见的应用场景是网络数据集里有地铁、主道路、次干道以及地铁站四个要素类（其中地铁、主道路、次干道为边，地铁站为交汇点），可以将地铁设置为组 1，主道路和次干道均设置为组 2，而地铁站既属于组 1 也属于组 2，则地铁和主干道、次干道不连通，地铁和地铁站连通，主干道、次干道和地铁站也连通。

在同一个组内的边可通过端点（Endpoint）或折点（Any Vertex）两种策略进行连通。在 Policy 中设置连接策略，如果选择 Endpoint，则意味着线只能通过端点和另一条线的端点连通。如果选择 Any Vertex，则意味着在某一条线的任何折点处都可以和另一条线的折点相连。交汇点有两种连通性策略，即 Honor（依边线连通）和 Override（交点处连通）。Hornor 是根据边线元素的连通性策略决定交汇点与边线的连通性；Override 是交汇点与边线的连通策略为任意交汇点处连通，忽略边线的连通策略。

本例选择的边连接策略为 End Point，使道路在端点处相连，不涉及节点连接策略，如图 5.3 所示。

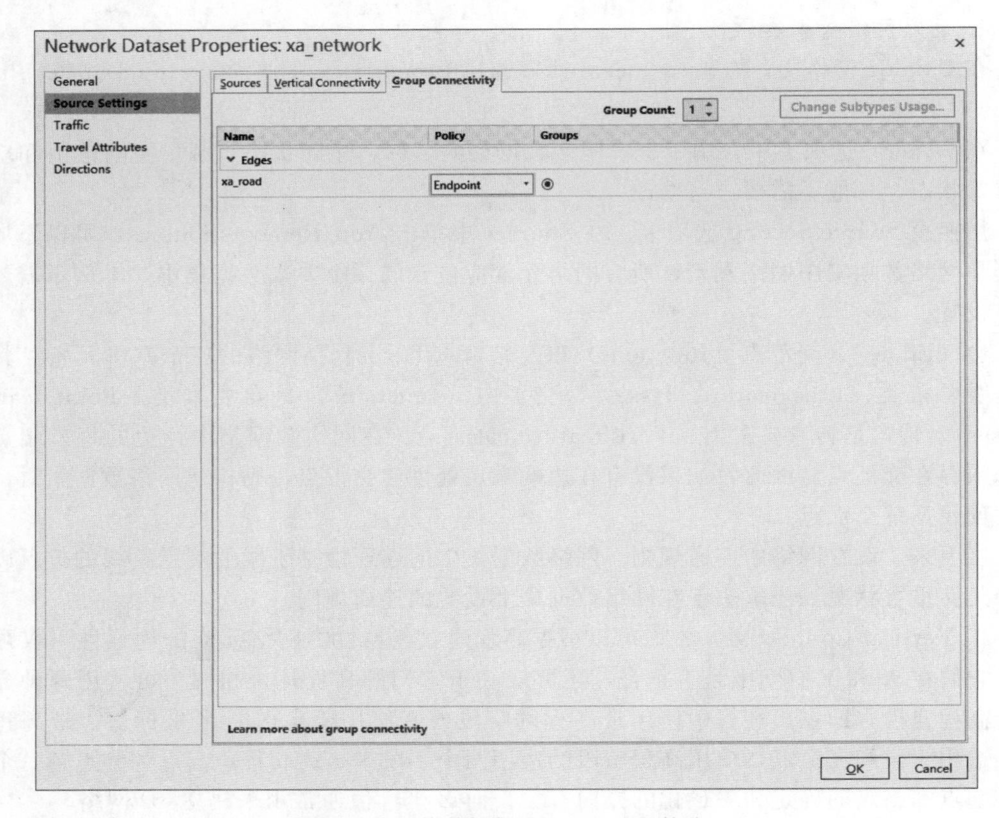

图 5.3　网络数据集属性——连通策略

切换至 Traffic，可以设置交通流量。交通流量提供有关特定路段的行驶速度随时间变化的信息。不同的交通流量会影响行驶速度，进而影响计算结果。该数据可以是历史交通数据，也可以是实时交通状况数据。Traffic 数据存储在表格中（Table）。本例没有交通状况数据，此处不进行设置。

切换至 Travel Attributes，在 Travel Modes 中用于设置出行模式，用于定义行人、车辆等如何在网络中移动。出行模式本质上是一个由一系列出行设置构成的模板，这些出行设置可以定义车辆或行人的物理特征。当执行网络分析以定义车辆或行人的出行方式和位置时会考虑这些特征。一个典型的例子是，某地区规定，小型汽车可以在十字路口和丁字路口掉头，而大型卡车却只能在丁字路口掉头。可为某一类型的车辆添加 Travel Modes。本例中不设置 Travel Modes。如果需要设置，单击 Travel Modes 右侧的三条横线，选择 New，在 Travel Modes 下方进行相应设置，如图 5.4 所示。

接下来为网络添加成本，成本在网络分析中也称为阻抗，网络分析中经常涉及成本（阻抗）最小化问题，如最短路径、最优路径等问题。切换至 Costs，已经存在一个自动创建的成本属性 Length，单位为 m，数据类型为 double 型。展开（Evaluators）赋值器，为 Length 成本赋值。对于边要素（Edges），可以为正向（Along）和逆向（Against）道路赋不同的值，矢量化前进的方向为正向，反之为逆向。对于 xa_road（Along），Type 下选择 Field Script，在 Value 列的右侧单击χ（Field Script Setting），在弹出的对话框的

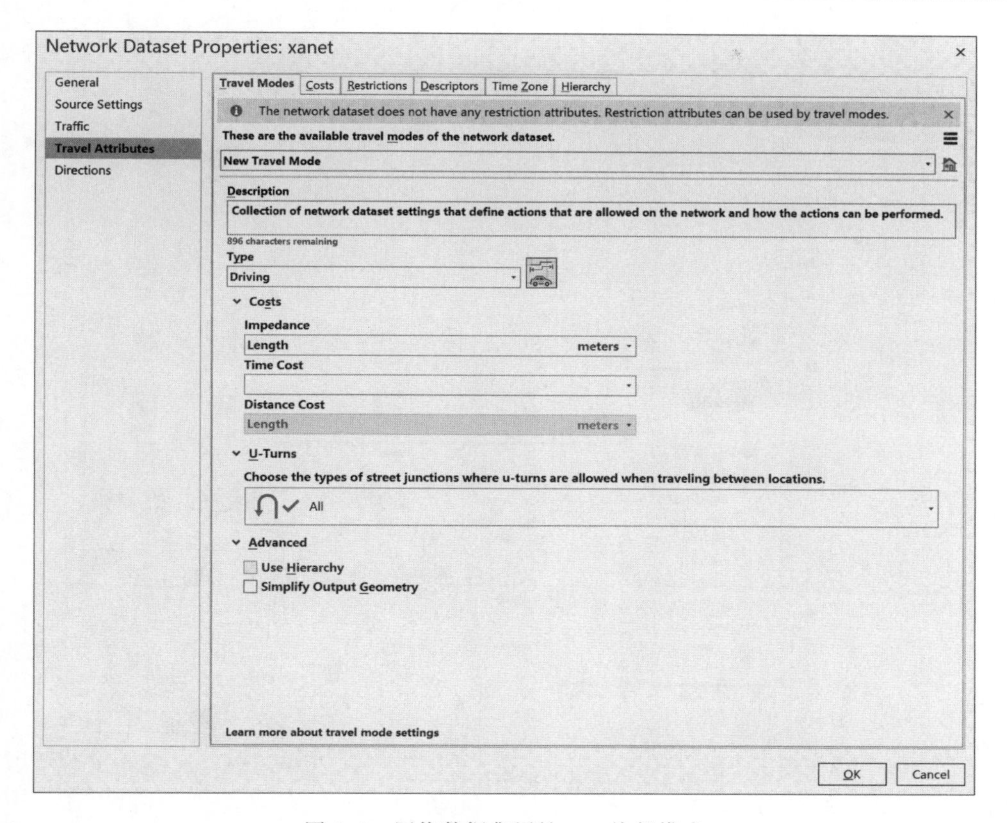

图 5.4　网络数据集属性——旅行模式

Result 中输入：［Shape_Length］，单击 OK，返回 Properties 对话框。对于 xa_road（Against），Type 下选择 Same as Along，与正向属性保持一致。Junctions（交汇点）和 Turns（转弯）不进行设置，如图 5.5 所示。

接着向网络数据集添加名为 time 的时间成本。单击 Cost 右上方的菜单（三条横线）按钮，选择 New，添加一个时间成本，在下方的 Properties 中，修改名称为 time，Units 改为 Hours，Data Type 为 double。展开 Evaluators（赋值器），为 time 成本赋值。对于 xa_road（Along），Type 下选择 Field Script，在 Value 列的右侧单击 χ（Field Script Setting），在弹出的对话框的 Result 中输入：

［Shape_Length］/(1000 * ［车速］)

［Shape_Length］和［车速］均为 xa_road 要素类的属性字段值，分别保存了每条道路的长度与车速。注意：在赋值器（Evaluators）中编辑公式，除了汉字外，其余字符均在英文状态下输入。除以 1000 是为了将长度由 m 转为 km，计算的 time 结果单位为 Hours。单击 OK，返回 Properties 对话框。对于 xa_road（Against），Type 下选择 Same as Along，与正向属性保持一致。对于 Turns（转弯），可以设置转弯的方位角范围和不同类型转弯所需的时间。本例中，Junctions（交汇点）和 Turns（转弯）不进行设置。

此时，网络已经具有长度成本和时间成本，还可以为网络添加约束条件（Restrictions）和描述符（Descriptors）。如在约束条件中设置车辆高度限制，而在描述符中添加

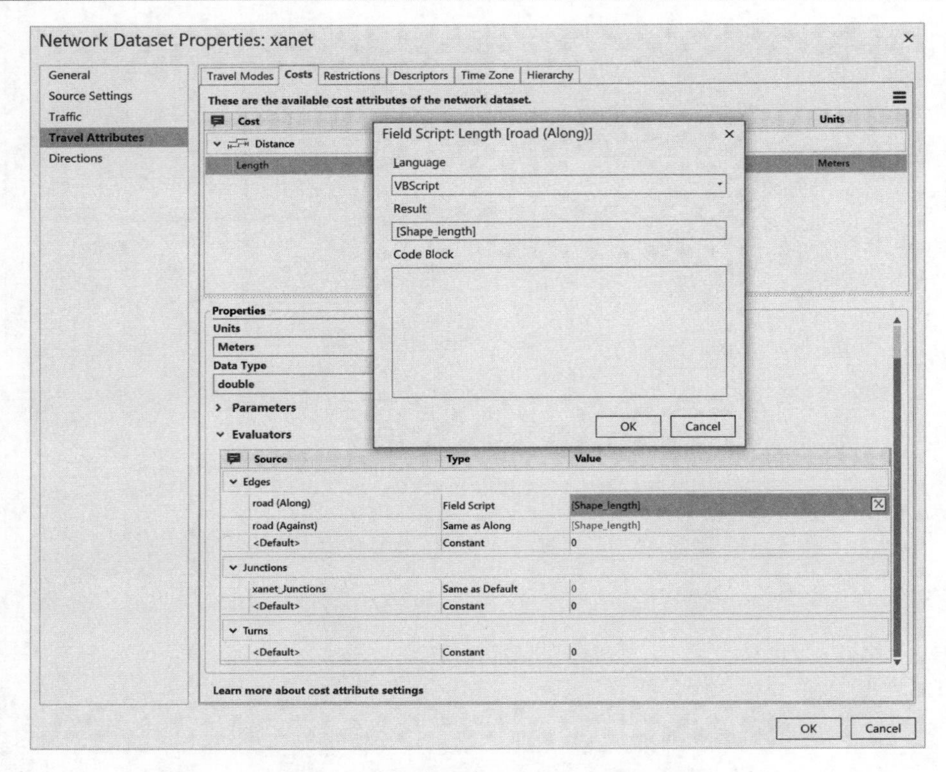

图 5.5　网络数据集属性——添加成本

关于车辆高度的描述，二者一起使用，用于模拟道路限高；还可以添加其他约束条件，如低速车和行人禁止进入高速公路等。约束条件的用法有七种，分别是禁止（Prohibited）、避免（Avoid）（高）、避免、避免（低）、首选（Prefer）（低）、首选、首选（高），对于其赋值类型，为布尔值 True 或 False。本例中不进行约束条件和描述符的设置。还可以设置等级（Hierarchy），等级是指分配给网络元素的次序或级别。例如道路通常有高速公路、一级公路、二级公路、三级公路以及四级公路等 5 个等级。

切换至 Directions（方向），可以进行方向的设置，方向是如何通过路径的转弯说明。本例中不涉及方向的相关设置。

5. 构建几何网络

对网络进行属性设置或者任何更改后，需要使用 Build 重新构建网络。在 Catalog 窗格中，右击 xa_network，选择 Build，建立网络。至此，已完成网络数据集的构建，可以进行进一步的分析和计算。

5.2　最短路径分析

5.2.1　实验背景

最短路径分析是网络分析的重要内容，在现实中是可以拓展许多方面的最高效率问题，深入研究具有十分重要的意义。通过分析能够得到到达指定目的地的路径选择方案及根据不同的权重得到不同的最佳路径，并给出路径的长度，如在网络中指定一个商业中心，分别求出在距离、时间限制上从家到商业中心的最佳路径；又如给定访问顺序，按要求找出从家逐个经过中间位置最终达到目的地的最佳路径；再如研究阻抗的设置对最佳路径选择的影响等。

计算最短路径的主要算法为 Dijkstra 算法。Dijkstra 算法思想为：设 G=（V，E）是一个带权有向图，把图中节点集合 V 分成两组：

第一组为已求出最短路径的节点集合（用 S 表示，初始时 S 中只有一个源点，以后每求得一条最短路径，就将加入到集合 S 中，直到全部节点都加入到 S 中，算法结束）。

第二组为其余未确定最短路径的节点集合（用 U 表示），按最短路径长度的递增次序依次把第二组的顶点加入 S 中。在加入的过程中，总保持从源点 v 到 S 中各顶点的最短路径长度不大于从源点 v 到 U 中任何顶点的最短路径长度。

5.2.2 实验数据

实验 5.1 建立的 xa_network 道路网络数据集。

5.2.3 操作步骤

1. 创建最短路径分析图层

加载 xa_network 道路网络数据集，并将其所在的地理数据库西安 .gdb 设置为默认地理数据库，后续分析结果均自动存储在该数据库中。

切换至 Analysis 功能栏选项卡，单击 Network Analysis 中的 Route，路径分析图层被添加至 Contents 中，它包括了 Stops（停靠点）、Point Barriers（点障碍）、Line Barriers（线障碍）以及 Polygon Barriers（面障碍）四个输入图层和一个 Routes 分析结果输出图层，如图 5.6 所示。

在 Contents 窗格中，单击 Route 以选择图层组（不是下方的 Routes 要素类），Route 选项卡显示在顶部的 Network Analyst 中，如图 5.7 所示。

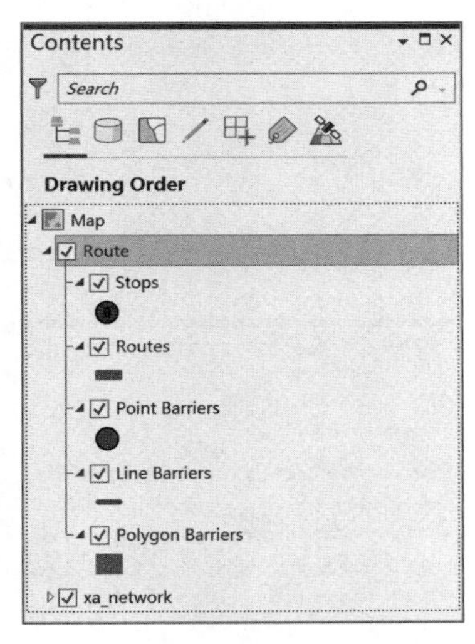

图 5.6 Contents 窗格下 Route 图层组结构

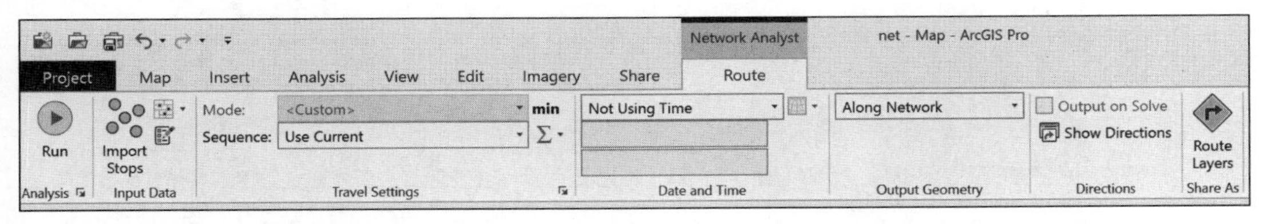

图 5.7 Network Analyst 功能区选项卡

2. 创建停靠点和障碍

Stops（停靠点）是路径分析的起点、途经点以及终点。障碍分为点障碍、线障碍以及多边形障碍，是路径分析需要避开的点、线以及区域。障碍一般是用于进行临时封锁的十字路口、道路以及被洪水淹没的区域等。

对于 Stops（停靠点），可以使用导入或者编辑的方式添加至网络分析中。单击 Route 选项卡 Input Data 组中的 Create Features，弹出 Create Features 窗口，单击 Route: Stops，在窗口中添加起点、途经点以及终点。添加完成后，单击 Edit 选项卡中的 Save 按钮，保存编辑。在 Contents 窗口中，右击 Route 组中的 Stops，选择 Attribute Table，打开停靠点的属性表，其中有一列名为 Sequence，可以手动更改其值，Sequence 最小的为起点，最大的为终点。路径分析中以该编号为次序，依次求解最短路径（最佳路径）。

同样的，可以为网络添加 Point Barriers、Line Barriers 以及 Polygon Barriers，编辑完成后，要单击 Save，保存编辑。可以移动或者删除 Stops、Point Barriers、Line Barriers 以及 Polygon Barriers 等，如图 5.8 所示。

也可以导入 Stops、Point Barriers、Line Barriers 以及 Polygon Barriers，在 Route 选项卡 Input Data 组中，单击 Import Stops，弹出 Add Locations 对话框，在 Input Locations 中选择要导入的要素。随后，单击 Run，即可导入停靠点（图 5.9）。单击 Input Data 组中 Input Point Barriers、Input Line Barriers 以及 Input Polygon Barriers，导入障碍，如图 5.9 所示。

本例中，在网络中任意地方新建两个 Stops（停靠点），以寻找这两个停靠点之间的最短路径。

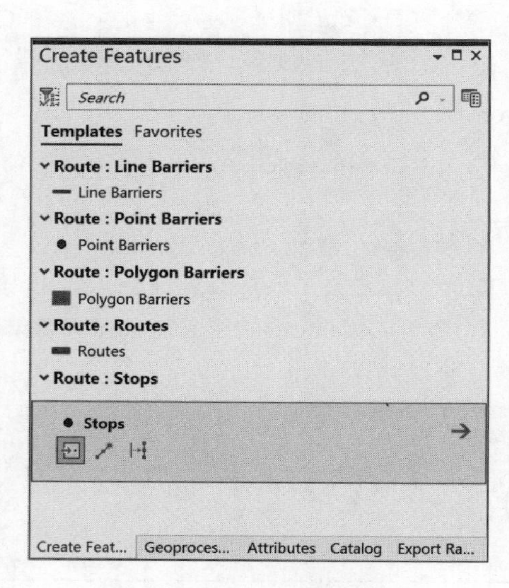

图 5.8　创建停靠点和障碍

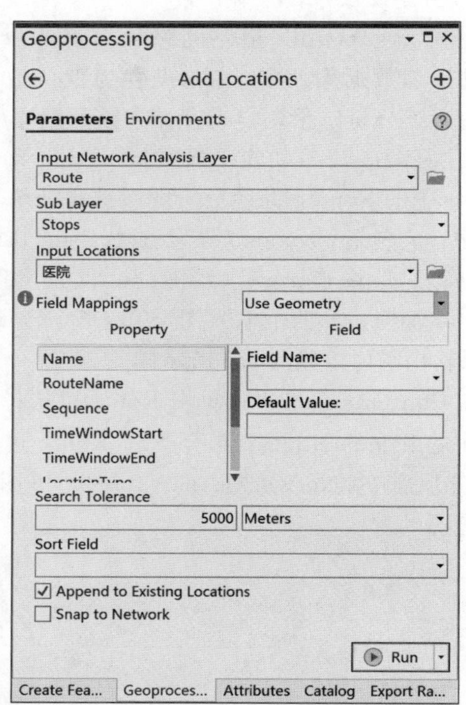

图 5.9　导入位置

3. 设置路径分析参数

在 Route 选项卡的 Travel Settings 组中，单击组选项，弹出 Layer Properties: Route 对话框，选中 Travel Mode，在右侧展开 Costs，在 Impedance 中可选择 Length 或 time 为阻抗，以求得最短路径或耗时最少路径。本例选中 time 以寻找时间最短路径。在

U_Turns中可以设置转弯类型，本例设置为 All，允许在任何位置转弯。设置完成后，单击 OK，关闭 Layer Properties：Route 对话框，如图 5.10 所示。

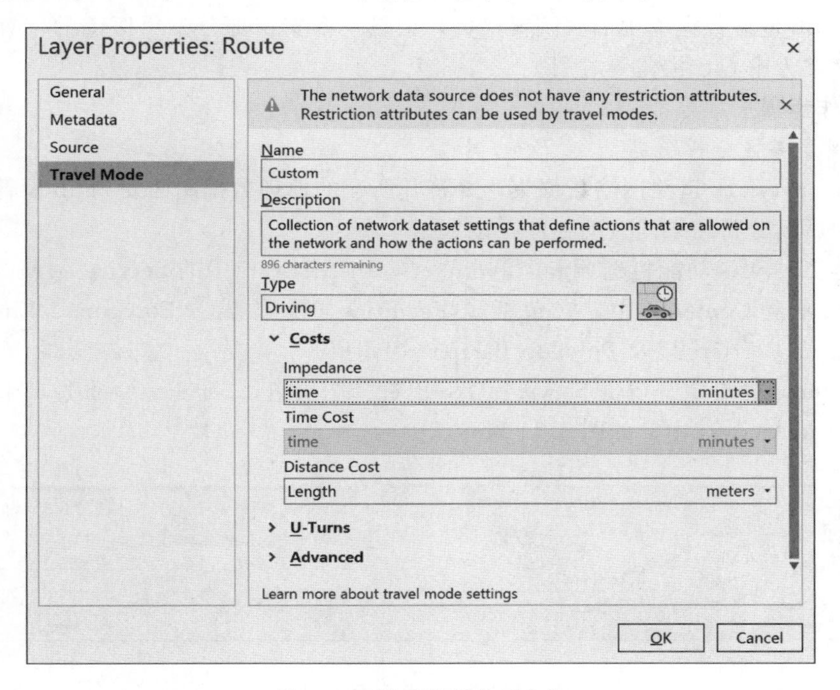

图 5.10　设置路径分析参数

在 Route 选项卡的 Travel Settings 组中，Sequence 下拉列表框中有四个选项，分别是 Find Best、Preserve First & Last Stop、Preserve First Stop 以及 Preserve Last Stop。其中，Find Best 用于查找所有停靠点最佳访问方式的路径，也称为流动推销员问题（Travel Salesman Problem，TSP）。

4. 路径生成

单击 Route 选项卡的 Analysis 组中的 Run 按钮，求解时间（距离）最短路径。运行完毕后，窗口中会出现最佳路径，在 Contents 窗口中，右击 Route 图层组中的 Routes 图层，选择 Attribute Table，打开路径分析结果图层的属性表。在 Total_Length 字段和 Total_time 字段中记录了路径的总长度和耗费的总时间。

5.3　设施服务区分析（等时圈计算）

5.3.1　实验背景

等时间交通圈集成时间与空间两个维度。一般指从中心地出发，在一定时间阈值内能够到达的空间范围，是交通基础设施对城市与区域发展的引导、支撑与保障能力的直观反映。一般研究中，围绕中心城市，根据区域空间联系的主要方向，建设起不同层次与范围的等时间交通圈，已成为促进城市与区域协同发展的重要途径。由 Network Analyst 创建的服务区还有助于评估可达性。同心服务区显示可达性随阻抗的变化方式。

5.3.2　实验数据

实验 5.1 建立的 xa_network 道路网络数据集。

西安.gdb 地理数据库中的医院要素类，记录了西安市部分三甲医院的位置。本例将以医院要素类为中心，构建等时圈。

5.3.3　操作步骤

1. 创建服务区分析图层

加载 xa_network 道路网络数据集，并将其所在的地理数据库西安.gdb 设置为默认地理数据库，后续分析结果均自动存储在该数据库中。

切换至 Analysis 功能栏选项卡，单击 Network Analysis 中的 Service Area，服务区分析图层被添加至 Contents 中，它包括了 Facilities（设施点）、Polygons、Lines、Point Barriers、Line Barriers 以及 Polygon Barriers 等图层。

在 Contents 窗口中，单击 Service Area 以选择图层组，Service Area 选项卡显示在顶部的 Network Analyst 中，如图 5.11 所示。

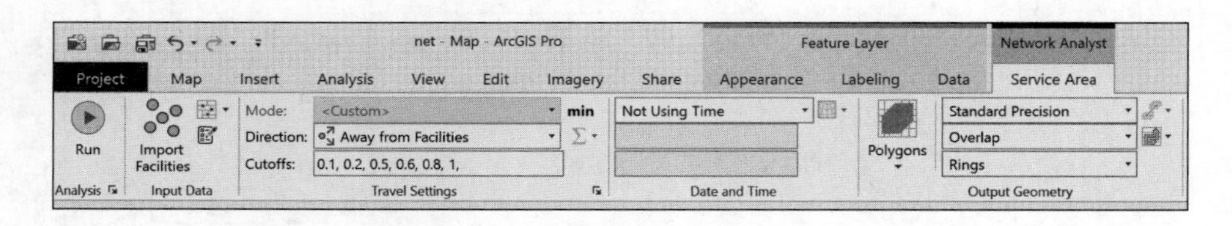

图 5.11　Service Area 选项卡

2. 导入设施点

在 Service Area 选项卡 Input Data 组中，单击 Import Facilities，弹出 Add Locations 对话框，在 Input Locations 中选择要导入的医院要素类。随后，单击 Run，导入医院设施点，如图 5.12 所示。

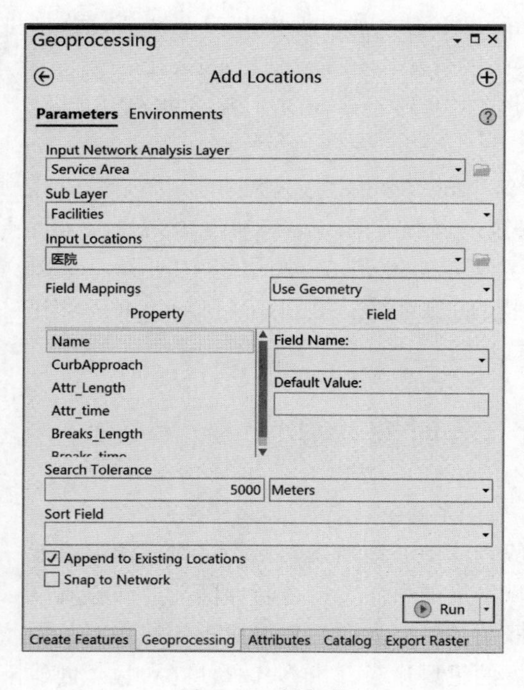

图 5.12　添加位置

3. 设置服务区分析参数

在 Service Area 选项卡的 Travel Settings 组中，单击组选项，弹出 Layer Properties: Service Area 对话框，选中 Travel Mode，在右侧展开 Costs，在 Impedance 中可选择 time 为阻抗。随后，单击 OK，关闭 Layer Properties: Service Area 对话框，如图 5.13 所示。

在 Service Area 选项卡的 Travel Settings 组中，Direction 下拉列表框选择 Away from Facilities 或者 Towards Facilities，用于设置驶离设施点还是驶向设施点进行等时圈分析。本例选择 Away from Facilities。在 Cutoffs 中设置截断值，本

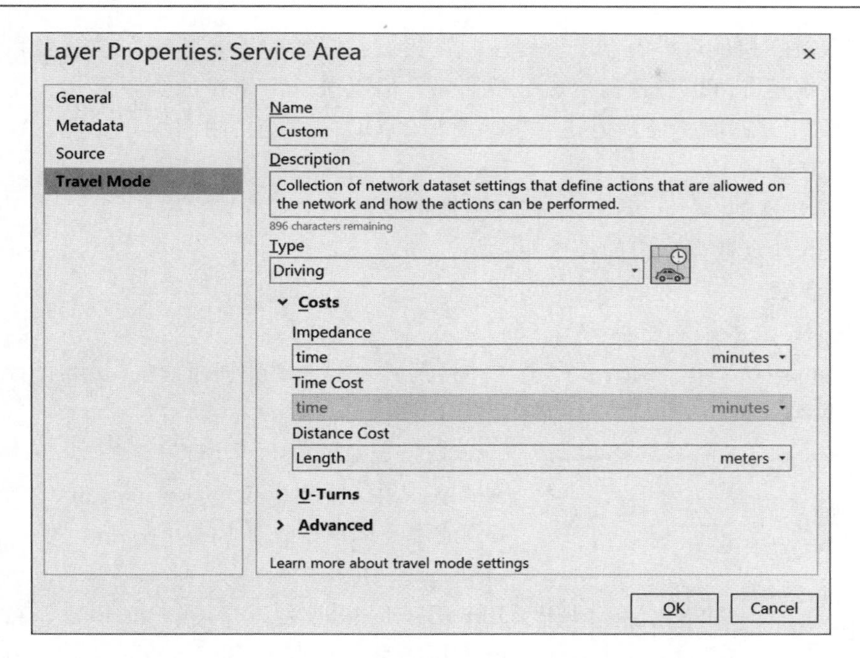

图 5.13　设置服务区分析参数

例输入：0.0833，0.25，0.5，1，2，表示分别在 5min、15min、30min、1h、2h 处截断，数字中间用英文逗号分隔，如图 5.14 所示。

4. 等时圈生成

单击 Service Area 选项卡的 Analysis 组中的 Run 按钮，生成等时圈。运行完毕后，在 Contents 窗口中的 Service Area 组中，Polygons 中生成了等时圈，打开 Polygons 的属性表，可以看到每个设施点各个等时圈的面积，如图 5.15 所示。

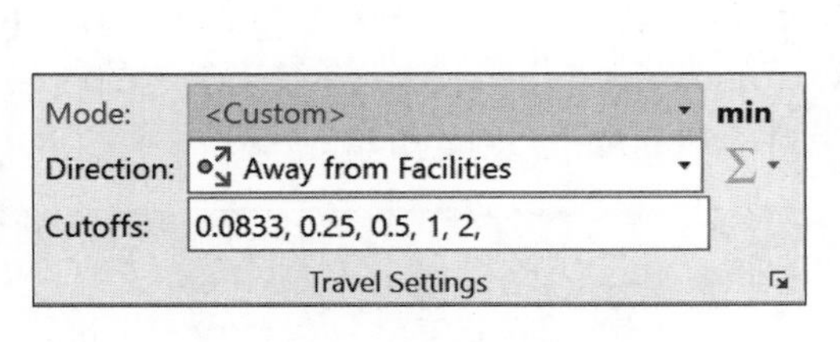

图 5.14　设置截断值

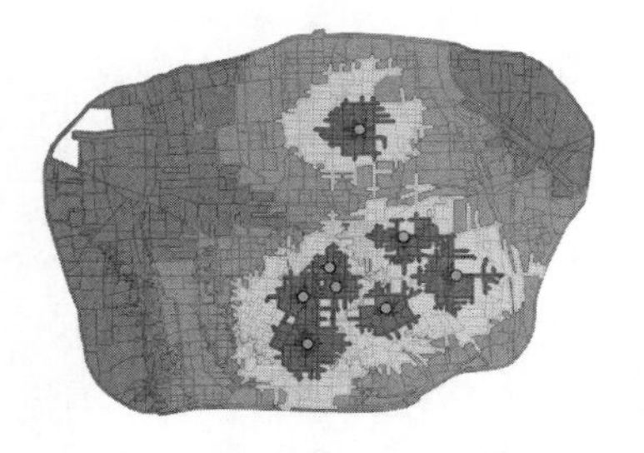

图 5.15　等时圈计算结果

5.4　计算 OD 成本矩阵

5.4.1　实验背景

起点（Origin）—目的地（Destination）成本矩阵（OD 成本矩阵）用于查找和测量网络中从多个起始点到多个目的地的最小成本路径。OD 成本矩阵是一个包含从每个起始点到每个目的地的网络阻抗的表格文件，找到的每个起点—目的地的最佳网络路径存储在输出线的属性表中。虽然这些线都是直线，但是它们存储的是网络成本，而不是直线距离。

OD 成本矩阵和最近设施点求解程序非常相似。两者的主要区别在于输出和计算速度不同。OD 成本矩阵可以更快地生成分析结果，但无法返回路径的实际形状。而最近设施点求解程序则能够返回路径，但在分析速度却比 OD 成本矩阵求解程序要慢。

5.4.2 实验数据

实验 5.1 建立的 xa_network 道路网络数据集。

西安.gdb 地理数据库中的钟楼要素类。

5.4.3 操作步骤

1. 创建 OD 成本矩阵图层

加载 xa_network 道路网络数据集，并将其所在的地理数据库西安.gdb 设置为默认地理数据库，后续分析结果均自动存储在该数据库中。

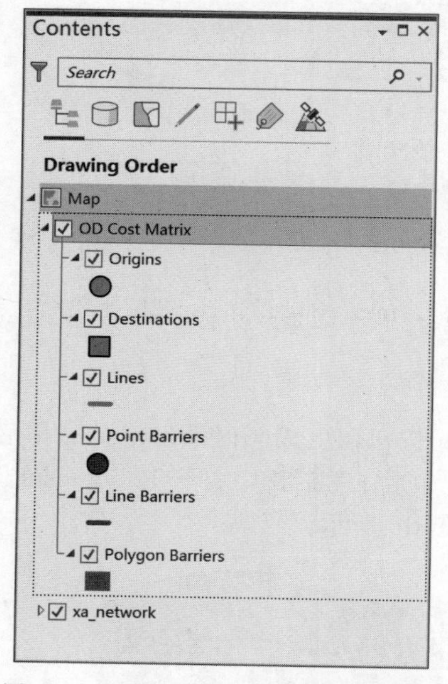

图 5.16 Contents 中的 OD 矩阵图层组

切换至 Analysis 功能栏选项卡，单击 Network Analysis 中的 Origin - Destination Cost Matrix，OD 成本矩阵图层被添加至 Contents 中，它包括了 Origins、Destinations、Lines、Point Barriers、Line Barriers 以及 Polygon Barriers 等图层。Origins 用于存储起点，Destinations 用于存储目的地，Lines 用于存储计算结果，如图 5.16 所示。

在 Contents 窗口中，单击 OD Cost Matrix 以选择图层组，OD Cost Matrix 选项卡显示在顶部的 Network Analyst 中，如图 5.17 所示。

2. 添加 Origin 和 Destination

在 OD Cost Matrix 选项卡 Input Data 组中，单击 Import Origins，弹出 Add Locations 对话框，在 Input Locations 中选择钟楼要素类作为起点。单击 Import Destinations，选择西安.gdb\network\xa_network_Junctions，将系统生成的网络节点作为目的地，如图 5.18 所示。

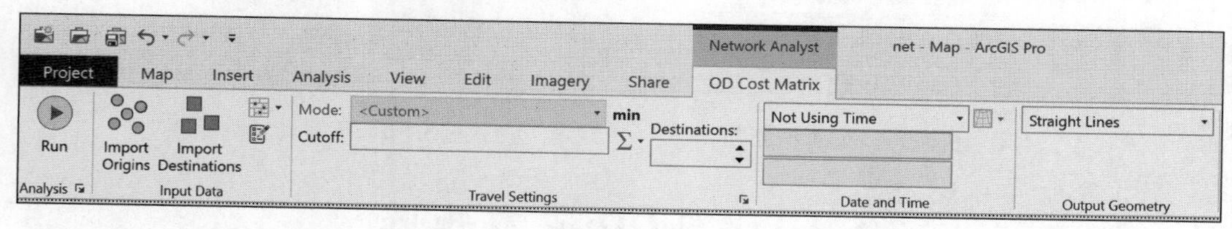

图 5.17 OD Cost Matrix 选项卡

3. 设置 OD 成本矩阵分析参数

在 OD Cost Matrix 选项卡的 Travel Settings 组中，单击组选项，弹出 Layer Properties：OD Cost Matrix 对话框，选中 Travel Mode，在右侧展开 Costs，在 Impedance 中可选择 time 为阻抗，在 U - Turns 中可以设置转弯类型。本例设置为 All，允许在任何位置转弯。设置完成后，单击 OK。

查找目的地时，Network Analyst 可以使用阻抗的默认切断值（Cutoff）。切断值以外的所有目的地都将被忽略。各个起始点可具有自己的中断值，这些切断值将覆盖默认切断值。在 Cutoff 中输入非空值会覆盖默认值。

4. 计算 OD 成本矩阵

单击 OD Cost Matrix 选项卡的 Analysis 组中的 Run 按钮，计算 OD 成本矩阵。OD 成本矩阵所生成的线一般用直线来表示，直线连接起始点和目的地。但是在计算 OD 成本矩阵时，始终沿网络计算路径。

在 Contents 窗口中的 ODCost Matrix 组中，Lines 中保存了 OD 成本矩阵的计算结果。打开 Lines 属性表，可以看到 Total_time 字段保存了钟楼到各个目的地的最短时间。

5. 制作通达性示意图

使用 Add Data，将西安 . gdb\network\xa_network_Junctions 加载至 Contents 中，打开属性表，单击属性表最右侧的菜单（三条横线），选择 Joins and Relates，选择 Add Join，打开 Add Join 对话框。在 Input Table 中选择 xa_network_Junctions 要素类，Input Join Field 中选择 OBJECTID，Join Table 选择 OD 成本矩阵计算结果 Lines，Join Table Field 选择 DestinationID。随后，单击 OK，完成链接操作，如图 5.19 所示。

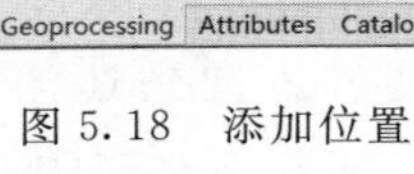

图 5.18 添加位置

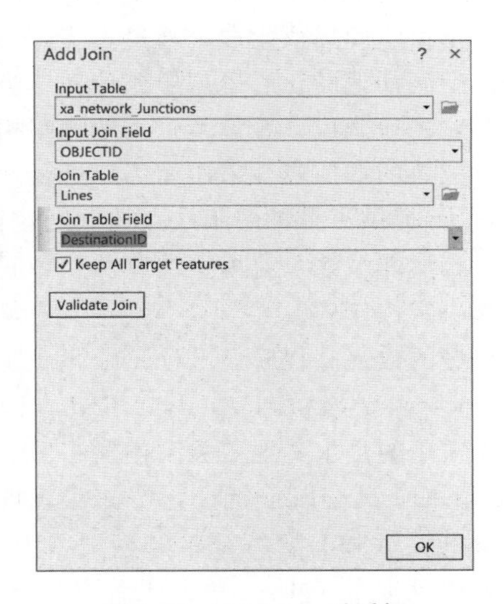

图 5.19 Add Join 对话框

打开反距离权重法插值工具箱 Geoprocessing\Spatial Analyst Tools\Interpolation\IDW，Input point features 选择 xa_network_Junctions，Z value fields 选择 Total_time，OD 成本矩阵计算出来的最短出行时间，设置栅格输出位置和名称，输出像元大小设置为 50m。单击下方的 Run，生成钟楼到各个路口的通达性图，如图 5.20 所示。

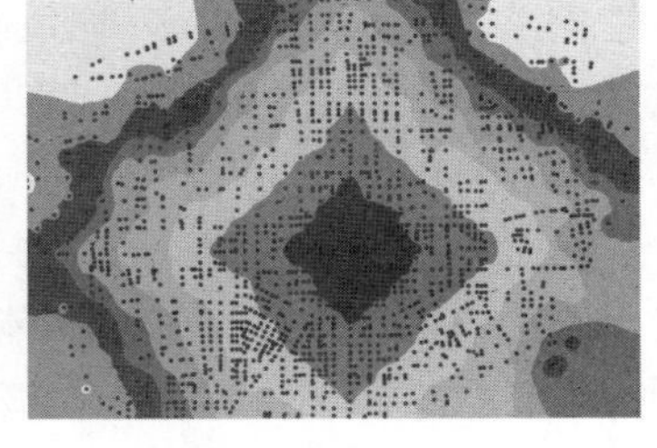

图 5.20 通达性计算结果

第 6 章　DEM

6.1　建 立 Hc-DEM

6.1.1　实验背景

数字高程模型（Digital Elevation Model，DEM）是一种栅格图像。栅格图像从本质上说是一个矩形网格，由均匀分布的矩形像元组成，每个像元大小一样且具有唯一的行和列地址。像元越小，栅格越详细，占用的存储空间也越大。由于网格是规则排列，所以并不需要在每个像元中存储它的二维坐标值（x，y），而是通过左下角的像元坐标和像元大小进行计算。每个像元都会存储它的 Z 坐标值，Z 值可以表示数量或者一类现象，如高程、地表反射率、土地利用类型等。

栅格图像可分为连续图像和离散图像两类。连续图像表示要素的连续变化，如高程和气压等；离散图像典型的例子是土地利用图，用一个个的离散代码表示某一类型。

栅格可由空间插值生成，通过采集样点创建栅格表面，当然采样点越多，栅格模型就越精细。空间插值的核心思想遵循地理学第一定律，即空间相关性。地物之间的相关性与距离有关，一般来说，距离越近，地物间相关性越大；距离越远，地物间相异性越大。因此，任意位置的取值应该采用相邻点进行预测。

ArcGIS 提供了多种用于从点数据创建栅格表面插值方法，包括反距离权重法、样条函数法、自然邻域法、克里金法以及趋势面法等。这些方法在预测表面时，都会让最近的采样点起决定性作用。

栅格型的数字高程模型（DEM）也可以采用上述插值方法制作，这些插值工具都位于 Geoprocessing\Spatial Analyst Tools\Interpolation 中。在水文学和生态学的研究实践中，更为常用的是水文地貌关系正确的 DEM（Hydrologically correct DEM，Hc-DEM）。

Hc-DEM 具有以下特征：①如实表现地面形态，如坡度和坡向等，能够正确表现地面高程的连续和突变特征；②表面没有或很少有伪下陷点（sink），使地表径流能连续汇集，也就是说，任一单元的水流可沿着坡度最陡的方向到达沟道以至于沟口或 DEM 边界；③符合水文地貌学基本原理，正确反映水文要素（水流方向、水流路径、沟道网络、流域界线等）与地貌特征的发生和位置关系，保证提取的河流网络能相互连通。ArcGIS 提供了 Hc-DEM 生成工具，可以直接使用高程点、等高线等地形数据生成 Hc-DEM。

除了本例所示，DEM 的数据来源有多种途径，主要有：①通过摄影测量，以航空或航天遥感图像为数据源，由立体像对建立空间地形立体模型，获取高程数据，这是 DEM 数据采集最常用的方法之一；②以地形图为数据源，对地形图进行矢量化，再通过内插方法制作 DEM；③全站仪，全球定位系统实测资料为数据源；④激光雷达或者声纳传感器获得高程数据或者水下地形数据。

目前，公众可以使用的 DEM 为 ASTER GDEM 数据集，该数据集由日本经济产业省（Ministry of Economy，Trade and Industry，METI）和美国国家航空航天局（National Aeronautics and Space Administration，NASA）联合研制并免费面向公众分发。ASTER GDEM 数据产品基于“先进星载热发射和反辐射计（Advanced Spaceborne Thermal Emission and Reflection Radiometer，ASTER）”数据计算生成，是覆盖全球陆地表面的高分辨率高程影像数据。空间分辨率为 30m，坐标系统/高程基准为 WGS1984/EGM96，数据格式为 GeoTiff，有符号 16bits。无数据地区赋值为－9999，海水水面赋值为 0。2009 年发布了第 1 版，第 2 版于 2011 年发布，2019 年发布了第 3 版。可以在美国地质调查局数据（USGS）和 NASA 的陆地过程分布式数据存档中心（https：//lpdaac. usgs. gov/）和中国科学院地理空间数据云（http：//www. gscloud. cn/）等平台下载数据。

6.1.2 实验数据

DEM. gdb 地理数据库的 topographic 要素数据集中保存着 Elevation_point 点要素类和 contour 线要素类，分别为某一地区高程点和等高线，由 1∶1 万地形图矢量化而得，基本等高距为 5m，平面坐标系统为 WGS_1984_UTM_Zone_49N，高程坐标系统为 Yellow_Sea_1985。二者均包含有名为 elevation 的字段，存储了高程值。在矢量化过程中，每个高程点和每条等高线均需为 elevation 字段赋予正确的高程值。

DEM. gdb 地理数据库还保存着边界和水库两个要素类。

6.1.3 操作步骤

1. 生成不带边界和水库的 Hc - DEM

打开 ArcGIS Pro 并加载 Elevation_point、contour、边界和水库四个要素类。找到 Geoprocessing\Spatial Analyst Tools\Interpolation\Topo to Raster 工具。双击打开 Topo to Raster 工具。

在 Input feature data 中，Feature layer 中选择 Elevation_point 要素类，下部的 Field 选择 elevation，Type 选择 Point elevation，表示高程的点要素类→单击 Input feature data 后方的加号，Feature layer 中选择 contour 要素类，表示高程等高线的线要素类，下部的 Field 选择 elevation，Type 选择 contour→Output surface raster 中设置输出栅格的名称，Output cell size 设置栅格分辨率的大小，对于栅格分辨率，一般设置为基本等高距的1/2。本例的基本等高距为 5m，栅格大小设置为 2. 5m。其余参数取默认值，设置完成后，单击 Run，生成水文地貌关系正确的 DEM，如图 6. 1 所示。

2. 生成含有边界和水库的 Hc - DEM

再次打开 Topo to Raster 工具。在 Input feature data 中，Feature layer 中选择 Elevation_point 要素类，下部的 Field 选择 elevation，Type 选择 Point elevation→单击 Input feature data 后方的加号，Feature layer 中选择 contour 要素类，下部的 Field 选择 elevation，Type 选择 contour→单击 Input feature data 后方的加号，Feature layer 中选择水库要素类，Type 选择 Lake，Field 保持空白→单击 Input feature data 后方的加号，Feature layer 中选择边界要素类，Type 选择 Boundary，Field 保持空白→其余参数同前。设置完成后，单击 Run，生成水文地貌关系正确的 DEM，如图 6. 2 所示。

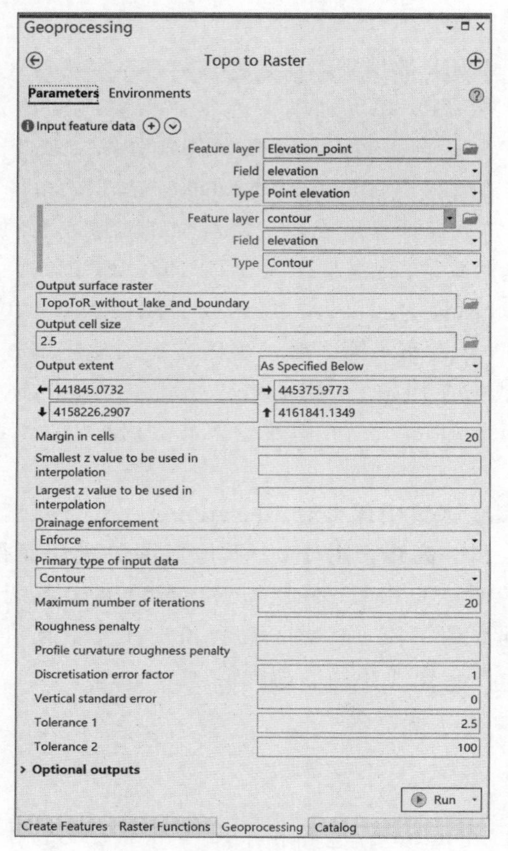

图 6.1　Topo to Raster 工具

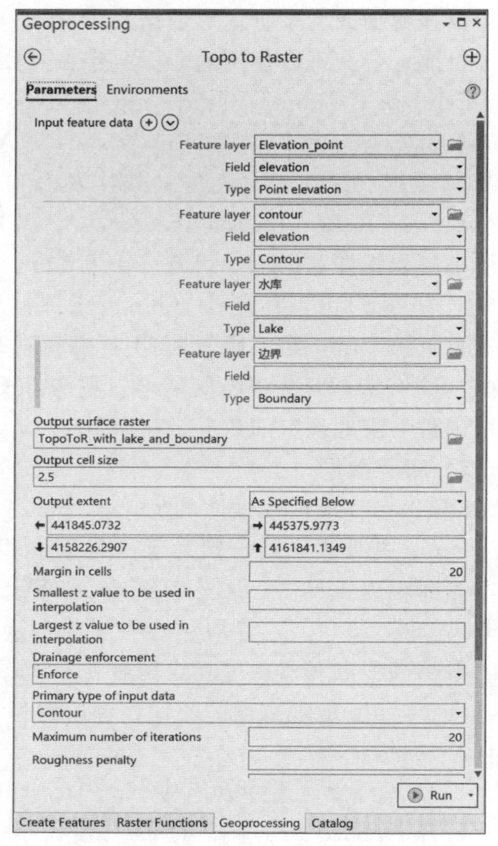

图 6.2　Topo to Raster 工具（指定边界）

3. 比较两个 Hc - DEM

比较不带有边界和水库的 Hc - DEM 和带有边界和水库的 Hc - DEM，可见添加了边界后，相当于使用边界对 DEM 进行了裁剪。同时，每个水库要素内的所有栅格高程值相同，如图 6.3 所示。Topo to Raster 工具还可以使用河道（Stream）、汇水区（Sink，已知的地表汇水区）、悬崖（Cliff，悬崖线要素要经过定向，以使该线的左侧在悬崖的低侧，而右侧在悬崖的高侧）、排除区（Exclusion）以及海岸带（Coast）作为输入要素。

（a）不带有边界和水库的Hc-DEM

（b）带有边界和水库的Hc-DEM

图 6.3　Hc - DEM 比较

6.2 编辑栅格 DEM

6.2.1 实验背景

对栅格数据的编辑相比于矢量数据的编辑更为复杂，因为栅格由成千上万的像元组成。由于栅格数据，特别是 DEM 的广泛应用，对栅格数据进行一系列的编辑十分必要。ArcGIS Pro 提供了一系列的工具，用于对栅格数据进行编辑。

6.2.2 实验数据

实验 6.1 生成的数字高程模型。

6.2.3 操作步骤

1. 复制和替换像素

加载实验 6.1 生成的 DEM 至 ArcGIS Pro，切换至 Imagery 功能栏选项卡，单击 Tools 组中的 Pixel Editor，打开像素编辑器，如图 6.4 所示。

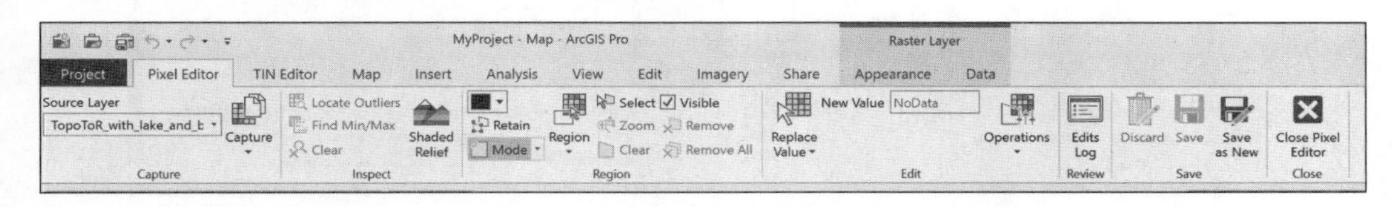

图 6.4 像素编辑器

在 Capture 组中确定要进行编辑的 Source Layer。在 Pixel Editor 的 Region 组中，单击 Region 下拉菜单，选择一种形状，绘制区域，可以绘制长方形、多边形、自由套索、圆形。如果 Contents 中有要素类时，也可以单击选择某个要素，转为 Region。在 Region 组中的 Mode 下拉菜单，用于选择新建区域、添加至现有区域、从现有区域中移除以及和现有区域取交集等操作。

绘制好区域后，单击 Capture 下拉菜单，选择 Copy（复制）或者 Replace（替换）。随后拖动 Region 至目标区域完成复制或替换。Copy 是将 Region 内的像素值复制至某处，Replace 是使用目标区域像元替换 Region 内的像素值。

2. 查找异常值与最小值/最大值

首先使用 Region 组的工具绘制区域，随后在 Inspect 组中，单击 Locate Outliers 查找异常值，与正常值相差三个或以上标准差的像素值被视为异常值。

也可以单击 Find Min/Max，查找最小值和最大值。最小像素以绿色显示，最大像素以红色显示。

3. 替换某一区域或某点的像素值

替换像素值有以下两种操作：

（1）替换某一点的像素值。在 Pixel Editor 的 Edit 组中，在 New Value 中输入替换的像素值，单击 Replace Value 下拉菜单，选择 Replace Value At，随后在想要替换的像元处单击鼠标，完成单个像元值的替换。如果 New Value 中输入 NoData，则被替换为 NoData 值。

在 New Value 中输入替换的像素值，单击 Replace Value 下拉菜单，选择 Replace Value Within，随后在想要替换的区域绘制多边形，完成替换。

（2）绘制 Region。单击 Operations 下拉菜单，可以对 Region 内的所有像元值完成一系列操作，如替换为平均值（Set Average）、设置为常数（Set Constant）、模糊所选区域（Blur）、为区域里的所有像元增加或减去（负值）某个值（Add to），也可以进行一系列滤波操作，如图 6.5 所示。

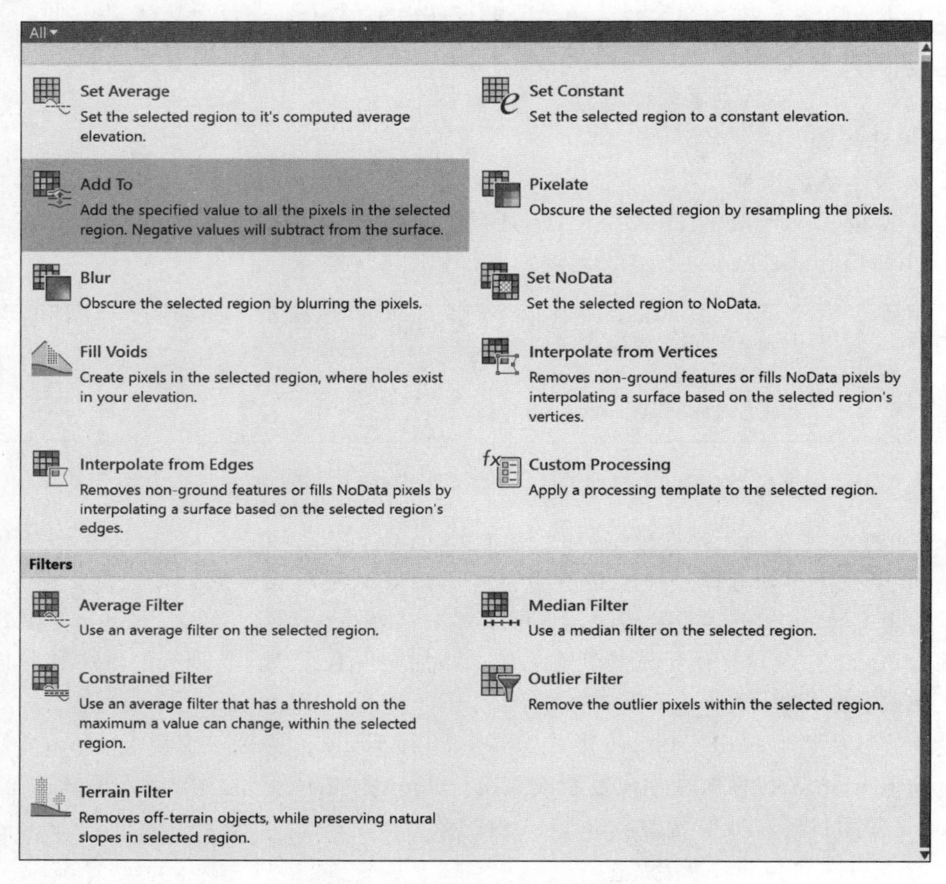

图 6.5　Operations 下拉菜单

4. 从 DSM 中派生 DTM

数字表面模型（DSM）是一种高程模型，其中包含地面的高程及地面以上的要素（如建筑物、植被等）。而将移除了这些地面以上的要素以获得裸露地表数字高程，称为数字地形模型（DTM）。

在 Inspect 组中，单击 Shaded Relief，将高程数据转化为晕渲地貌视图，这样更容易进行观察。

使用 Region 组中的相关工具，围绕建筑物（植被区）绘制区域，双击结束绘制。单击 Edit 组中的 Operations 下拉菜单，选择 Interpolate from vertices（从折点插值），打开 Pixel Editor Operations 对话框，在 Interpolation Method 中选择插值方法，也可以选中下

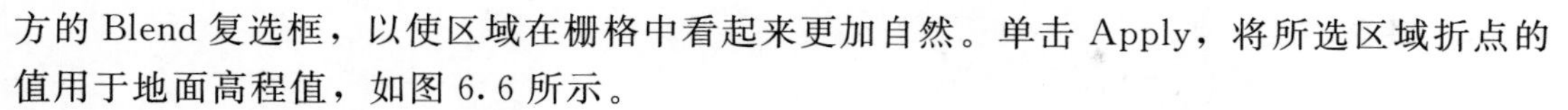

方的 Blend 复选框，以使区域在栅格中看起来更加自然。单击 Apply，将所选区域折点的值用于地面高程值，如图 6.6 所示。

栅格编辑完成后，单击 Save 组中的 Save 或者 Save as New 保存编辑工作。单击 Discard 放弃本次编辑操作。

5. 创建随机栅格

ArcGIS Pro 提供了随机栅格创建工具，定位至 Geoprocessing/Data Management Tools/Raster/Create Random Raster 双击，打开 Create Random Raster 工具。在 Output Location 和 Raster Dataset Name with Extension 中设置栅格输出位置和名称，在 Distribution 中指定分布类型，在 Output 中指定输出范围，可以选择 Same As layer，和现有栅格保持一致，在 Cellsize 中设置栅格分辨率，随后单击 Run，完成随机栅格创建，如图 6.7 所示。

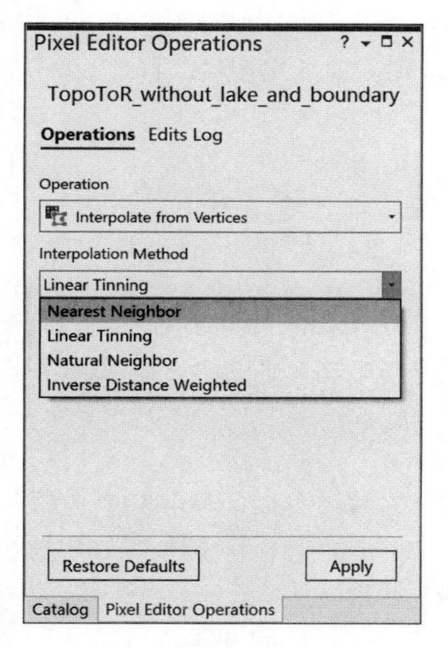

图 6.6　Pixel Editor Operations 对话框

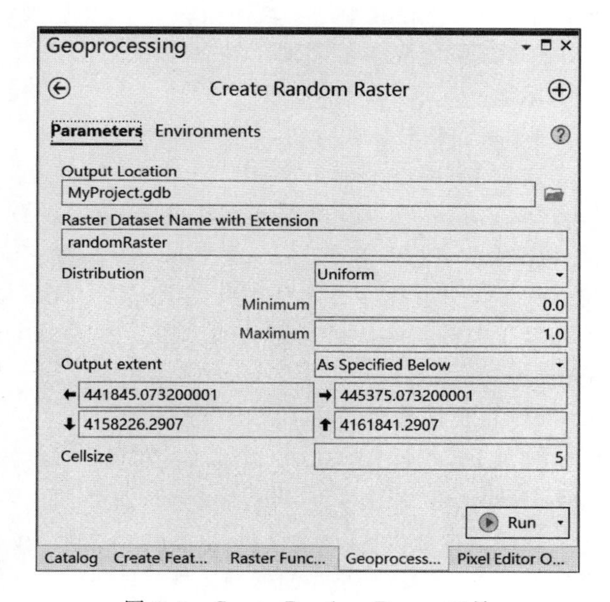

图 6.7　Create Random Raster 工具

此软件提供了多种分布用于创建栅格，主要有 Uniform（均匀分布）、Integer（整数分布）、Normal（正态分布）、Exponential（指数分布）、Poisson（泊松分布）、Gamma（Gamma 分布）、Binomial（二项分布）、Geometric（几何分布）以及 Negative Binomial（帕斯卡分布）等。

6.3　基于 DEM 的空间分析

6.3.1　实验背景

涉及 DEM 的空间分析很多，如表面积、体积计算，地形因子提取——微观地形因子（坡度、坡向以及坡长等）和宏观地形因子（坡形因子、地表粗糙度、地形起伏度、高程变异系数、地表切割深度等）两大类，还有水文分析，可视性分析等。

6.3.2 实验数据

实验6.1创建的DEM。

6.3.3 坡度与坡向计算

定位至Geoprocessing\3D Analyst Tools\Raster\Surface，其中的Slope和Aspect分别为坡度和坡向计算工具。方法类似，输入栅格DEM，设置输出栅格位置和名称，单击Run，即可生成坡度和坡向数据。

对于坡度，可以输出Degree和Percent rise两个类型，Degree即坡度，指水平面与地形面之间夹角。Percent rise是高程增量与水平增量之比的百分数。当坡度为45°时，Percent rise为100%，当坡度接近90°时，Percent rise趋向于无穷大。

坡向指地表面一点的切平面的法线矢量在水平面的投影与过该点正北方向的夹角。用0°～360°之间的正数表示，以北为基准方向按顺时针进行测量。平坦地面（坡度为0°）坡向赋值为−1。在北半球，坡向值在0°～45°以及315°～360°被定义为阴坡；45°～90°以及270°～315°被定义为半阴坡；90°～135°以及225°～270°被定义为半阳坡；135°～225°被定义为阳坡。

6.3.4 表面积与体积计算

定位至Geoprocessing\3D Analyst Tools\Area and Volume\Surface Volume，打开Surface Volume工具，在Input Surface中输入DEM（也可以是TIN文件），设置输出txt文件路径及名称，在Reference Plane中设置Above the Plane或是Below the Plane，其中，Above计算指定参考平面高度上方的空间区域表面积和体积，Below计算指定参考平面高度下方的空间区域表面积和体积。Plane Height中输入参考平面的高程，单击Run，完成计算，如图6.8所示。

6.3.5 可视性分析

加载DEM至ArcGIS Pro，切换至Analysis功能栏选项卡，单击Workflows组中的Visibility Analysis，弹出Visibility Analysis对话框。Visibility Analysis提供了两类可视性分析：一是线性通视分析（Linear Line of Sight），显示在观察点和目标点之间可见的表面，即点对点之间的通视性；二是径向通视分析（Radial Line of Sight），计算给定观察点的地形可见性。

1. 线性通视分析

在Visibility Analysis对话框中切换至Linear Line of Sight，在Input Surface中输入栅格表面（可以是DEM，也可以是TIN），在Observer Points和Target Points分别设置观察点和目标点。观察点和目标点可以是现有的点要素类，也可以使用手工输入的办法，在DEM或TIN上单击确定，还可以将CSV格式的文本导入，观察点和目标点均可以是多个点。设置完成后，单击OK，如图6.9所示。

计算完成后，计算结果添加至Contents中，如图6.10所示。

2. 径向通视分析

在Visibility Analysis对话框中切换至Radial Line of Sight，在Input Surface中输入栅格表面（可以是DEM，也可以是TIN），在Observer Points中输入观测点，可以是现有的点要素类，也可以使用手工输入，还可以将CSV格式的文本导入，观察点可以是多个点。设置完成后，单击OK，如图6.11所示。

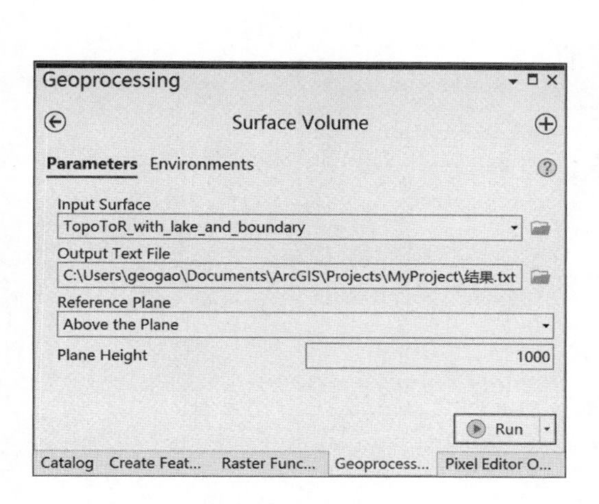

图 6.8　Surface Volume 工具

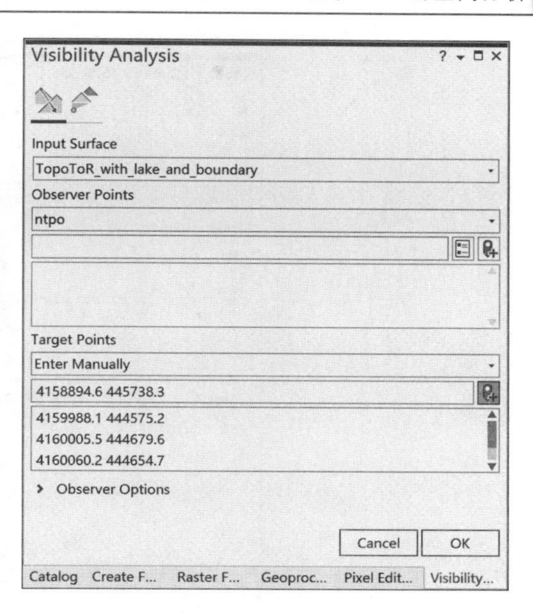

图 6.9　线性通视分析对话框

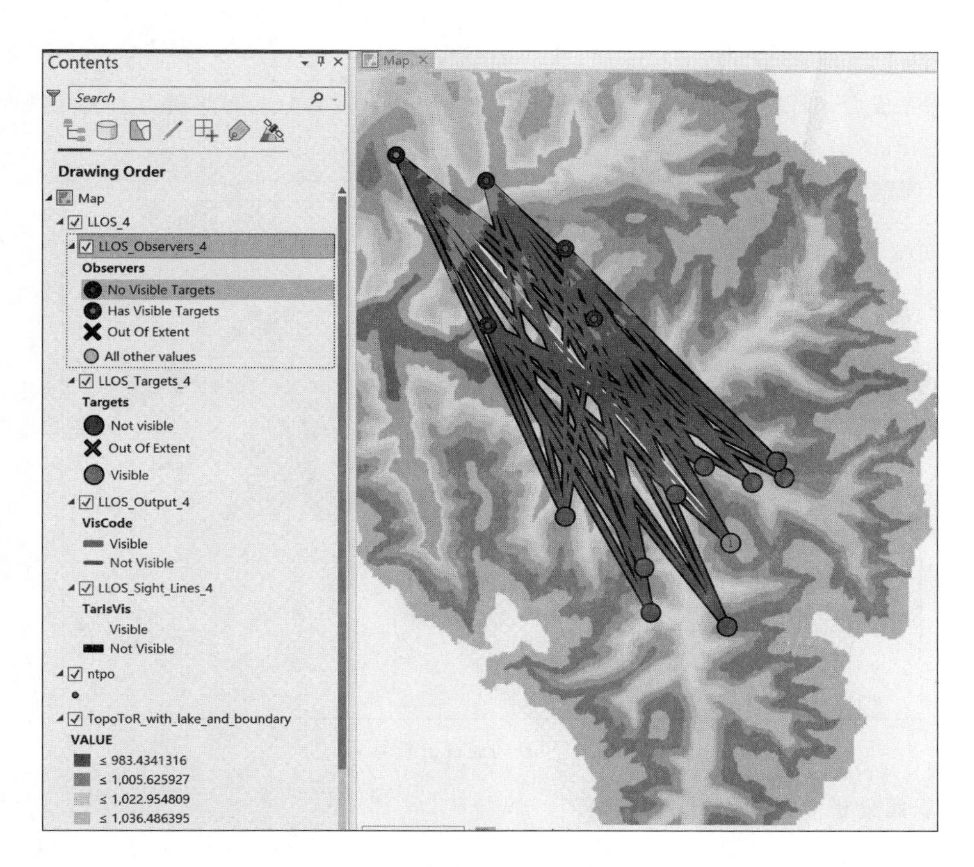

图 6.10　线性通视分析结果

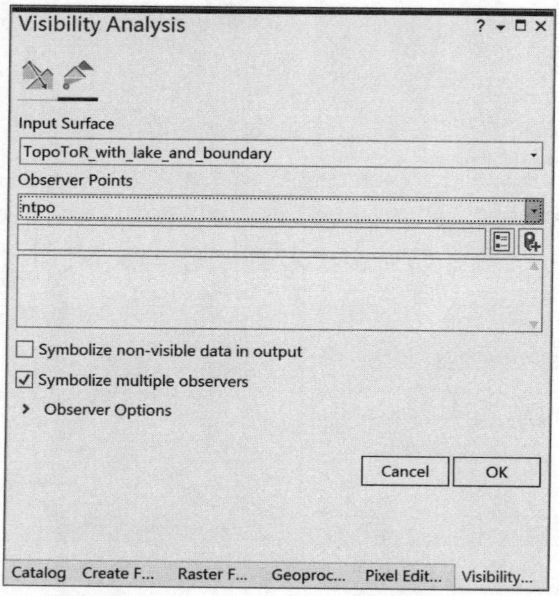

Visibility Analysis
Input Surface
TopoToR_with_lake_and_boundary
Observer Points
ntpo
Symbolize non-visible data in output
Symbolize multiple observers
Observer Options
Cancel
OK
Catalog
Create F...
Raster F...
Geoproc...
Pixel Edit...
Visibility...

图 6.11　径向通视分析对话框

计算完成后，计算结果添加至 Contents 中。将识别区划分为可见部分和不可见部分，如图 6.12 所示。

Contents
Search
Map
Drawing Order
Map
RLOS_5
RLOS_Observers_5
Out Of Extent
Out Of Extent
Inside Extent
RLOS_Visibility_5
Visible by 1 Observer
Visible by 2 Observers
Visible by 3 Observers
Not Visible
ntpo
TopoToR_with_lake_and_boundary
VALUE
≤ 983.4341316
≤ 1,005.625927
≤ 1,022.954809
≤ 1,036.486395
≤ 1,053.815277
≤ 1,076.007072

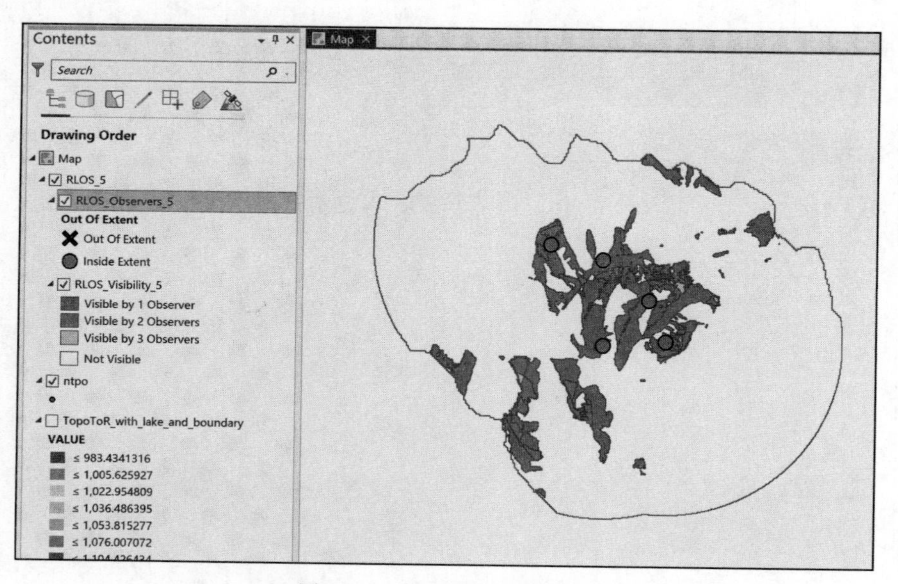

图 6.12　径向通视分析结果

6.3.6　表面分析

表面分析工具多位于\Geoprocessing\Spatial Analyst Tools\Surface 中，可用于计算坡度、坡向、提取等高线、填挖方，以及生成光照晕渲图等。

1. 生成等高线

打开 Geoprocessing\Spatial Analyst Tools\Surface\Contour 工具，在 Input raster 中输入 DEM 数据集，设置输出要素类的位置和名称，Contour interval 填写等高距，单击 Run，生成等高线，如图 6.13 所示。

2. 生成光照晕渲图

打开 Geoprocessing\Spatial Analyst Tools\Surface\Hillshade 工具，在 Input raster 中输入 DEM 数据集，设置输出栅格文件名称，Azimuth 是方位角，正北为 0°，按顺时针方向 0°～360°度量，默认为 315°，即西北方向。Altitude 是高度角，以 0°～90°度量光源在地平线上方的高度，地平线为 0°，正上方为 90°，默认值为 45°，单击 Run，生成光照晕渲图，如图 6.14 所示。

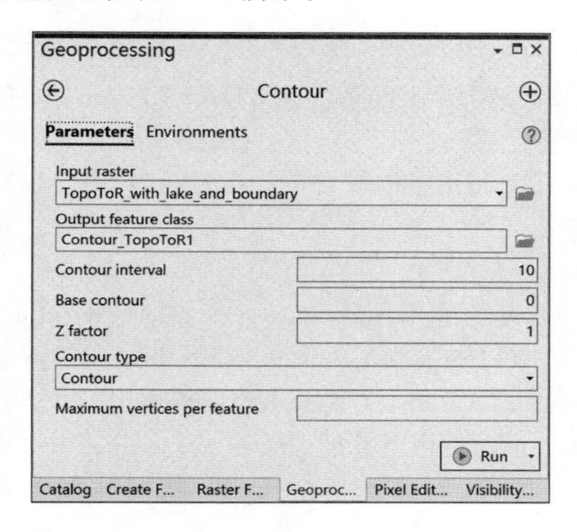

图 6.13 Contour 工具

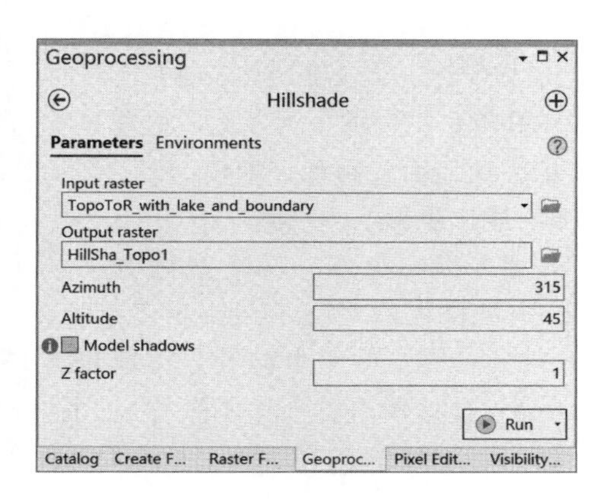

图 6.14 Hillshade 工具

6.3.7 提取山顶点

Geoprocessing\Spatial Analyst Tools\Neighborhood\Block Statistics→打开 Block Statistics 工具→在 Input raster 中选择 DEM 数据集，在 Output Raster 中指定输出栅格的位置和名称为 Maxpoint，在 Neighborhood Settings 中，设置 Height 和 Width 值均为 30，Units type 选中 Cell，Statistics type 选择 Maximum，单击 Run，得到 Maxpoint 栅格数据集，如图 6.15 所示。

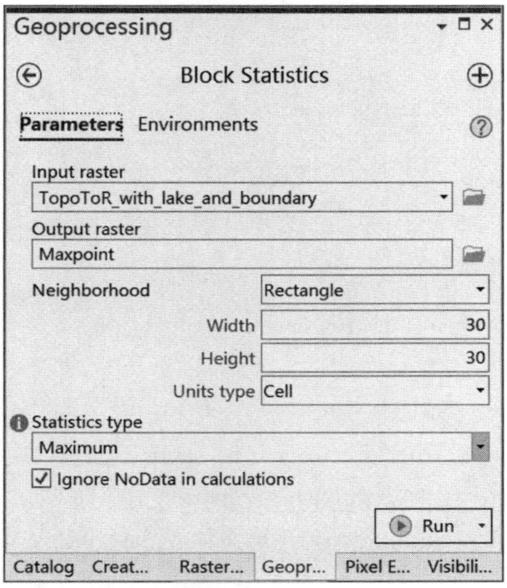

图 6.15 Block Statistics 工具

Geoprocessing\Spatial Analyst Tools\Spatial Analyst Tools\Map Algebra\Raster Calculator，打开 Raster Calculator 工具→构建表达式：

"Maxpoint"－"DEM"＝＝0

注意："DEM"为实际 DEM 数据集的名称，0 前面有两个等号，表示条件等式。设置输出栅格的，名称为 SD→设置输出栅格分辨率大小同 DEM 栅格数据集，单击 Run，提取山顶点区域。对 SD 栅格进行重分类，将 1 赋值为 1，其余均赋值为 NoData，生成 RE_SD 数据集。将 RE_SD 栅格数据集转换成矢量数据，得到山顶点分布，对于部分伪山顶点，采用手工删除办法剔除。

6.4　构建带建筑物的栅格 DEM

6.4.1　实验背景

在进行视线分析中，地表上的建筑物一般不会纳入计算。本例我们把建筑物做成 DEM 地表的一部分，使地表更接近实际。

6.4.2　实验数据

DEM_without_Building 栅格数据集，为某区域 DEM 数据，空间分辨率为 1m，坐标系统为 WGS_1984_UTM_Zone_49N。

Building 要素类，为该地区的建筑物分布，其属性表中含有 Height 一列，表示建筑物顶部距离地面的高度，单位为 m。

6.4.3　操作步骤

新建工程，在 Contents 窗格中移除默认加载的地形图图层。加载 DEM_without_Building 栅格数据集和 Building 要素类至 ArcGIS Pro→在 Geoprocessing 窗口顶部搜索 Feature To Point 工具并打开。在打开的 Feature To Point 工具的 Input Features 中输入 Building，设置输出要素类名称为 inside_point，同时选中下部的 Inside。单击 Run，将多边形转为点，如图 6.16 所示。

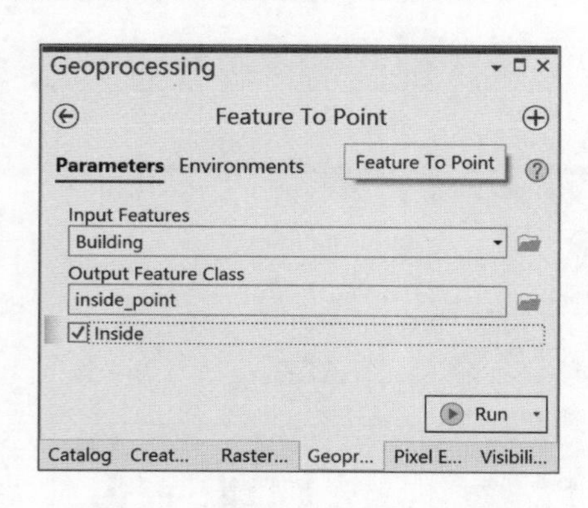

图 6.16　Feature To Point 工具

在 Geoprocessing 窗口顶部搜索 Extract Multi Values to Points 并打开→在 Input point features 中选中 inside_point，在 Input rasters 中选择 DEM_without_Building，Output field name 使用默认的 DEM_without_Building，单击 Run→在 inside_point 的属性表中新加载了 DEM_without_Building 字段，并提取了 DEM 的高程值，如图 6.17 所示。

打开 Building 属性表，为 Building 增加新字段 Elevation，类型为 Float。单击 Building 属性表菜单（顶部右侧的三条横线），选择 Joins and Relates 的 Add Join，在弹出的对话框中进行设置，在 Input Table 中选择 Building，在 Input Join Field 中选择 OBJECTID，在 Join Table 中选择 inside_point，Join Table Field 中选择 ORIG_FID。单击 OK，完成 Building 属性表和 inside_point 属性表的链接，如图 6.18 所示。

在 Building 属性表中，右击新增的字段 Elevation，选择 Field Calculator，输入表达式为：

！inside_point. DEM_without_Building！＋！Building. Height！

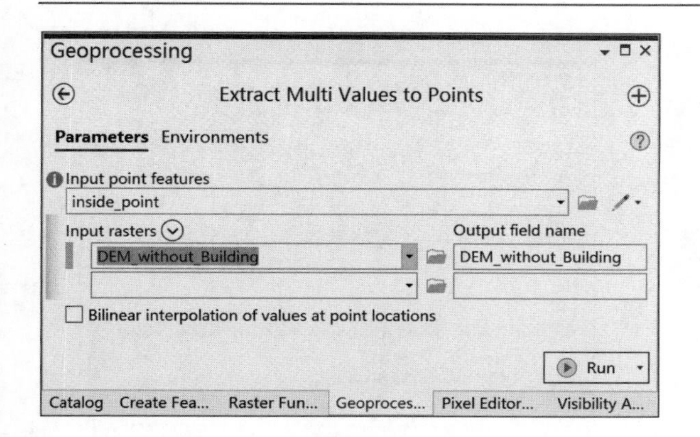

图 6.17 Extract Multi Values To Points 工具

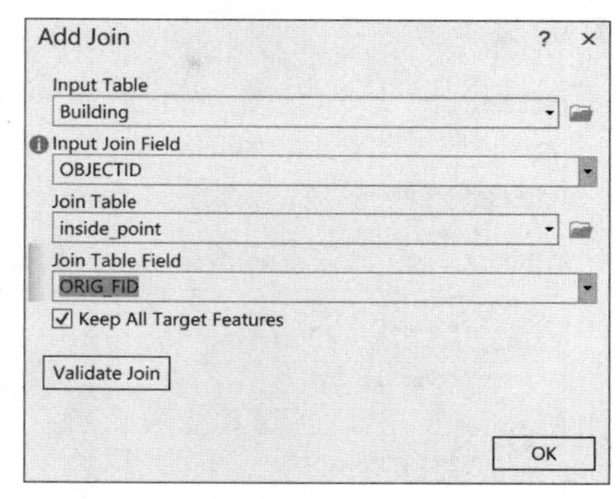

图 6.18 Add Join 对话框

随后单击 OK，完成字段计算如图 6.19 所示。此时，可以删除链接，单击 Building 属性表菜单（顶部右侧的三条横线），选择 Joins and Relates 的 Remove All Joins。

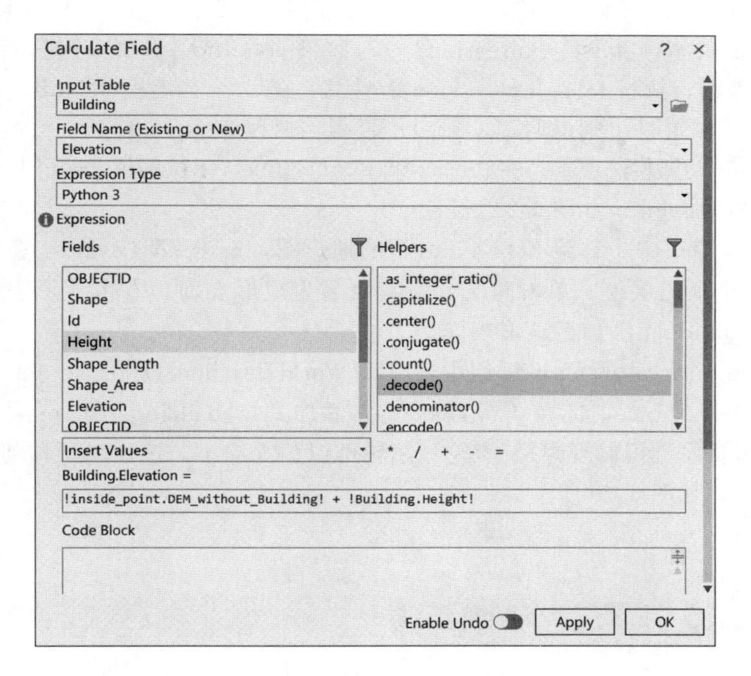

图 6.19 计算字段对话框

在 Geoprocessing 窗口顶部搜索 Polygon To Raster 工具并打开，在 Input Features 中选择 Building 要素类，Value field 选择 Elevation，Output Raster Dataset 中设置栅格数据集名称为 Building_Height，栅格大小设置为 1m。上方的 Environment 选项卡，Processing Extent 设置为 Same As layer：DEM_without_Building，如图 6.20 所示。

在 Geoprocessing 窗口顶部搜索并打开 Raster Calculator 工具，构建表达式：

Con (IsNull ("Building_Height"),"DEM_without_Building","Building_Height")

设置输出栅格为 dem_building，单击 Run，生成 dem_building 栅格数据集，如

图 6.21所示。

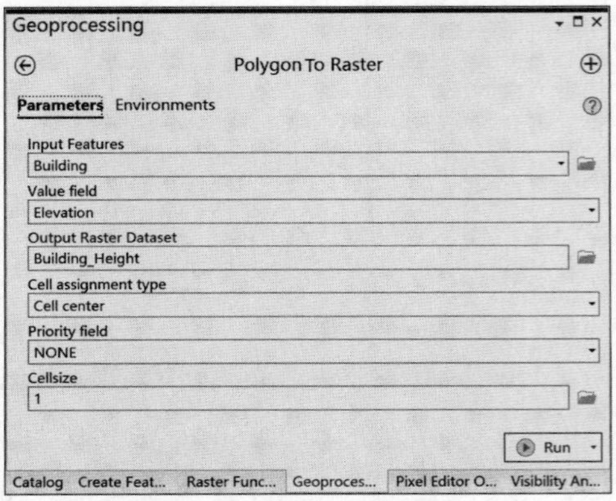

图 6.20　Polygon To Raster 工具

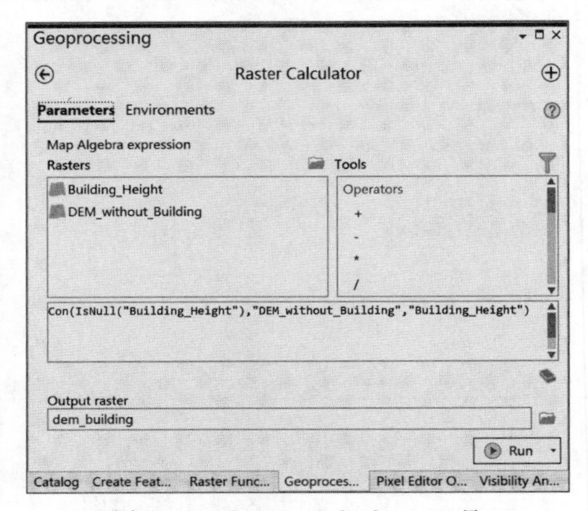

图 6.21　Raster Calculator 工具

上述表达式使用了两个函数：一个是 Con 函数，其用法为：Con（＜condition＞，＜true_expression＞，＜false_expression＞），如果 condition 为真，则执行 true_expression 表达式；否则，执行 false_expression 表达式。第二个函数是 IsNull，判断当前栅格是否为 Nodata，如果是，则返回 1（true）；否则，返回 0（false）。

切换至 Insert 功能栏选项卡。在 Project 组中，单击 New 下拉菜单，选择 New Local Scene，局部场景窗口被添加进来，如图 6.22 所示。

在 Contents 窗口中，移除 2D Layers 下的地形图，右击 2D Layers，选择 New Group Layer，增加一个新图层组。单击两次，将其命名为地形表面，右击地形表面，选择 Add Data，将 dem_building 添加至地形表面。

在 Elevation Surfaces 的 Ground 组中，移除 WorldElevation3D/Terrain3D，右击 Ground，选择 Add Elevation Source，选择 dem_building，添加 dem_building 至 Ground 组中。使用鼠标左键（按住鼠标左键可以漫游）、滚轮（滚轮可以放大缩小，按住滚轮移动可以改变查看视角）查看效果，如图 6.23 所示。

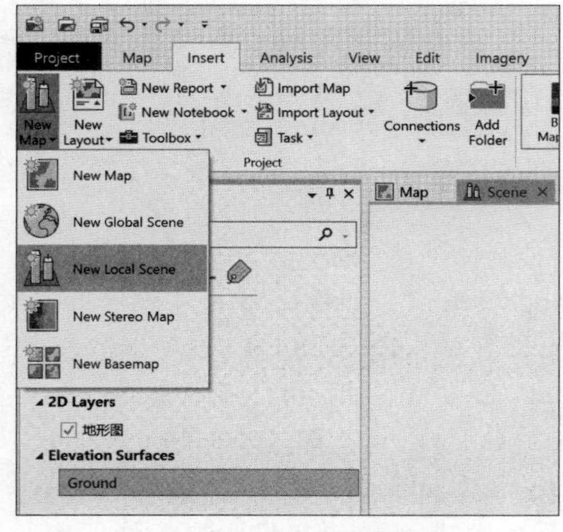

图 6.22　插入局部场景

图 6.23　最终效果

6.5 使用DEM创建单位线

6.5.1 实验背景

单位时段内给定流域上、时空分布均匀的一次单位净雨量，在流域出口断面所形成的地面径流（直接径流）过程线称为单位线（Unit Hydrograph）。单位净雨量常以单位时段10mm计，单位时段则依流域特征和精度要求拟定，一般是洪峰滞时的1/3～1/4。利用单位线来推求洪水汇流过程线，称单位线法。控制单位线形状特征的主要指标有洪峰流量、洪峰滞时和总历时，合称单位线三要素。

6.5.2 实验数据

某流域DEM栅格数据集；point点要素类，流域出口（实际中一般为水文站），将在此处创建单位线。上述数据均保存在单位线.gdb地理数据库中。

6.5.3 操作步骤

1. 对DEM进行填洼处理并确定集水区

打开ArcGIS Pro，加载DEM栅格数据集和point点要素类。在Toolboxes中定位到Spatial Analyst Tools下的Hydrology工具组中，找到Fill，双击打开填洼工具，在Input surface raster中输入DEM，输出表面栅格设置为fill，如图6.24所示。

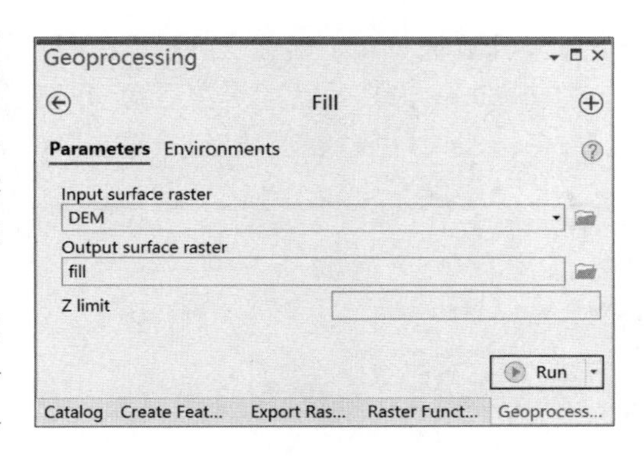

图6.24 Fill工具

找到Flow Direction流向计算工具，在Input surface raster中输入fill。Output flow direction raster设置为flowdirection，Flow direction type选择D8算法计算流向，如图6.25所示。

找到Flow Accumulation累积汇流量计算工具，输入流向flowdirection，输出为FlowAcc，采用D8算法，计算累积汇流量，如图6.26所示。

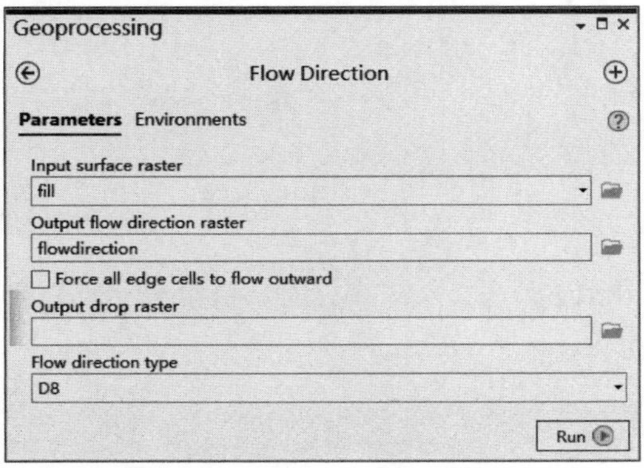

图6.25 Flow Direction工具

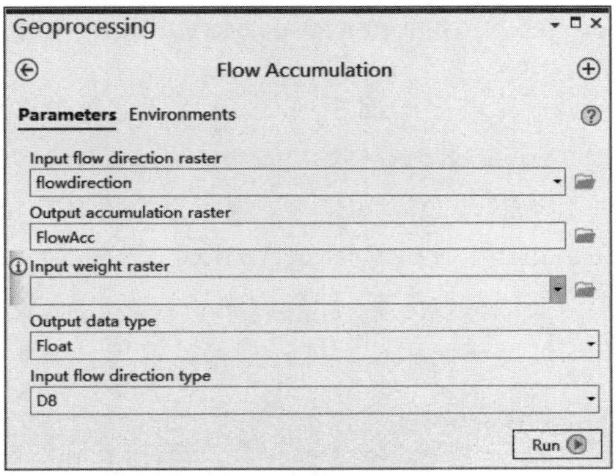

图6.26 Flow Accumulation工具

放大地图，查看 point 点要素类是否位于累积汇流量 FlowAcc 的较高值的像元内。如果不在，可以编辑点使其位于像元内，也可以使用 Snap Pour Point 工具，通过设置捕捉距离，将 point 捕捉至像元内。

找到 Watershed 流域划分工具，输入流向计算结果 flowdirection 和出口 point 数据，输出为 Watershed，单击 Run，完成流域划分，如图 6.27 所示。

2. 创建流速场

要确定水流至某个位置点所需的时间，首先要确定水的流速。可以使用速度场来确定水的流速。本例使用 Maidment 等人（1996）提出方法创建速度场。公式为

$$V=V_m\times(s^bA^c)/(s^bA^c)_{\mathrm{mean}} \tag{6.1}$$

式中：V 为局部坡度为 s（单位：m/m，无量纲）、上游汇流面积为 A（单位：m^2）时的单个像元的速度，m/s；系数 b 和 c 推荐均取 0.5；V_m 为流域内所有像元的平均速度，一般取 0.1m/s；$(s^bA^c)_{\mathrm{mean}}$ 是整个流域的平均坡度-面积项。为避免出现过快或过慢的流速值，设置流速的下限值为 0.02m/s，上限值为 2m/s。

式（6.1）中的主要变量是坡度和上游汇流面积。上游汇流面积就是 Flow Accumulation 工具计算的累积汇流量 FlowAcc。

打开 Slope 工具，输入填洼后的 DEM，输出栅格为 Slope，Output measurement 设置为 Percent rise（以%表示坡度）。单击 Run，生成坡度数据，如图 6.28 所示。

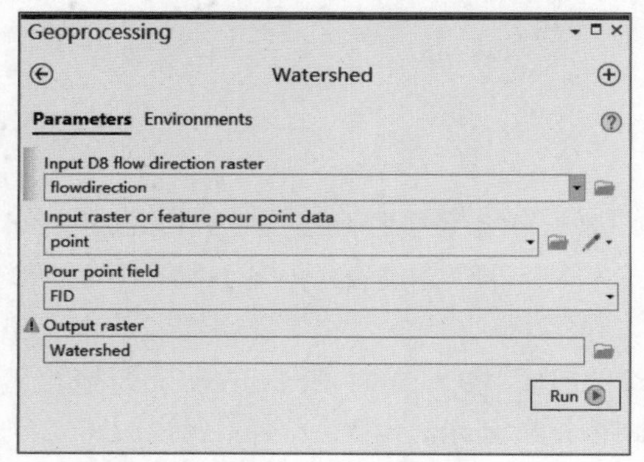

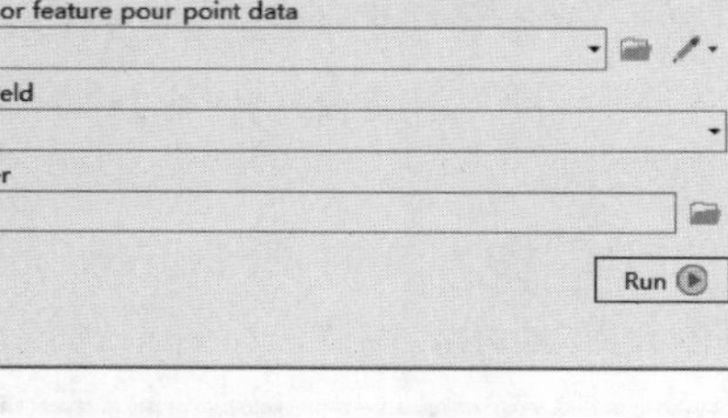

图 6.27　Watershed 工具

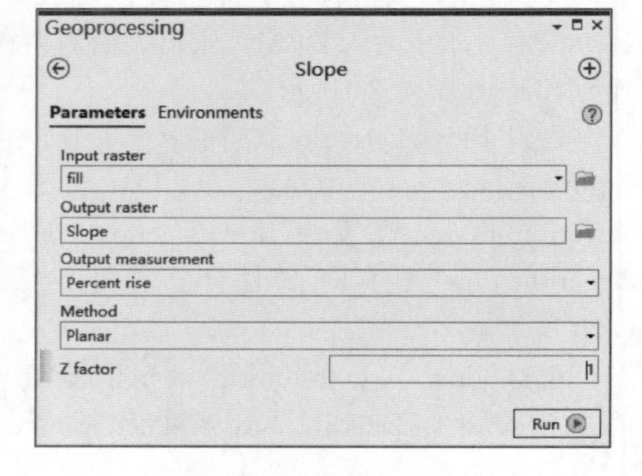

图 6.28　Slope 工具

计算坡度—面积项（s^bA^c）。打开栅格计算器（Raster Calculator），输入：

SquareRoot（"Slope"）* SquareRoot（"FlowAcc"）

其中“SquareRoot”表示系数 b 和 c 均取为 0.5。输出栅格为 slope_area。切换至 Environments，在 Raster Analysis 下方的 Mask 选择 Watershed 进行掩膜。

使用式（6.1）计算速度场。其中 V_m 使用推荐值 0.1m/s。$(s^bA^c)_{\mathrm{mean}}$ 是整个集水区内的平均坡度一面积项。统计栅格计算器计算出的 slope_area 平均值，为 25.506739249278。

打开栅格计算器，输入：

0.1 * ("slope_area"/25.506739249278)

输出结果命名为 velocity_unlimited。输出的速度栅格部分速度不合理，需要使用

0.02m/s 和 2m/s 两个值进行截断。

分别使用栅格计算器构建下面表达式：

Con ("velocity_unlimited"＜＝0.02 , 0.02,"velocity_unlimited")

输出为 velocity_unlimited_lower。

Con ("velocity_unlimited_lower"＞＝　2 , 2,"velocity_unlimited_lower")

输出栅格为 velocity，获得最终速度图层。

3. 创建等时线图

要创建等时线图，首先需要创建权重格网。由于水流时间等于水流长度除以流速，故可以将流速的倒数作为权重格网。打开栅格计算器，构建表达式：

1/"velocity"

输出栅格为 weight。单击 Run，获得权重图层。

接着运用 Extract by Mask 工具，使用 watershed 对 flowdirection 进行裁剪，获得集水区内的流向，输出结果命名为 watershed_flowdirection，如图 6.29 所示。

计算地表水到达出水口（point）所需的流动时间。打开 Flow Length 工具，输入栅格为掩膜后的水流方向 watershed_flowdirection，输出栅格为 time，测量方向选择下游 Downstream，权重为栅格计算器计算的 weight 栅格图层。设置完成后，单击 Run，获得 time 图层，单位为 s（秒），如图 6.30 所示。

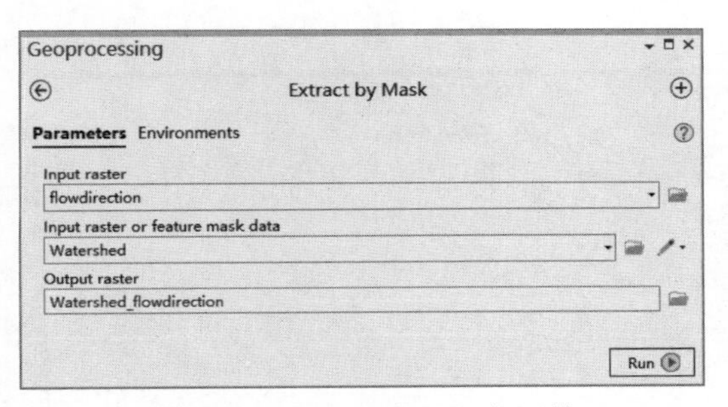

图 6.29　Extract by Mask 工具

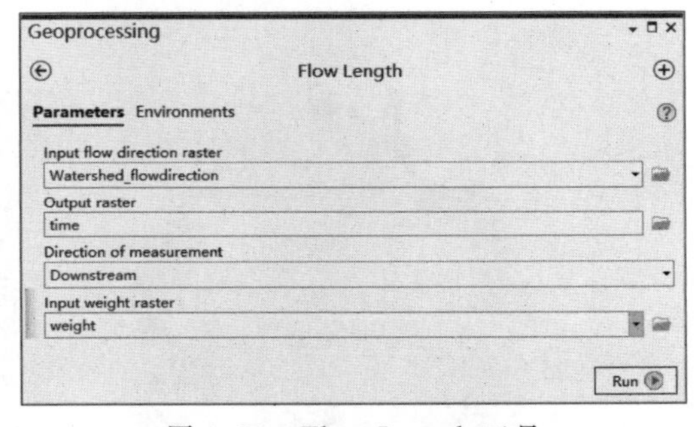

图 6.30　Flow Length 工具

对 time 图层进行重新分类。本例按照 1800s（30min）的时间间隔定义等时线，第一个等时区域中的每个像元需要 1800s 到达出水口，第二个等时区域中的每个像素需要 3600s 到达出水口，依此类推。后续分析中，这些时间间隔用作单位线的纵坐标。打开 Reclassify 工具，输入栅格设置为 time。

注意：New 为每一个类别的上限值，如 0～1800，New 取值为 1800，表示所有 time 值在 0～1800s 之间的栅格，均需要 1800 后才能流域 point 点处。输出结果命名为 isochrones，单击 Run，完成重分类，如图 6.31 所示。

重分类后，获得 14 条等时线，效果如图 6.32 所示。

4. 绘制单位线

打开 Geoprocessing\Conversion Tools\To Geodatabase\Table To Table 工具，Input Rows 设置为 isochrones，输出为 isochrones_table。单击 Run，生成独立表——该表与isochrones图层属性表相同，如图 6.33 所示。

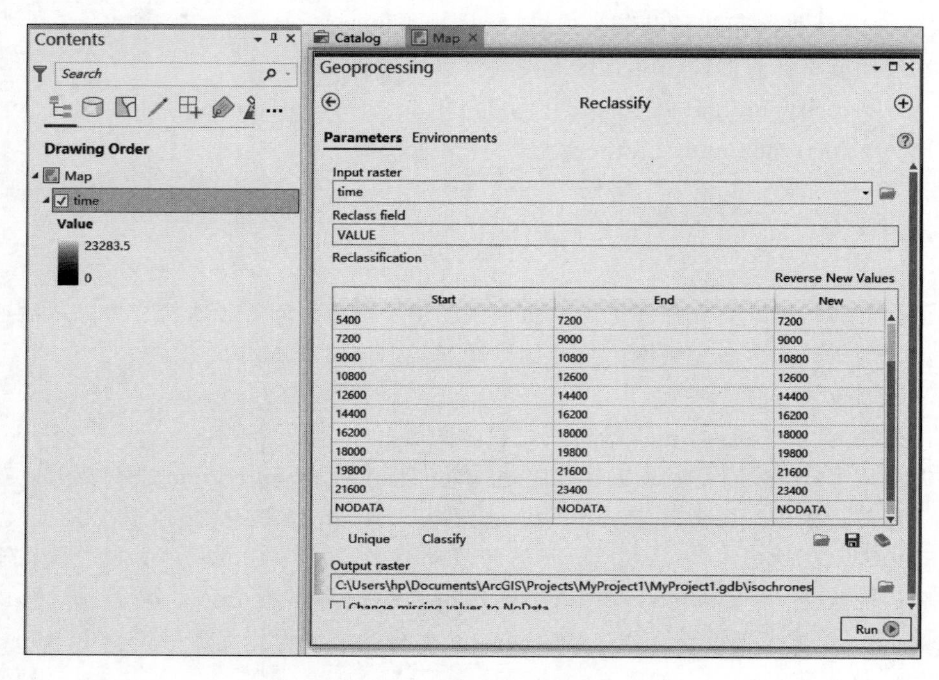

图 6.31 Reclassify 工具

图 6.32 等时线结果图

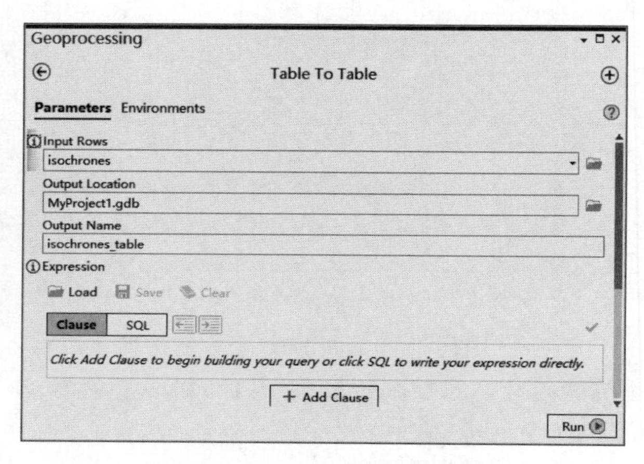

图 6.33 Table To Table 工具

打开 isochrones_table 表格，添加字段 Area_meters，保存后右击该字段，选择 Calculate Field。因为 isochrones 的分辨率为 5m，将 Count 字段乘以 25，转换为平方米，公式为

! Count! * 25。

单位过程线纵坐标（U_i，时间为 $i\Delta t$，其中 $i=1, 2, \cdots, n$）由区间 $[(i-1)\Delta t, i\Delta t]$ 的时间累积面积图的坡度得出

$$U_i = U(i\Delta t) = \{A(i\Delta t) - A[(i-1)\Delta t]\}/\Delta t \tag{6.2}$$

式中：$A(i\Delta t)$ 为自降雨开始以来在时间 $i\Delta t$ 内排到出水口的累积流域面积；$A[(i-1)\Delta t]$ 为自降雨开始以来在时间$(i-1)\Delta t$ 内排到出水口的累积流域面积。

上述方程可改写为

$$U_i = A_i / \Delta t \tag{6.3}$$

式中：A_i为第 i 个等时区域的增量流域面积。

为 isochrones_table 表添加一个名为 UH_ordinate 的字段。右击该字段，选择 Calculate Field，输入

! Area_meters! / 1800

以 isochrones_table 表中的 Value 为横坐标（单位：s），以 UH_ordinate 为纵坐标（单位：m^2/s），即可绘制单位线。

第7章 三 维

7.1 TIN 文件的建立

7.1.1 实验背景

不规则三角网（Triangulated Irregular Network，TIN）是一种矢量数据结构，也是DEM的一种表现形式，它可以通过采样点插值而得。这些采样点构成了三角形的节点，而插值（三角化）是指用线将这些节点相连。TIN生成后，其表面的任意一点的高程值可以通过三角形的顶点的 X，Y，Z 值来估计。每个三角形的坡度和坡向也可以计算。因为TIN的节点是不规则的，所以它可以表示地形变化剧烈且精度要求较高的地区。采样点越多，精确度就越高，因此，山区比平原需要更多的采样点。

形成三角形的插值方法有很多种，ArcGIS提供Delaunay三角测量法进行插值。Delaunay三角形的基本准则是，对给定的点集合 $P=\{P_i \mid i=1, 2, 3, \cdots, n\}$ 中的任意三个点：P_r、P_s、P_t（$r \neq s \neq t$），其外接圆半径为 R，若点集中其他任何点 P_k（$k \neq r \neq s \neq t$）到该最小外接圆圆心的距离 $D_k > R$，则 P_r、P_s、P_t 可以构成一个Delaunay三角形。根据该算法，每个三角形尽可能被约束成等角三角形，即所形成的三角形的最小角度最大。

TIN的基本元素有节点（Node）、边（Edge）、面（Face）。节点是相邻三角形的公共顶点，也是用来构建TIN的采样数据。边是两个三角形的公共边界，是TIN不光滑性的具体反映，边同时还包含特征线、隔断线以及区域边界等。由最近的三个节点组成三角形的面，是TIN描述地形表面的基本单元。TIN中每一个三角形都描述了局部地形倾斜状态，具有唯一的坡度值。三角形在公共节点和边上是无缝的，即三角形不能交叉和重叠。

TIN数据结构一般由两张表组成，点文件记录了每个点的 X 坐标值、Y 坐标值以及属性值 Z。而三角形拓扑文件则记录了每个三角形的顶点及其邻接三角形。

由于结点可以不规则地放置在表面上，所以在表面起伏变化较大的区域，TIN可具有较高的分辨率；而在表面起伏变化较小的区域，则可具有较低的分辨率。可以在表面上包括精确定位的要素，如悬崖、山峰、道路、湖泊及河流等，在进行TIN插值时可以将线和多边形要素包含进来。

由于TIN数据结构复杂，处理效率要比处理栅格数据低。所以应用范围没有栅格表面模型广泛，通常用于较小区域的高精度建模（如在工程应用中），可以用来计算平面面积、表面积、体积以及填挖方等。

可以从矢量数据创建TIN，也可以使用栅格数据创建TIN（Raster To TIN 工具），TIN也可以转换为栅格数据（TIN To Raster 工具）。

从矢量数据创建TIN时，可以输入的类型有：Mass_Points、Hard_Line、Soft_

Line、Hard_Clip、Soft_Clip、Hard_Erase、Soft_Erase、Hard_Replace、Soft_Replace、Hard_Fill 以及 Soft_Fill（表 7.1）。

表 7.1　　　TIN 表面要素类型

表面要素类型	用途	输入要素类型	高程信息	Tag 标记值
离散多点（Mass_Points）	高程值主要来源	点、线、面要素	必需	可选
隔断线（Hard_Line、Soft_Line）	特殊地形构建	线、面要素	可选	不需要
裁剪多边形（Hard_Clip、Soft_Clip）	插值边界	面要素	可选	可选
擦除多边形（Hard_Erase、Soft_Erase）	插值边界	面要素	可选	不需要
替换多边形（Hard_Replace、Soft_Replace）	使用高程常量进行替换	面要素	必需	可选
填充多边形（Hard_Fill、Soft_Fill）	为三角形分配属性	面要素	可选	必须

其中点要素、线要素以及面要素可以指定为离散多点（Mass_Points），将作为 TIN 三角网中的结点（三角形顶点），决定了表面的总体形状，其中线要素以及面要素的节点（Vertex）用做三角网中的节点。

可将线要素和面要素指定为隔断线（Line），表示在隔断线两边存在着显著的坡度差异，并且不应该有三角形穿过隔断线，即隔断线两侧的位置属于不同的三角形，因此它们具有不同的坡度值。Line 可以包含高程也可以不包含高程，如果含有高程值，则线节点被用作采样点加入 TIN 中，如山脊线、海岸线、路面边缘、建筑物轮廓等。

可将面要素指定为裁剪（Clip）、擦除（Erase）、替换（Replace）以及填充（Fill）多边形。裁剪多边形用于表示 TIN 的边界；擦除多边形的内部将不被插值；替换多边形用于在 TIN 中创建出一个平坦区域，如湖泊、平整的场地等；填充多边形用来给 TIN 添加标识，以便 TIN 可以使用该属性代替高程、坡度等主题进行符号化，属性值必须为整型。填充多边形可以对植被、土地利用、淹没区等表面特征进行符号化，这时 TIN 将重新三角化，但是不会引起高程、坡度以及坡向值的变化。

Line、Clip、Erase、Replace 以及 Fill 前面的 Hard 和 Soft 限定词，用于指定在其位置的曲面上是否发生了明显的坡度变化。Hard 表示有明显的坡度转折，如河流和道路。而 Soft 表示坡度是逐渐变化的，如研究区域边界，可以在不影响表面形状的情况下捕获边界的位置。一旦 TIN 文件被创建，它表面上任何位置的高程都可以通过包围它的三角形顶点的 X、Y、Z 的值来估计，TIN 中的每个三角形都是一个小的平面，因此具有一个坡度值和一个坡向值。

7.1.2　实验数据

TIN.gdb 地理数据库。其中，topographic 要素数据集中保存着 Elevation_point 点要

素类和 contour 线要素类，分别为某一地区高程点和等高线，由 1∶1 万地形图矢量化而得，基本等高距为 5m，平面坐标系统为 WGS_1984_UTM_Zone_49N，高程坐标系统为 Yellow_Sea_1985。生成 TIN 时，所有的输入要素的单位应为米，也就是各个要素必须要有投影。

Elevation_point 点要素类和 contour 线要素类均包含有 elevation 字段，用于存储高程。

Erase 要素类，用做擦除多边形。

边界要素类，TIN 的边界，用做裁剪多边形。

水库要素类，含有 Elevation 字段，高程为 970m，用做替换多边形。

Fill 要素类，含有 Code 字段，属性值分别为 1、2、3、4，表示耕地、建筑用地、植被以及果园四个土地利用类型，用做填充多边形。

7.1.3 操作步骤

1. 创建 TIN

新建工程，在 Contents 窗口中移除默认加载的地形图图层。将 TIN. gdb 设置为默认数据库，并将 TIN. gdb 内的所有要素类加载至 Contents 窗口中。在 Geoprocessing 窗口顶部搜索并打开 Create TIN 工具。设置输出 TIN 名称为 TIN_Raw，注意 TIN 文件不能保存在地理数据库中，需要保存在文件夹中。平面坐标系统设置为 WGS_1984_UTM_Zone_49N，高程坐标系统（VCS）设置为 Yellow_Sea_1985。Input Features 选择 Elevation_point，Height Field 选择 elevation，Type 选择 Mass_Points，Tag Field 设置为<None>→单击 Input Feature Class 后面的加号，Input Features 选择选择 contour，Height Field 选择 elevation，Type 选择 Mass_Points，Tag Field 设置为<None>→单击 Run，完成 TIN 创建，如图 7.1 所示。

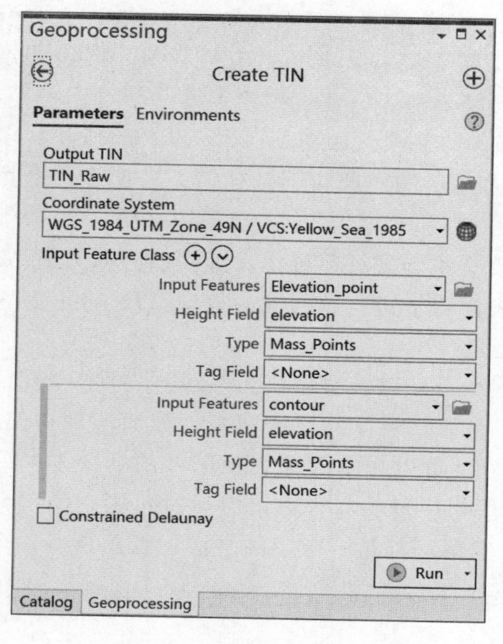

图 7.1 Create TIN 工具

创建完成后，TIN 加载在 Contents 中，单击 TIN_Raw，单击功能栏 Appearance 选项卡。随后单击 Drawing 组中的 Symbology 文字（注意不是下拉菜单），弹出 Symbology 窗口。Symbology 窗口有四个按钮，分别用于 Points、Contours、Edges 以及 Surface 的符号化。单击 Edges，选中 Edges 下方的 Draw using，后方下拉列表框选择 Simple，以显示三角形。在功能栏的 Map 选项卡，在 Navigate 组中，选择 Explore，单击 TIN 模型的任何位置，查看高程值。表面上任何位置的高程是通过包围它的三角形顶点的 X、Y、Z 值来估计得来，如图 7.2 所示。

在 Symbology 窗口，切换至 Surface，选中 Draw using，后方下拉列表框选择 Slope，在下方可以更改分类方法和分类个数，并选择颜色方案。设置完成后，查看 Map 视图窗口，可以看到 TIN 模型为每个三角形计算了一个坡度。类似地，也可以查看坡向（Aspect）情况。

2. 添加河流作为硬隔断线

在步骤 1 的基础上，继续添加 river 要素类作为 Hard_Line 输入，更改输出 TIN 文件名为 TIN_hard_line，如图 7.3 所示。

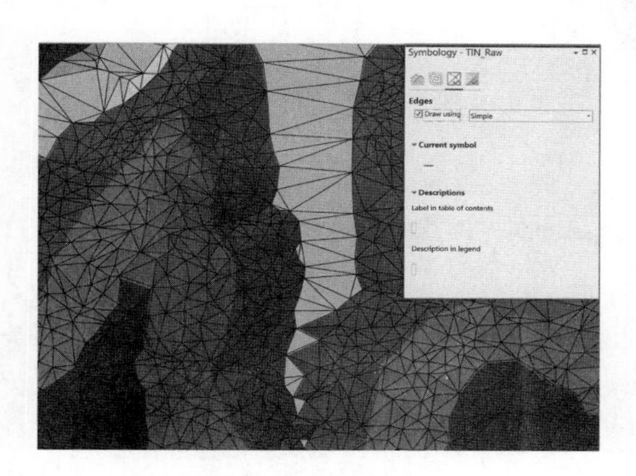

图 7.2 带三角网的 TIN 表面

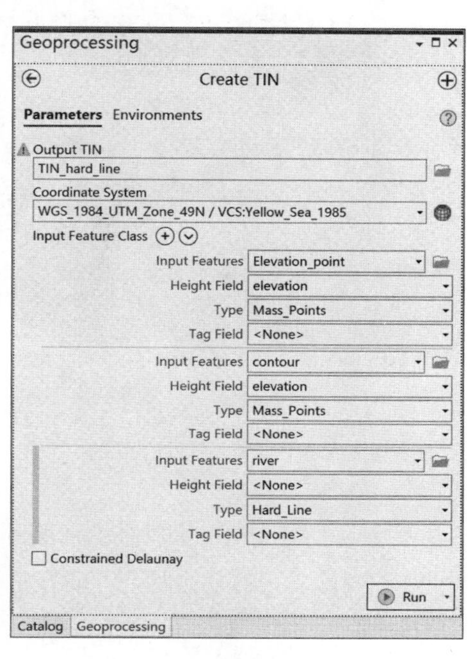

图 7.3 添加了 Hard_Line 的 TIN 表面

对比河流两侧三角形变化，如图 7.4 所示。

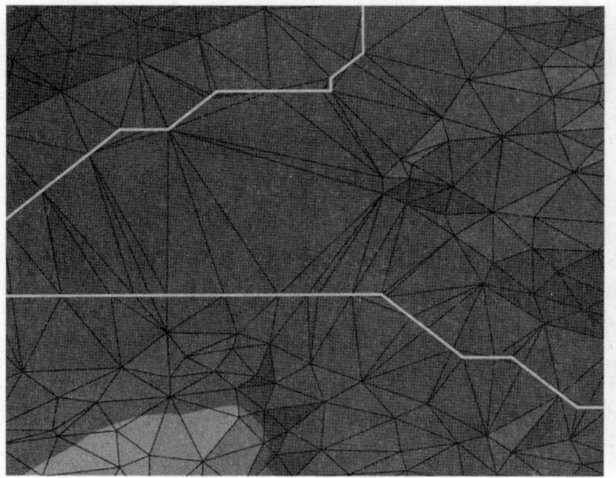

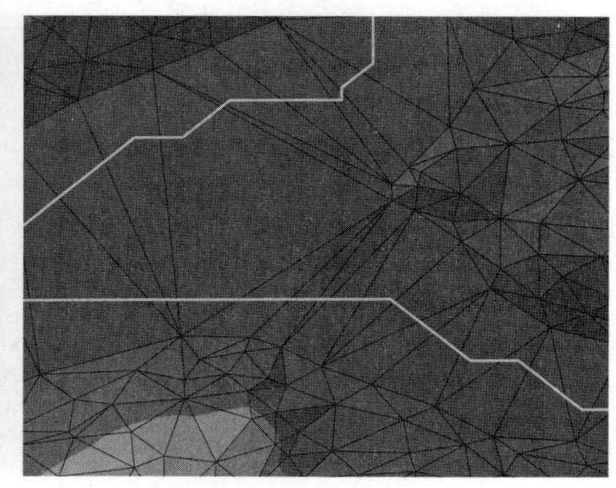

图 7.4 添加了 Hard_Line（左侧）的三角形变化

3. 添加裁剪多边形

在步骤 1 的基础上，添加边界要素类作为 Soft_Clip 输入，更改输出 TIN 文件名为 TIN_Soft_Clip，发现仅插值生成了边界要素类内部的 TIN，如图 7.5 所示。

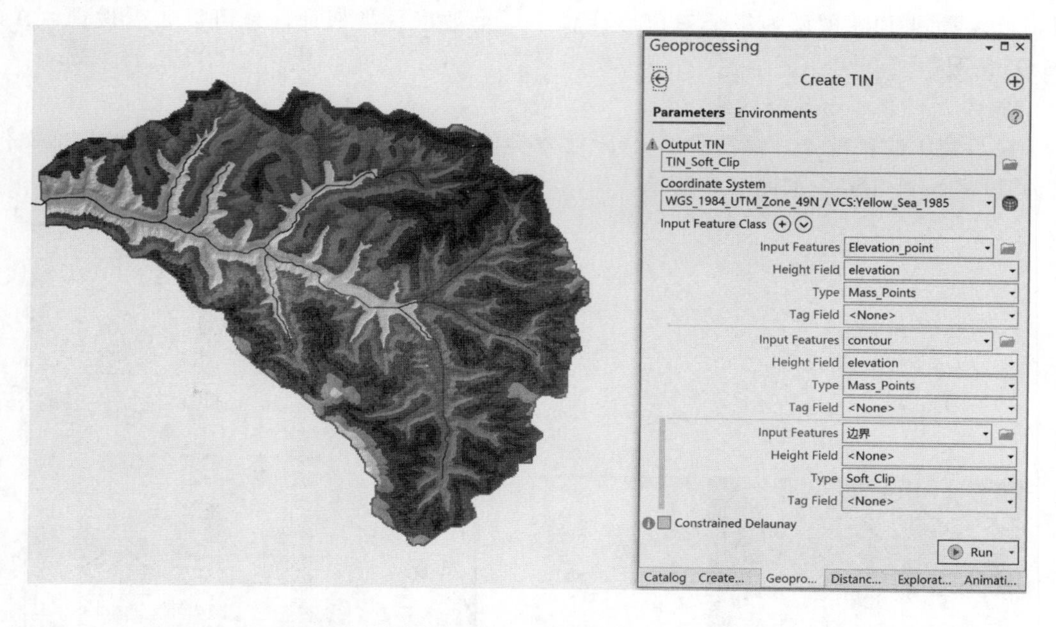

图 7.5　添加了 Soft_Clip 的 TIN 文件

4. 添加替换多边形

在步骤 3 的基础上，继续添加水库要素类作为 Hard_Replace 输入，Height Field 选择elevation，更改输出 TIN 文件名为 TIN_Hard_Replace，对比水库范围内三角形的变化。发现水库范围内的高程一致，均为 970m，如图 7.6 所示。

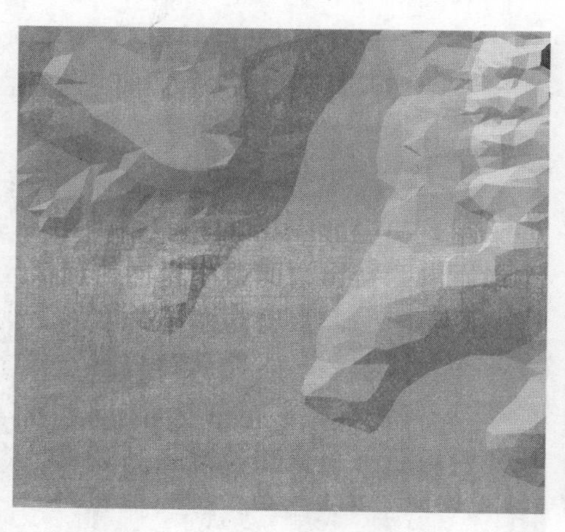
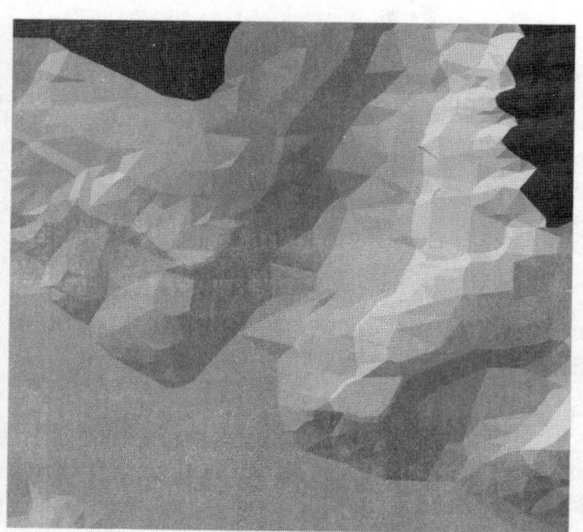

图 7.6　添加了 Hard_Replace（左侧）的 TIN 表面

5. 添加擦除多边形

在步骤 3 的基础上，添加 Erase 要素类作为 Hard_Erase 输入，Height Field 设置为<None>，更改输出 TIN 文件名为 TIN_Hard_Erase，发现 Erase 要素类范围内未插值生成 TIN，如图 7.7 所示。

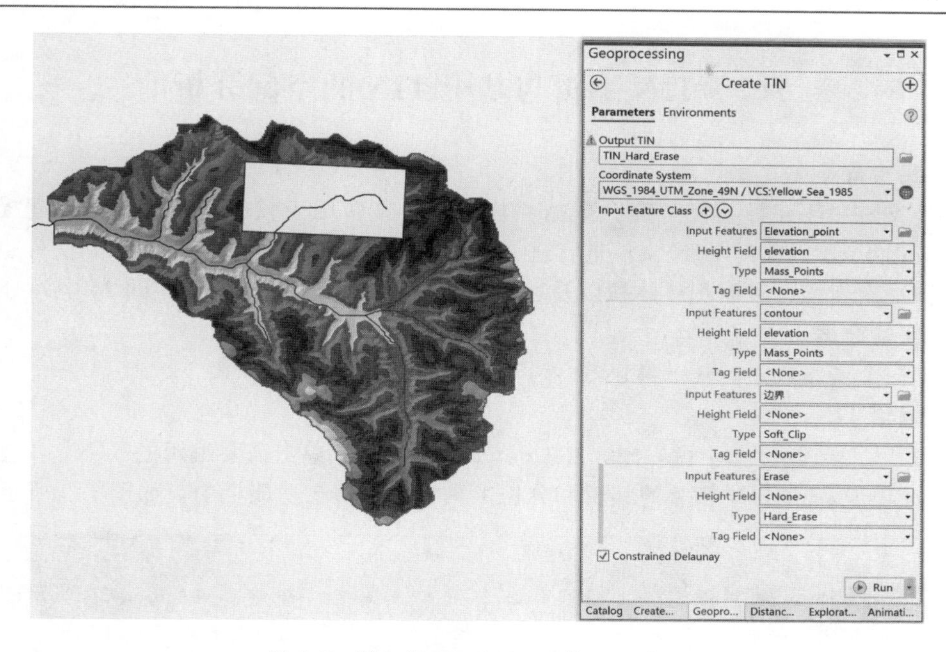

图 7.7　添加了 Hard_Erase 的 TIN 表面

6. 添加填充多边形

在步骤 3 的基础上，添加 Fill 要素类作为 Hardvalue_Fill 输入，Height Field 设置为<None>，Tag Field 选择 Code，更改输出 TIN 文件名为 TIN_hard_fill。在 Contents 中，单击 TIN_hard_fill，单击功能栏 Appearance 选项卡，随后单击 Drawing 组中的 Symbology 文字(注意不是下拉菜单)，弹出 Symbology 窗口。切换至 Surface 选项卡，选中 Surface 下方的 Draw using，后方下拉列表框选择 Tag Values，显示填充多边形，如图 7.8 所示。

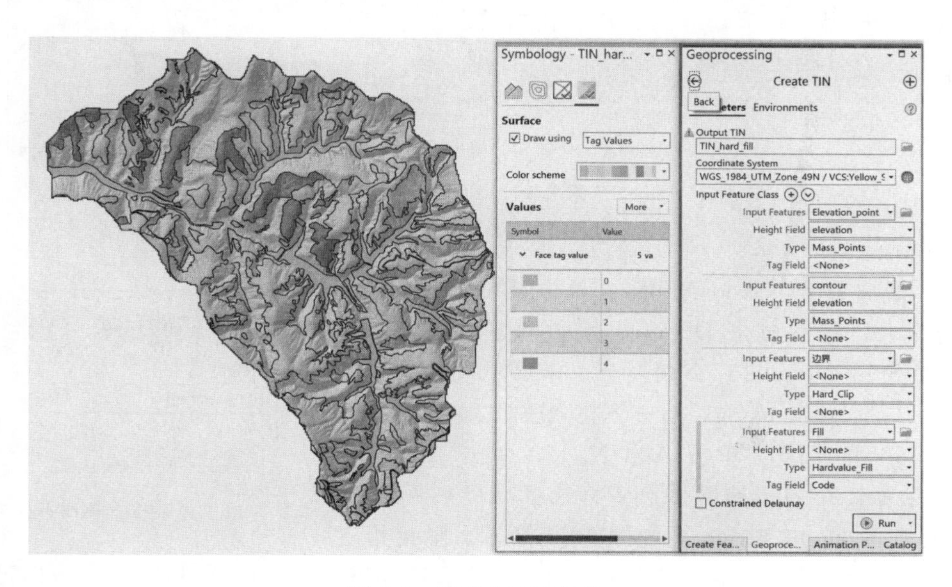

图 7.8　填充多边形效果

7.2　TIN 编辑与基于 TIN 的空间分析

7.2.1　实验背景

TIN 文件由于建模精度较高、数据结构复杂，其多用于较小区域的高精度建模（如在工程应用中），因此对 TIN 文件进行进一步的编辑非常有必要。同时，TIN 文件也可以用来计算平面面积、表面积、体积以及填挖方等，可以实现大部分基于 DEM 空间分析。

7.2.2　实验数据

由上一个实验建立的任一 TIN 文件。

7.2.3　编辑 TIN

添加 TIN 至 Contents 窗口中，在 Contents 窗口中，单击需要编辑的 TIN，单击功能栏 Data 选项卡，和 TIN 相关的编辑和分析工具将会出现在功能栏中，如图 7.9 所示。

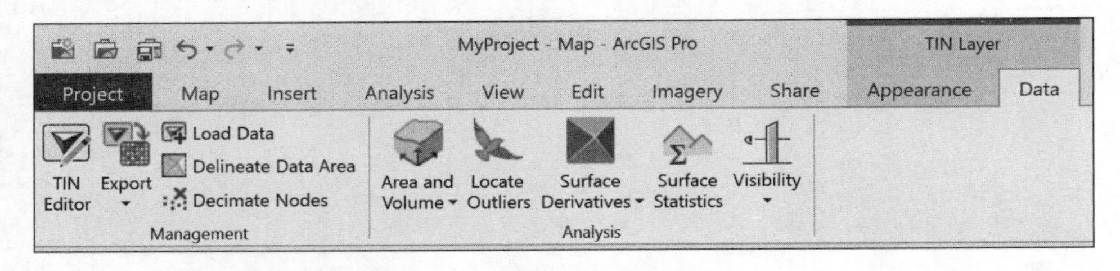

图 7.9　TIN 图层的 Data 选项卡

单击 TIN Editor，打开 TIN 编辑器。TIN 编辑器提供了创建（Create)、删除（Delete)、修改（Modify)、管理编辑（Manage Edits）以及关闭（Close）等功能，如图 7.10 所示。

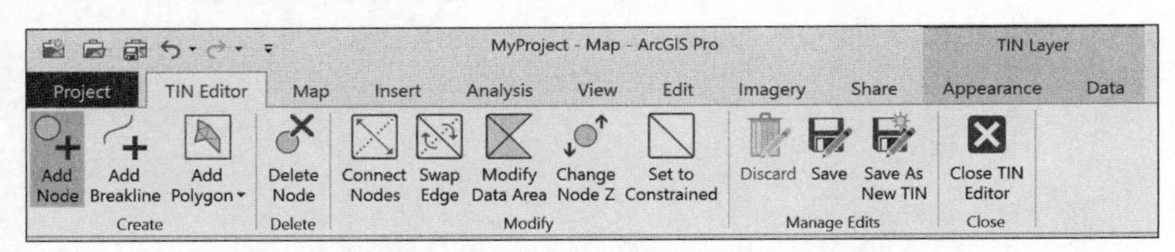

图 7.10　TIN 编辑器

1. Create 组

(1) 添加节点（Add Node)：单击功能栏 Appearance 选项卡，随后单击 Drawing 组中的 Symbology 文字，弹出 Symbology 窗口。切换至 Points 选项卡，选中 Points 下方的 Draw using，后方下拉列表框选择 Simple，以显示 TIN 的节点。单击 Add Node，弹出 Add TIN Node 对话框，在 Height 下拉列表框选择高程来源是 As specified 或者 From surface，如图 7.11 所示。如果指定 As specified，在后方文本框输入高程值，放大 TIN 需要添加节点的地方，单击即可。如果想删除节点，单击 Delete 组中的 Delete Node，在需要删除的节点上单击即可。

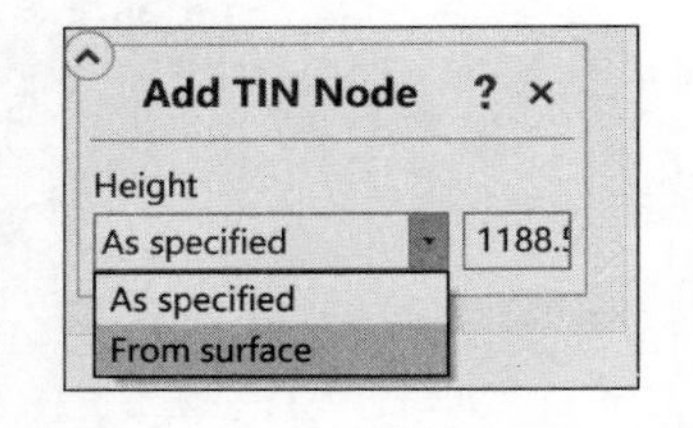

图 7.11　Add TIN Node 对话框

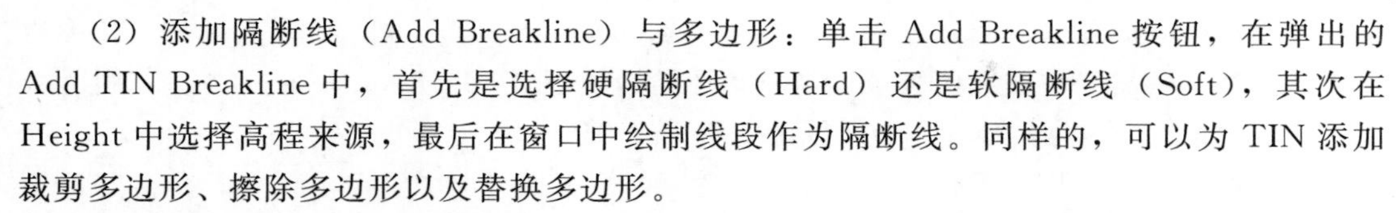

(2) 添加隔断线（Add Breakline）与多边形：单击 Add Breakline 按钮，在弹出的 Add TIN Breakline 中，首先是选择硬隔断线（Hard）还是软隔断线（Soft），其次在 Height 中选择高程来源，最后在窗口中绘制线段作为隔断线。同样的，可以为 TIN 添加裁剪多边形、擦除多边形以及替换多边形。

如果想把现有的要素添加至 TIN 中，请使用 Create TIN 工具或者 Edit TIN 工具，使用方法同前述建立 TIN 的操作。

2. Modify 组

Modify 组提供了一系列 TIN 修改工具，具体如下：

(1) 连接节点（Connect Nodes）：用折线连接两个节点，折线将从 TIN 节点获取起点和终点高度。

(2) 交换边（Swap Edge）：连接两个相对节点以形成一对替代三角形。

(3) 修改数据区（Modify Data Area）：选择要修改的三角形或区域。

(4) 更改节点 Z 值（Change Node Z）：用于修改节点的高度。单击该工具，弹出 Change TIN Node Z 对话框，首先单击需要修改高度的节点，在 Height 中输入高度值，随后单击 OK 完成高度修改。

(5) 设置为约束（Set to Constrained）：将 TIN 设置为约束 Delaunay 三角形。Delaunay 三角形总是连接最相邻的点，但有时候这并不合适，如碰到悬崖、狭窄的海岸线等。解决方案是在三角网格中插入一组边，约束网格中顶点只能在自己的区域内连接，称之为约束 Delaunay 三角形。

编辑完成后，使用 Manage Edit 组中的各项命令舍弃、保存或者另存 TIN。单击 Close TIN Editor 用于关闭 TIN 编辑器。

7.2.4 管理 TIN

在 Contents 窗口中，单击需要编辑的 TIN，单击功能栏 Data 选项卡，在 Management 组中，使用 Export 可以将 TIN 导出为栅格，将三角形的节点导出为点要素，将三角形的边导出为线要素，将每个三角形导出为多边形要素，每个多边形包含了坡度和坡向，也可以将 TIN 的边界导出为多边形要素，如图 7.12 所示。

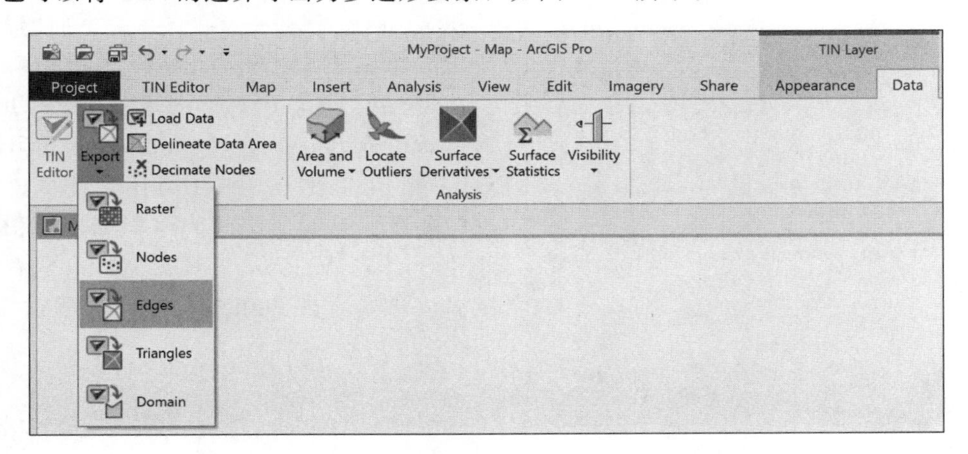

图 7.12 导出 TIN 表面

使用描绘 TIN 数据区域工具（Delineate TIN Data Area），可以根据 TIN 的三角形边长重新定义其数据区域或插值区域。当三角形的边长超过 Maximum Edge Length 中的数值时，三角形将被屏蔽为 NoData 区域，如图 7.13 所示。

使用抽稀节点工具（Decimate Nodes）抽稀 TIN 节点，产生的 TIN 将在指定的 Z Tolerance 内保持其垂直精度，任何输出的节点与源 TIN 节点的高度偏差都不会超过 Z Tolerance，如图 7.14 所示。

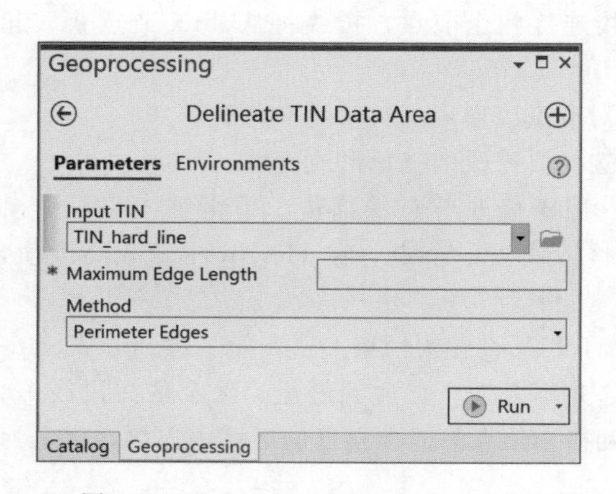

图 7.13 Delineate TIN Data Area 工具

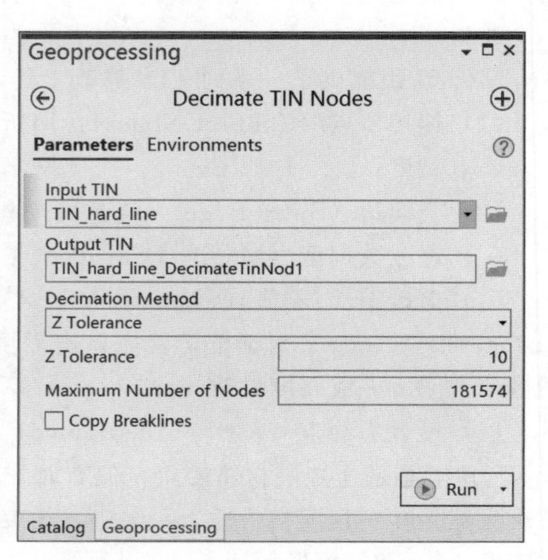

图 7.14 Decimate TIN Nodes 工具

7.2.5 基于 TIN 的分析

1. 表面积与体积计算

定位至 Geoprocessing\3D Analyst Tools\Area and Volume\Surface Volume，打开 Surface Volume 工具，在 Input Surface 中输入 TIN 文件，设置输出 txt 文件路径及名称，在 Reference Plane 中设置 Above the Plane 或是 Below the Plane。其中，Above 计算指定参考平面高度上方的空间区域表面积和体积，Below 计算指定参考平面高度下方的空间区域表面积和体积。Plane Height 中输入参考平面的高程，单击 Run，完成计算，如图 7.15 所示。

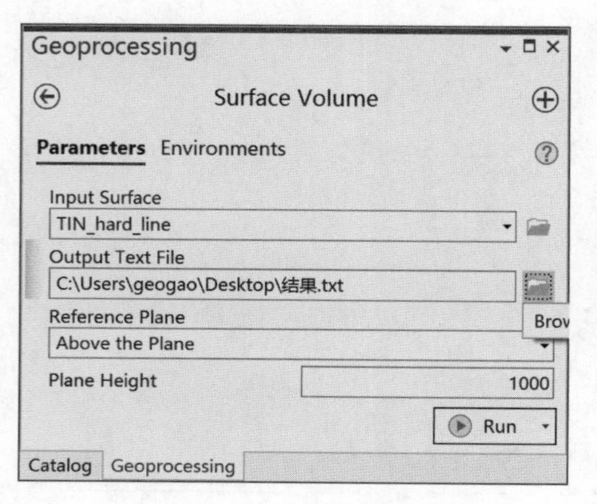

图 7.15 Surface Volume 工具

定位至 Geoprocessing\3D Analyst Tools\Area and Volume\Polygon Volume，打开 Polygon Volume 工具。该工具用于计算恒定高度的多边形与表面之间的体积和表面积，用法和 Surface Volume 工具类似，只是需要指定多边形要素类和相应的存储高程的字段，如图 7.16 所示。

2. 填挖方分析

在 3D Analyst Tools\Area and Volume 中找到 Surface Difference，在 Input Surface

和 Reference Surface 中分别输入 7.1 中生成的 TIN_Hard_Replace 和 TIN_Soft_Clip，确定输出要素类的位置和名称。单击 Run，生成表面差异的要素类，如图 7.17 所示。

打开其属性表，Volume 代表每个多边形的填挖量，Code 为 0 代表没有填挖，1 代表填，-1 代表挖。在属性表中对所有 Code 为 1 的要素统计其体积，可以求出水库的库容。

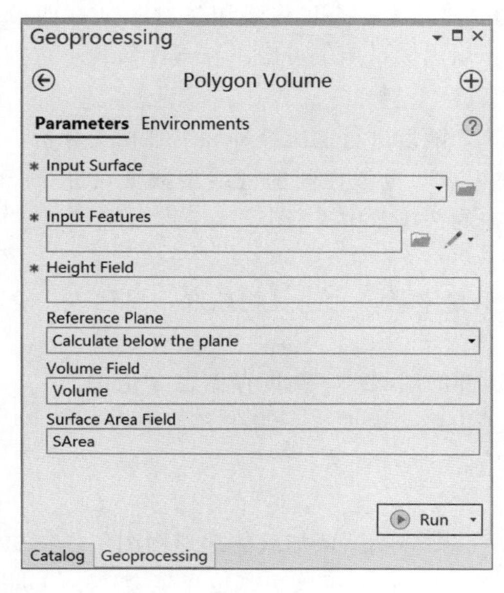

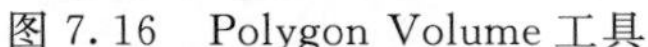
图 7.16 Polygon Volume 工具

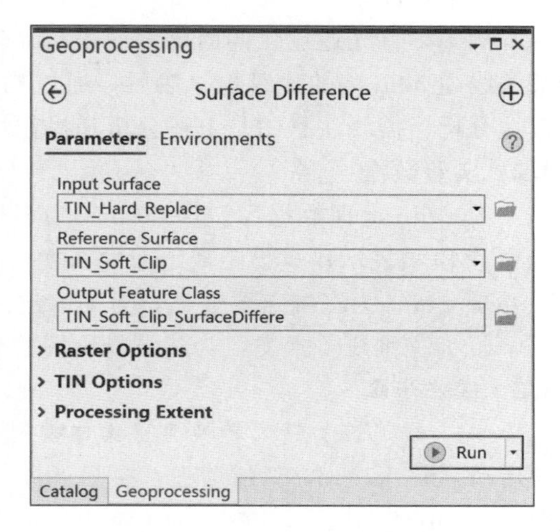

图 7.17 Surface Difference

3. 坡向、坡度以及等高线计算与提取

在 3D Analyst Tools\Triangulated Surface 中，有 Locate Outliers、Surface Aspect、Surface Contour 以及 Surface Slope 四个工具，分别用于定位异常值、计算坡向、提取等高线以及计算坡度，用法和栅格型 DEM 数据对应的工具类似。

Add Surface Information 工具用于提取表面信息。当输入点要素时，提取点的高程；当输入多点要素时，记录所有点的最小、最大和平均高程；当输入线要素时，提取沿曲面的线的 3D 距离，沿着曲面的线的最小、最大、平均高程和坡度；当输入多边形要素时，提取 3D 表面积以及多边形内曲面的最小、最大、平均高程和坡度。

4. 可视性分析

基于 TIN 表面也可以完成一系列可视性分析。可视性分析提供了视线（Line Of Sight）、Intervisibility（通视性）以及天际线（Skyline）等分析工具，用法和栅格型 DEM 类似。

7.3 三维局部场景和三维空间分析

7.3.1 实验背景

除了栅格 DEM 和 TIN 表面，也可以建立基于要素类的三维矢量数据。三维要素将 Z 值作为几何属性的一部分与 X，Y 坐标对存储在一起，一个点只有一个 Z 值，线段和多边形的每个顶点都有一个 Z 值。ArcGIS 真三维地形结构在 ArcGIS 中是通过多面体要素来建模的。多面体由平面三维环和三角形缝合而成，可用于建筑物、树木、屋顶等具有高度特征的物体建立模型。三维数据不仅可以更好地可视化获得的数据，而且某些分析必须基于三维数据进行，如矿井或地下综合管廊等。

在 AcrGIS Pro 中，三维的显示和分析基于场景（Scene）。ArcGIS 中的场景分为全局场景（Global Scene）和局部场景（Local Scene）。其中，全局场景用于基于地球曲率的大范围内容展示，必须使用 WGS 1984 坐标系；局部场景用于投影坐标系中的较小范围或者不需要地球曲率的情况，可自定义投影坐标系。

本例中，首先通过拉伸面要素创建三维建筑，随后进行三维缓冲和三维相交分析，求出某条线缆 30m 内的建筑物。然后，通过构建视点与电缆之间的视线集数据，进行三维可视性分析。需要注意的是上述分析和操作均在局部场景中进行。

7.3.2　实验数据

三维 . gdb 地理数据库。Buildings 为多边形要素类，为建筑物轮廓，属性表中含有 Height 字段，表示建筑物距离地面的高度，单位为米；

view_point 为三维点要素类，为某一建筑顶部的观测点，高度存储在 Z 值中。

wire 为三维线要素类，为建筑物周围的某条电缆，高度也存储在 Z 值中。

7.3.3　操作步骤

1. 将二维建筑物轮廓转换为三维体模型

启动 ArcGIS Pro，新建工程，在 Contents 窗口中移除默认加载的地形图图层。在功能栏切换至 Insert 选项卡，在 Project 组中，单击 New Map 下拉菜单（也可能是 New Global Scene，New Local Scene 等，取决于上次插入的视图类型），选择 New Local Scene，插入一个局部场景视图，如图 7.18 所示。

局部场景视图随之打开，Contents 中含有 3D Layers、2D Layers 以及 Elevation Surfaces 三个组。在 2D Layers 中默认加载了地形图为显示底图。在 Elevation Surfaces 的 Ground 组中，默认添加了 WorldElevation3D/Terrain3D 为高程源。分别在地形图和 WorldElevation3D/Terrain3D 右击，选择 Remove，移除默认的 2D 图层和高程来源，如图 7.19 所示。

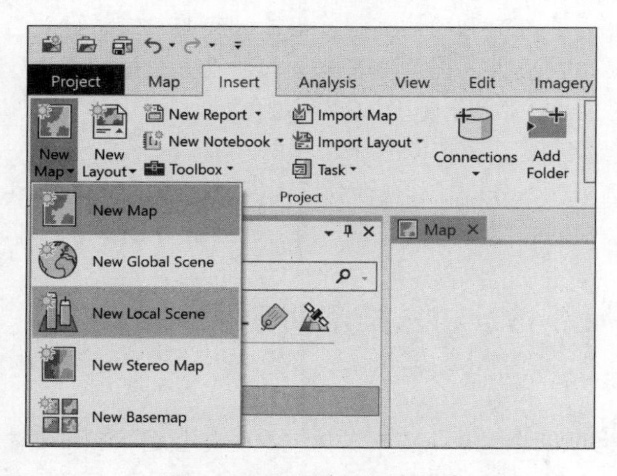

图 7.18　插入局部场景视图

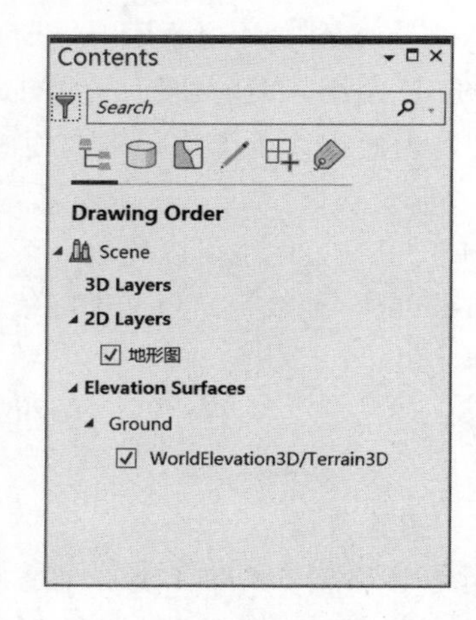

图 7.19　局部场景视图在 Contents 中的组织方式

在 3D Layers 图层组右击，选择 New Group Layer，添加一个新图层组。随后单击两次 New Group Layer，将其更名为 XUT，右击 XUT，选择 Add Data，将三维. gdb 地理数据库中的 view_point 和 wire 两个三维要素以及 Buildings 二维的多边形要素添加进来。可以看出，view_point 和 wire 浮于 Buildings 上方。

在 Contents 窗口中单击 Buildings，在功能区切换至 Appearance 选项卡，在 Extrusion 组中，单击 Type 下拉菜单，选择 Base Height，如图 7.20 所示。随后在 Type 的右侧 Field 中选择 height，拉伸二维要素至三维要素。

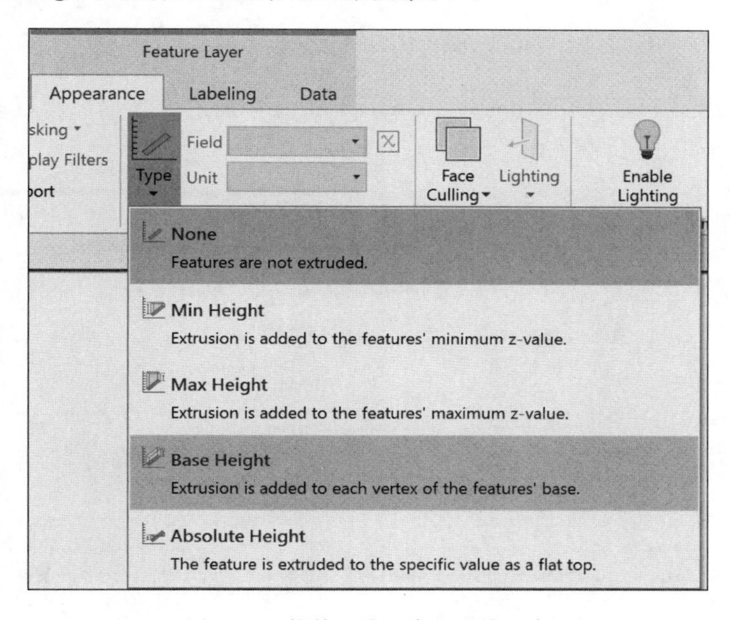

图 7.20　拉伸二维要素至三维要素

定位至 Geoprocessing\3D Analyst Tool\3D Features\Conversion\Layer 3D to Feature Class→打开 Layer 3D to Feature Class 工具→设置 Input Feature Layer 为拉伸后的 Buildings，Output Feature Class 输出设置为 Buildings_3d，单击 Run，完成三维体数据的生成，如图 7.21 所示。

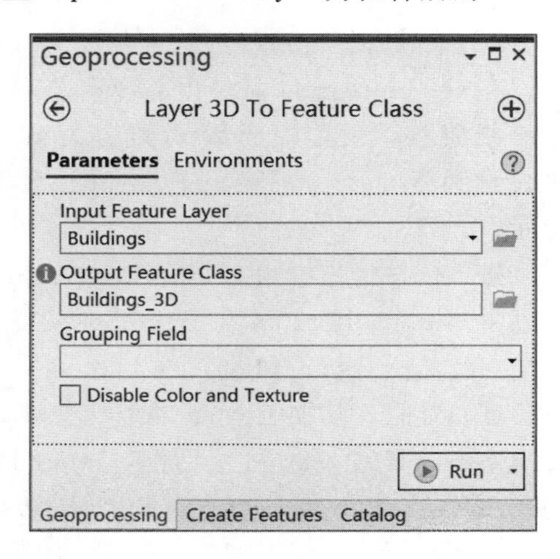

图 7.21　Layer 3D To Feature Class 工具

打开 Buildings_3d 属性表，观察 Shape 字段为 MultiPatch，即多面体。完成三维建筑物拉伸后，即可移除 Buildings 面要素类。

生成的三维体数据自动加载在 3D Layers 图层组中，效果如图 7.22 所示。

软件也提供了转换为三维点数据以及转换为三维线数据工具。转换为三维点数据工具为 Feature To 3D By Attribute，需要设置输入要素、输出要素以及高程字段，其中，高程字段已存储在属性表中，如图 7.23 所示。

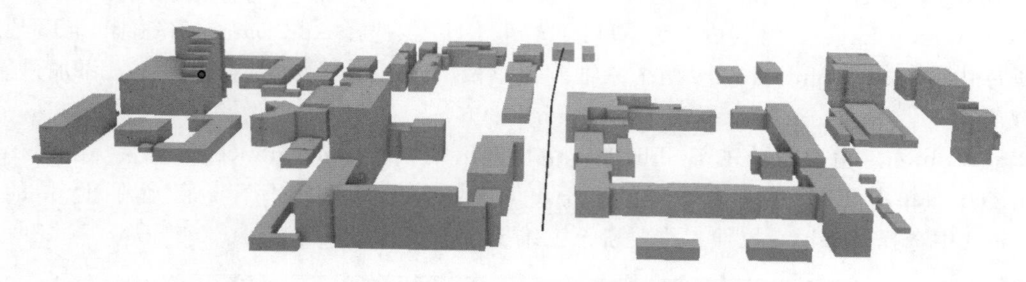

图 7.22　三维效果

生成三维线数据可以使用 Interpolate Shape 工具，该工具高程来源可以是栅格 DEM 或者 TIN 文件，如图 7.24 所示。

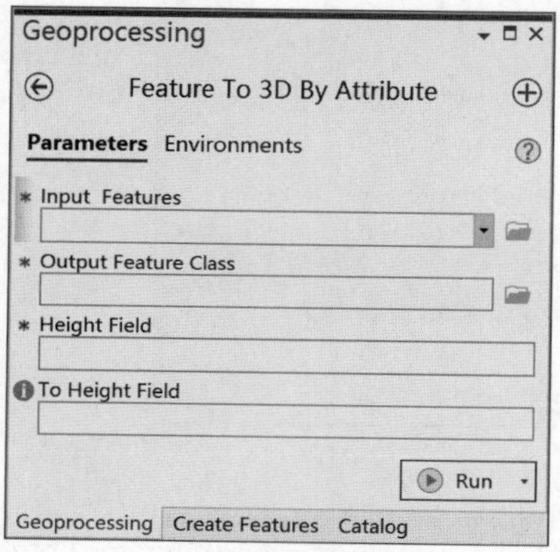

图 7.23　Feature To 3D By Attribute 工具

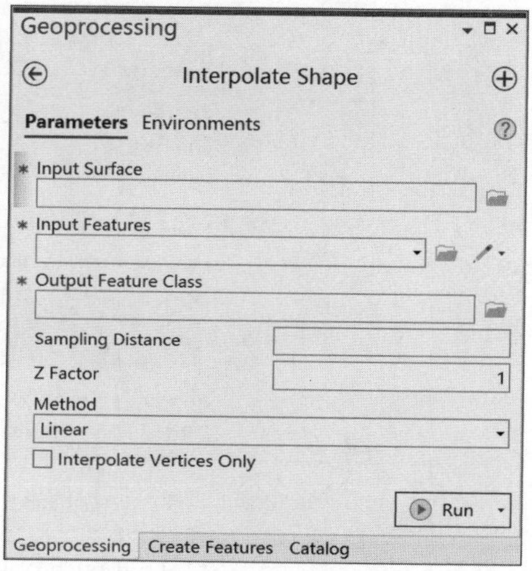

图 7.24　Interpolate Shape 工具

2. 三维缓冲与相交分析

在 Geoprocessing 窗口顶部搜索 Buffer 3D 工具并打开，在 Input Features 中输入 wire 三维线要素，设置输出要素类名为 wire_Buffer30m，Distance 右侧选择 Linear Unit，单位选择 Meters，距离设置为 30。随后单击 Run，完成三维缓冲计算，如图 7.25 所示。

接下来进行三维相交分析，在 Geoprocessing 窗口顶部搜索 Intersect 3D 工具并打开，分别将 wire_Buffer30m 和 Buildings_3D 作为输入要素，设置输出要素名称，单击 Run，完成三维相交分析，如图 7.26 所示。

在功能栏，切换至 Map 功能栏选项卡，在 Selection 组中，选择 Select By Location，弹出 Select By Location 对话框，Input Features 中选择 Buildings_3D，Relationship 选择 Intersect，Selecting Features 选择 Intersect 3D 工具生成的 3D 相交结果要素类，单击 Apply，得到 wire 线要素类 30m 范围内受影响的建筑物，如图 7.27 所示。

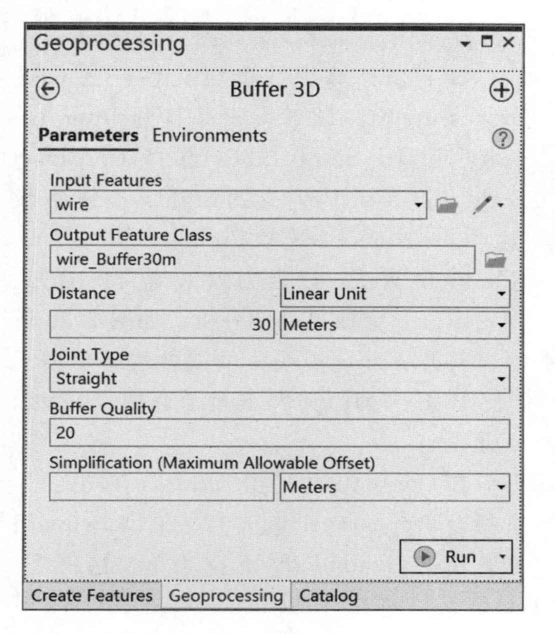

图 7.25　Buffer 3D 工具

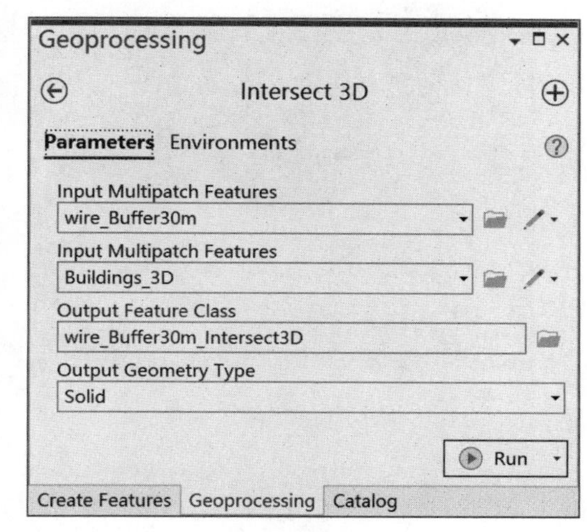

图 7.26　Intersect 3D 工具

分析完成后，单击 Selection 组中的 Clear，清除选择。

3. 三维可视性分析

分析三维观测点 view_point 和三维线要素 wire 之间的可视性。首先构建视线集，在 Geoprocessing 窗口顶部搜索并打开 Construct Sight Lines 工具，Observer Points 设置为 view_point，Target Features 设置为 wire，Output 设置为 sights，Observer Height Field 和 Target Height Field 自动填充为 Shape. Z，如果是二维数据，可以指定某个字段为观测者的高度。Sampling Distance 采样距离设置为 1，表示视线间隔为 1m，单击 Run，得到视线集数据 sights，如图 7.28 所示。

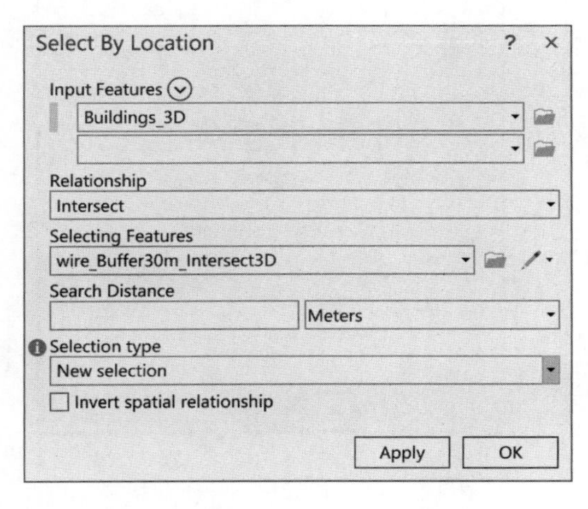

图 7.27　Select By Location 对话框

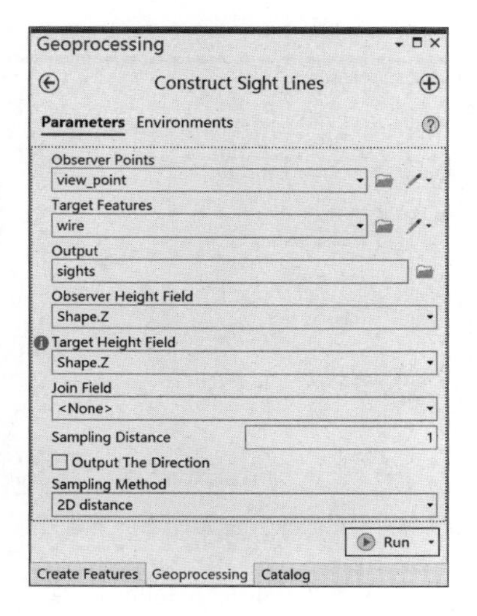

图 7.28　Construct Sight Lines 工具

生成的三维视线集如图 7.29 所示。

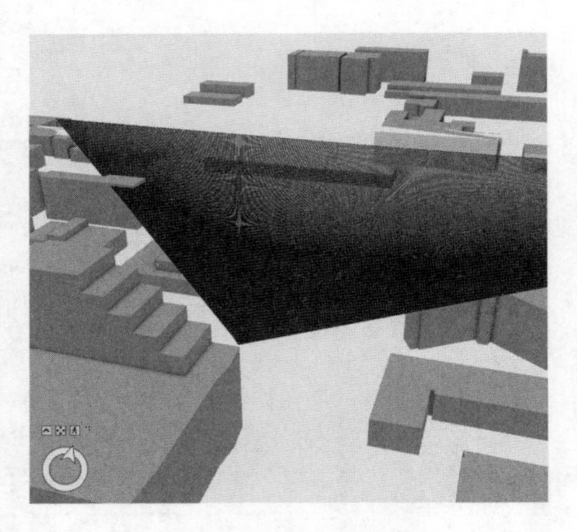

图 7.29　三维视线集

接下来计算视线的可见性，在 Geoprocessing 窗口顶部搜索并打开 Intervisibility 工具，Sight Lines 选择 Construct Sight Lines 工具生成的 sights 视线集数据，Obstructions 选择 Buildings_3D，Visible Field Name 设置为默认值 VISIBLE。单击 Run，完成可见性分析，如图 7.30 所示。打开 sights 视线集的属性表，新增了 VISIBLE 一列，其中 1 表示通视，0 表示不通视。

在 Contents 中单击 sights，在功能栏，切换至 Appearance 选项卡，在 Drawing 组中，单击 Symbology 下拉菜单，选择 Unique Values，在弹出的 Symbology 窗口中，Field1 后方选择 VISIBLE，单击 Classes 下方的 Add all values，随后将 Values 为 0 的符号改为红色，并将其 Label 命名为不可见，将 Values 为 1 的符号改为蓝色，并将其 Label 命名为可见，如图 7.31 所示。

在三维局部场景中查看最终效果，如图 7.32 所示。

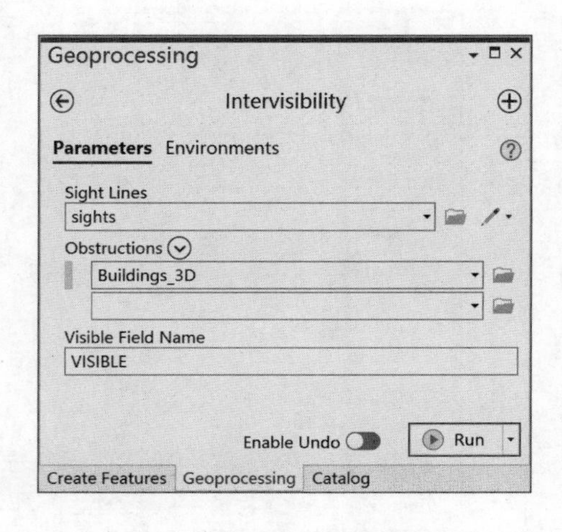

图 7.30　Intervisibility 工具

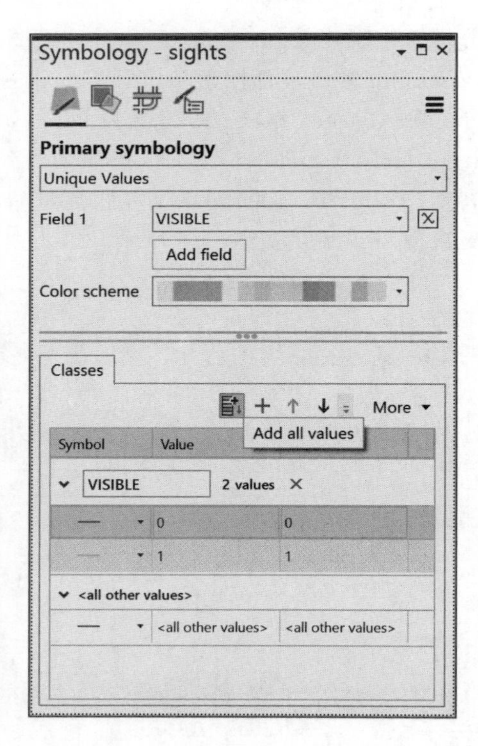

图 7.31　符号化 sights 视线集

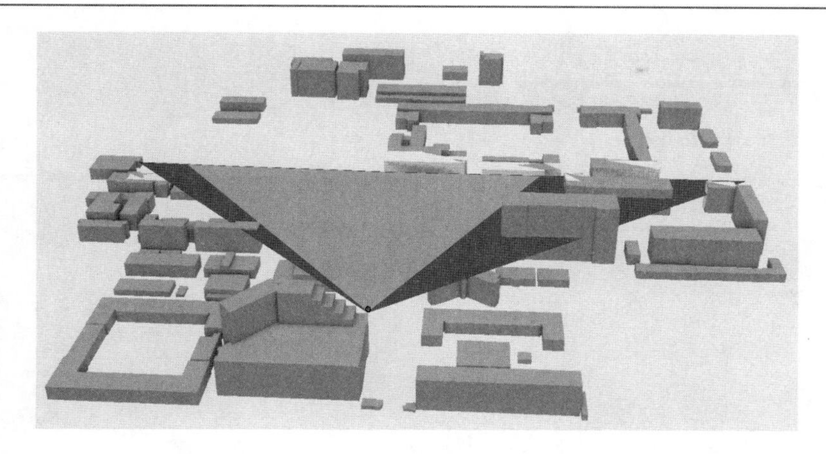

图 7.32 三维可视性分析最终效果

7.4 创建三维飞行路线

7.4.1 实验背景

在 AcrGIS Pro 中，全局场景（Global Scene）用于基于地球曲率的大范围内容展示，必须使用 WGS 1984 坐标系。本例中，根据飞机的飞行轨迹点进行三维可视化分析。由于飞行路线长，不能忽略地球曲率的影响，这类情景特别适合在全局场景中进行展示。

7.4.2 实验数据

飞行轨迹 . gdb 数据库中存储了飞行所经过地区的数字高程模型 DEM 栅格数据。飞行轨迹. xlsx 记录了飞机的飞行轨迹，来源于飞常准网站（http://www. variflight. com），记录了飞机在某个时刻相对于地面的高度（height_m）、水平速度（speed_km_h）、方位角（angle_degree）以及经度值（*X*）和纬度值（*Y*）。

7.4.3 操作步骤

1. 添加飞行轨迹点

启动 ArcGIS Pro，以 Map 为模板新建工程，切换至 Map 功能栏选项卡，单击 Layer 组中的 Add Data 下拉菜单→选择 *XY* Point Data，在 Input Table 中选择飞行轨迹. xlsx\flight，设置输出要素类的名称，*X* Field 和 *Y* Field 分别选择 *x* 和 *y*，坐标系选择 GCS_WGS_1984，单击 Run，如图 7. 33 所示。生成点要素类并自动添加至 Contents 中。

由于 Excel 表格中的 Height 是相对地面的高度，接下来应将其转化为绝对高程。将飞行轨迹 . gdb 数据库中的 DEM（数字高程模型）加载进来，在 Geoprocessing 窗口顶部搜索工具 Extract Multi Values To Points，打开该工具，在 Input point features 中选择 *XY*TableToPoint 中生成的点要素类，Input rasters 选择 DEM，Output field name 默认为 DEM，单击 Run，完成高程值的提取，如图 7. 34 所示。

打开点要素属性表，添加字段 Elevation，类型为 Float，之后保存。在属性表中，右击 Elevation 一列，选择 Calculate Field，构建公式为

! height _ m! ＋ ! DEM!

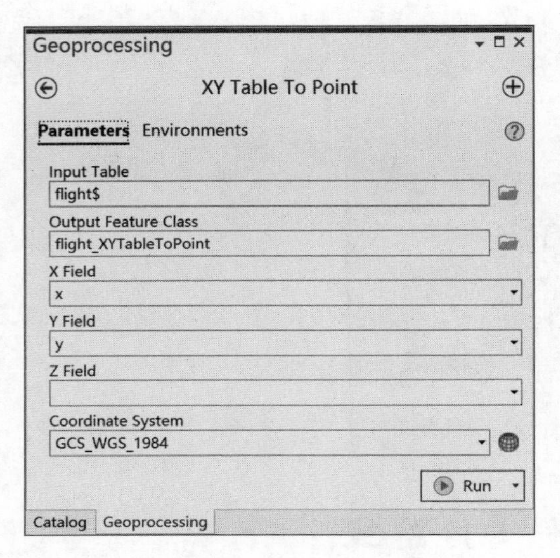

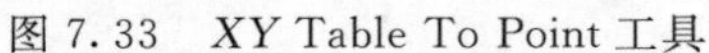
图 7.33　*XY* Table To Point 工具

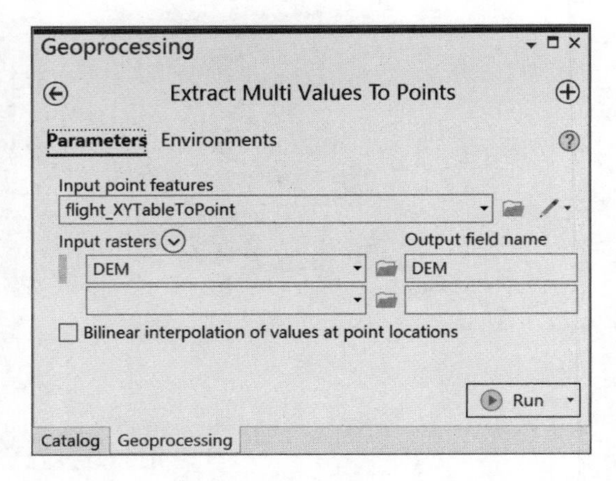

图 7.34　Extract Multi Values To Points 工具

该公式计算飞机的相对高度和 DEM 高程之和，并将其赋值给 Elevation，作为飞机的绝对高度。

再次使用 *XY* Point Data 命令，在 Input Table 中选择 *XY* Table To Point 生成的点要素，设置输出点要素类名称为 flight_point，*X* Field 和 *Y* Field 分别选择 *x* 和 *y*，*Z* Field 选择 Elevation，坐标系设置为 GCS_WGS_1984/VCS：WGS_1984，单击 Run，如图 7.35 所示。生成的 flight_point 点要素类并被添加至 Contents 中。

分别选中两次生成的点要素类中的某个点，单击功能栏的 Edit 选项卡，在 Tools 组中，单击 Edits Vertices。此时，对比两次生成点要素类的 *X*、*Y*、*Z* 值，第二次生成的点要素添加了 *Z* 值，同时属性表的 Shape 字段也由 Point 变为 Point *Z*，表明这是一个三维点要素类。查看完毕后取消选择，如图 7.36 所示。

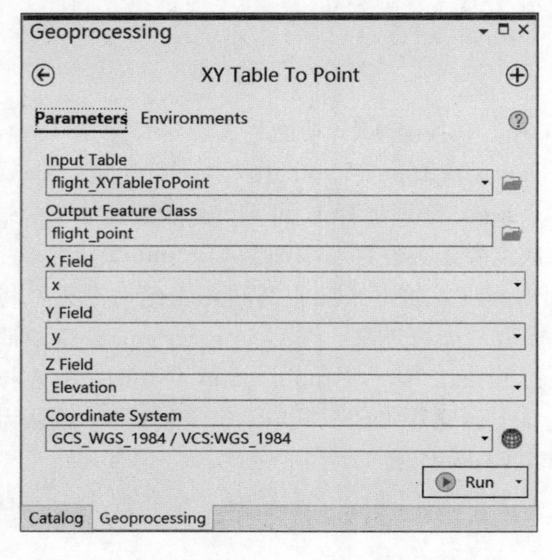

图 7.35　*XY* Table To Point 工具（增加 *Z* 值）

2. 查看随时间变化的飞行轨迹点

在 Contents 中右击 flight_point，选择 Properties，打开 Layer Properties 对话框。切换至 Time 条目，在 Layer Time 中选择 Each feature has a single time field，在 Time Field 中选择 UTC TIME 为时间字段，随后单击 OK，如图 7.37 所示。时间控件出现在 Map 视图的上方，单击其上的滑块，查看随时间变化的飞行轨迹点。

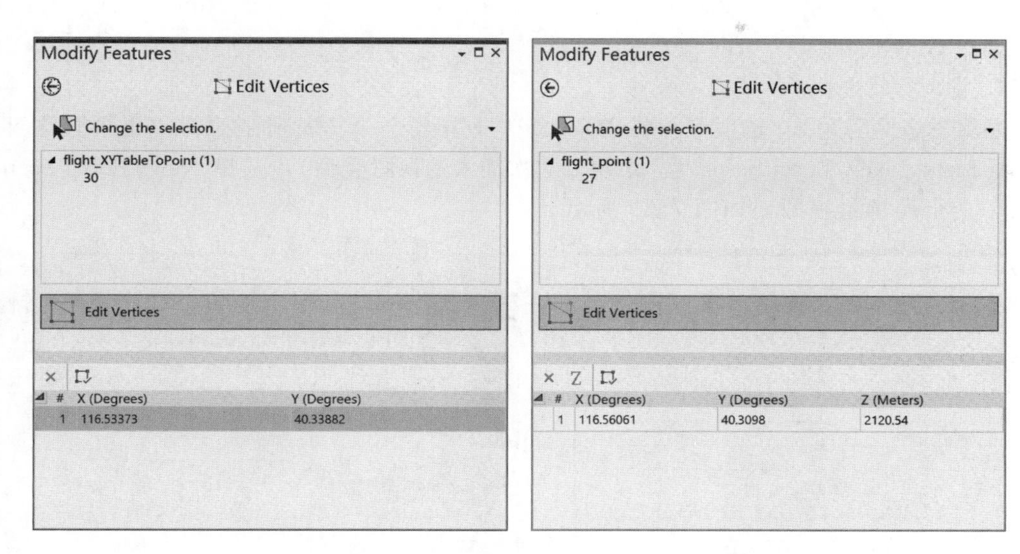

图 7.36　二维要素和三维要素编辑节点对比

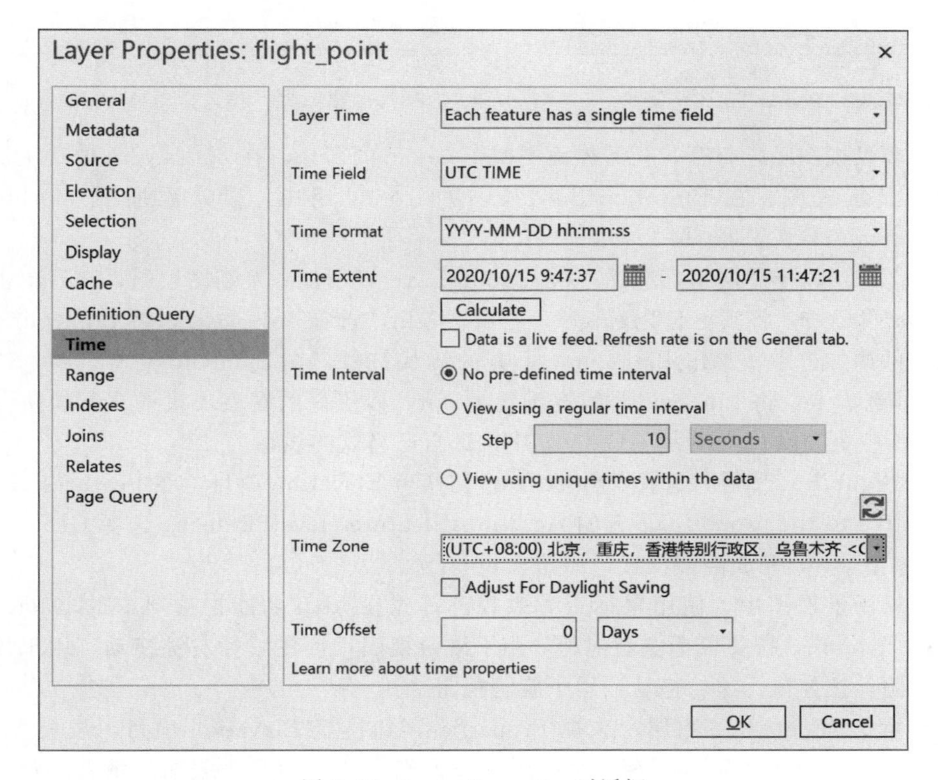

图 7.37　Layer Properties 对话框

3. 飞行轨迹点转为线

在 Geoprocessing 窗口顶部搜索并打开 Points To Line 工具，在 Input Features 中选

择 flight_point 点要素类，设置输出要素类文件名 flight_Line，单击 Run，生成三维线要素，如图 7.38 所示。

4. 将飞行轨迹显示在全局场景中

功能栏切换至 Insert 选项卡，在 Project 组中，单击 New Map 下拉菜单（也可能是 New Global Scene，New Local Scene 等，取决于上次插入的视图类型），选择 New Global Scene，插入一个全局场景视图，如图 7.39 所示。

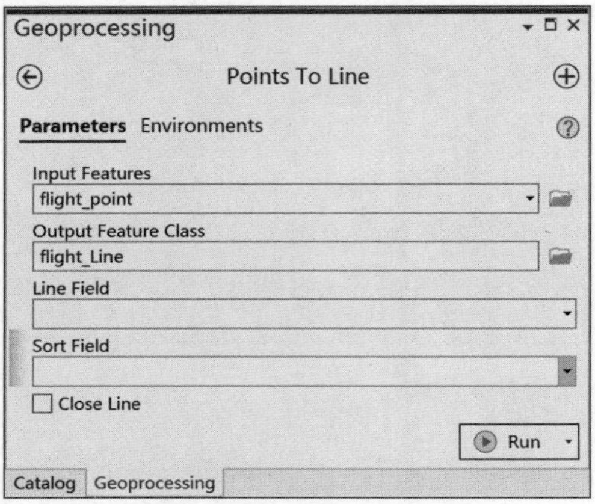

图 7.38　Points To Line 工具

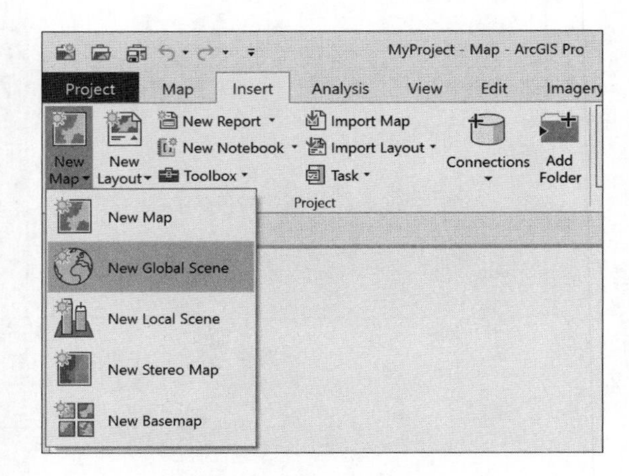

图 7.39　插入全局场景视图

全局场景视图随之打开，初始界面类似于 Google Earth，在 2D Layers 中默认加载了地形图为显示底图。在 Elevation Surfaces 的 Ground 组中，默认添加了 WorldElevation3D/Terrain3D 为高程源。

右击 3D Layers 图层组，选择 New Group Layer，添加一个新图层组，随后单击两次 New Group Layer，将其更名为 Flight，右击 Flight，选择 Add Data，将 flight_line 飞行轨迹线文件添加进来。单击 flight_line 下方的线状符号，在 Symbology 窗口中，切换至 Properties 选项卡，将 Line width 线宽设置为 3pt，以更好的观察飞机的飞行轨迹。也可以在 Color 中更改颜色，或者在 Gallery 中挑选自己喜欢的线型。

右击 flight_line 图层，选择 Properties，切换至 Elevation 项目，在 Features are 后方选择 Relative to the ground，下方的 Additional feature elevation using 选择 Geometry z-values。单击 OK，完成高程设置，如图 7.40 所示。

在全局场景视图中，使用鼠标查看效果。首先在 Map 功能栏选项卡的 Navigate 组中，选择 Explore，按住鼠标左键拖动，用于漫游视图；按住鼠标右键拖动，用于放大或者缩小视图；按住鼠标滚轮拖动，用于旋转视图。

再次右击 flight_line 图层，选择 Properties，切换至 Elevation 项目，设置 Vertical Exaggeration 垂直夸大为 5，表示将场景中的 z 单位乘以 5 以夸大表面的垂直外观。垂直夸大通常用来强调表面中的细微变化，特别适合由于范围过大而看似平坦的表面，小于 1 的垂直夸大可以使起伏的表面变平滑。设置完成后，再次浏览飞行轨迹变化，如图 7.41 所示。

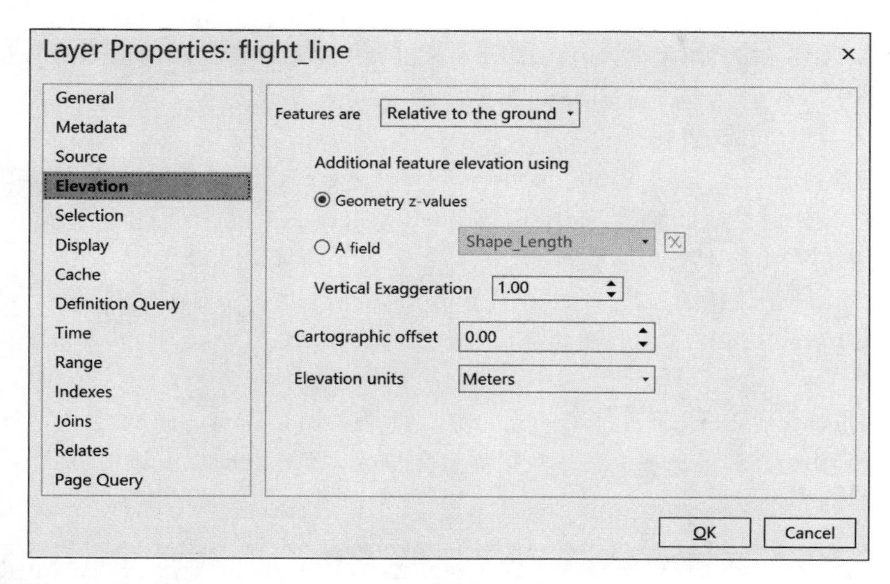

图 7.40　高程源设置

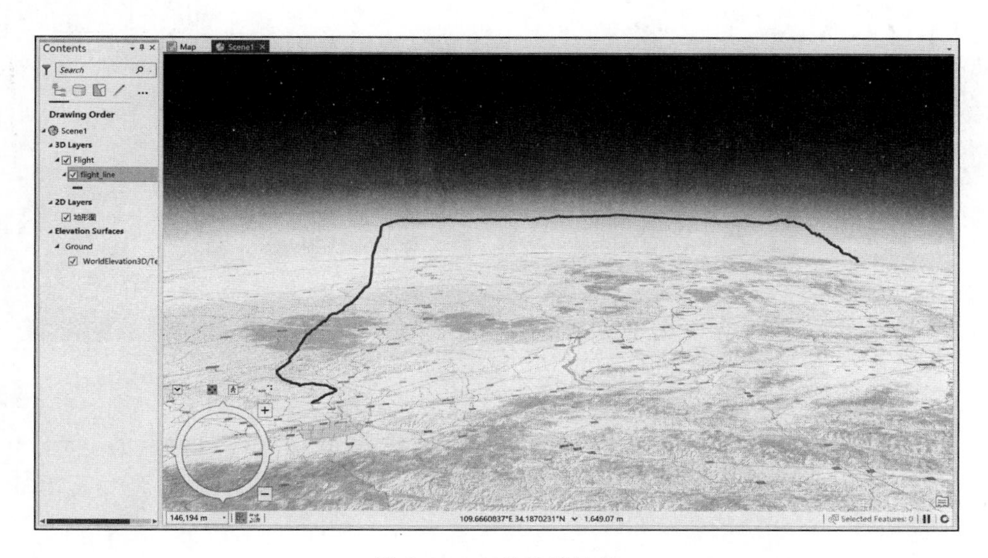

图 7.41　三维航线效果

7.5　制 作 3D 影 像 图

7.5.1　实验背景

查看平面的遥感影像和规划图纸，没有立体效果，不易感受到实地的高程变化。通过本例，制作三维影像图，使效果更加逼真。

7.5.2　实验数据

某地区影像图 TM. img 以及栅格数字高程模型（DEM. img）。

7.5.3　操作步骤

启动 ArcGIS Pro，新建工程，在 Contents 窗口中移除默认加载的地形图图层。在功能栏切换至 Insert 选项卡，在 Project 组中，单击 New Map 下拉菜单，选择 New Local Scene，插入一个局部场景视图。

局部场景视图随之打开，Contents 中含有 3D Layers、2D Layers 以及 Elevation Surfaces 三个组。分别在地形图和 WorldElevation3D/Terrain3D 右击，选择 Remove，移除默认的 2D 图层和高程来源。

右击 2D Layers 图层组，选择 New Group Layer，添加一个新图层组。随后单击两次 New Group Layer，将其更名为影像，右击影像，选择 Add Data，将 TM. img 影像添加进来。

右击 Elevation Surfaces 的 Ground 组，选择 Add Data，栅格数字高程模型 (DEM. img) 作为高程源加载进来。数据加载完毕后，TM. img 以三维的方式呈现出来，如图 7. 42 所示。

图 7. 42　三维影像效果图

在局部场景视图中，使用鼠标查看效果。首先在 Map 功能栏选项卡的 Navigate 组中，选择 Explore，按住左键拖动，用于漫游视图；按住右键拖动，用于放大或者缩小视图；按住滚轮拖动，用于旋转视图。

7.6　使用无人机制作数字表面模型和正射影像图

7.6.1　实验背景

数字表面模型 (Digital Surface Model，DSM) 是指包含了地表建筑物和植被等高度信息的地面高程模型。和数字表面模型相比，数字高程模型只包含了地貌的高程信息，并未包含其他地表信息。数字正射影像图 (Digital Orthophoto Map，DOM) 是指利用数字高程模型 (DEM) 对航空影像或遥感图像，经逐像元数字微分纠正，然后镶嵌、裁剪而成的影像数据。

通过无人机等摄影测量技术，可以很方便地获取感兴趣区域的 DSM 和 DOM。摄影测量是通过摄影的手段获得对物体可靠量测的科学与技术。摄影测量的基本方程是共线方程，即物点（A）、摄影中心（S）、像点（a）三点共线，公式为

$$\left.\begin{aligned} x-x_0&=-f\frac{a_1(X-X_S)+b_1(Y-Y_S)+c_1(Z-Z_S)}{a_3(X-X_S)+b_3(Y-Y_S)+c_3(Z-Z_S)}\\ y-y_0&=-f\frac{a_2(X-X_S)+b_2(Y-Y_S)+c_2(Z-Z_S)}{a_3(X-X_S)+b_3(Y-Y_S)+c_3(Z-Z_S)}\end{aligned}\right\} \tag{7.1}$$

式中：X，Y，Z 为物点坐标；X_S，Y_S，Z_S 为摄影中心坐标，x，y 为像点坐标；摄影中心到成像面的距离，称为摄影机的焦距 f；摄影中心到成像面的垂足，称为像主点，主点离影像中心的距离 x_0、y_0 确定了像主点在影像上的位置；f、x_0、y_0 称为摄影机的内方位元素，内方位元素是通过摄影机检校获得的，用户使用时，内方位元素是已知的，这种相机被称为量测摄影机。

摄影机摄影瞬间在空间的方位称为外方位，由摄影机在空间的位置（X_S，Y_S，Z_S）和姿态两部分组成（ϕ，ω，κ），其中 ϕ 为航向倾角、ω 为旁向倾角、κ 为像片旋角。共线方程中的 9 个参数 a_1、a_2、a_3、b_1、b_2、b_3、c_1、c_2、c_3 是三个角元素 ϕ、ω、κ 生成的 3×3 的正交旋转矩阵 R 的 9 个元素。

由于外方位元素是摄影瞬间相机在空间的位置与姿态，因此每张影像的外方位元素都不一样。在摄影测量实践中，多使用空中三角测量确定影像的外方位元素。其基本流程包括相对定向、模型连接以及空中三角测量三个步骤。

相对定向用于确定两张影像的相对位置，其标准是两张影像上所有同名点的投影光线对对相交，所有同名点光线在空间的交点集合构成了物体的几何模型，通过相对定向，将相邻两张影像连接在一起。相对定向只能确定出一个一个立体模型，而模型连接就是解决模型和模型之间的连接。通过相对定向和模型连接，把影像连接起来，在一条航线内可以构成航线的立体模型，而通过航线与航线之间的重叠可以实现航带与航带之间的连接，从而将整个区域的影像连接在一起，构成一个"空中"三角网，称之为空中三角测量。

空中三角测量是正射校正的关键流程，一个完整的影像正射校正流程如图 7.43 所示。其中，区域网平差就是使用最小二乘法技术，使所有测量误差的平方和等于最小。

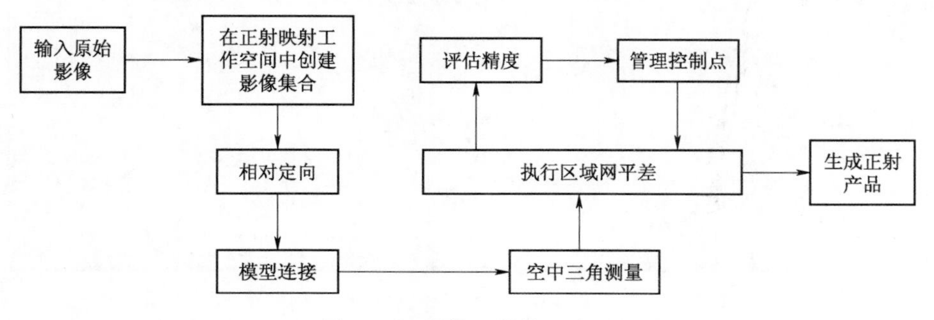

图 7.43　影像正射校正流程

7.6.2　实验数据

某地区无人机飞行数据，共 52 张 JPG 格式的图像。

7.6.3　操作步骤

1. 飞行准备

本次数据采集使用的无人机为大疆精灵 4 RTK。首先规划航线，选择摄影测量 2D 或者摄影测量 3D（井字飞行），设置飞行高度，飞行高度越低，分辨率越高。速度可根据需要进行设置，速度越慢效果越好，但是续航短。拍摄模式选择定时拍摄。对于相机设置选项，打开畸变修正。重叠率设置中，旁向重叠率和航向重叠率一般不低于 60%，为了达到良好效果，建议设置为 80%。打开 RTK，使用网络 RTK 服务类型，坐标系选择 WGS 1984（也可选择 CGCS 2000），卫星数量足够且空间开阔时，获得 GPS 固定解。设置完成后，保存并调用。执行飞行后，获得影像和相关参数以备后续使用。

2. 新建项目并加载无人机影像

打开 Pix4Dmapper，单击菜单栏的项目→新项目，输入项目名称 xaut，选择创建目录，下方的项目类型选择新项目，单击下一步→在选择图像对话框中，选择添加路径，定位到无人机影像所在文件夹，文件夹内的所有 JPG 图像被添加进来。单击下一步→软件自动从影像中读取图像坐标系、地理定位信息以及相机型号数据，如有错误，单击编辑进行修改，完成之后，单击下一步→处理模板选择 3D 地图，可生成正射影像视图、DSM、3D 纹理以及点云，单击下一步→设置输出坐标系为 WGS 1984/UTM zone 49N，之后单击结束。软件界面中可以看到航线及航点信息，如图 7.44 所示。

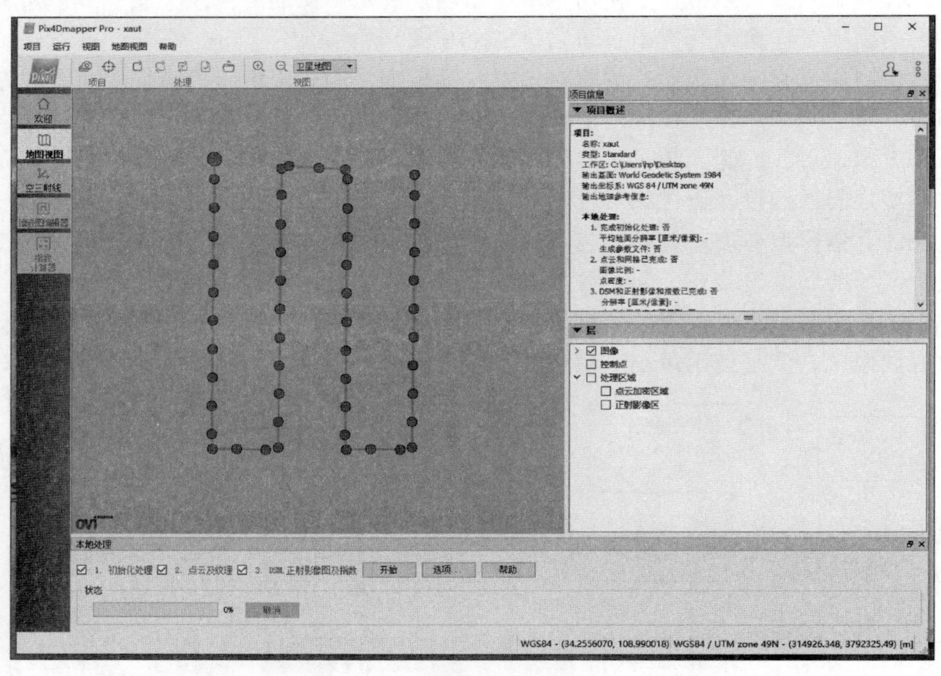

图 7.44　航线及航点信息

3. 初始化处理以及添加控制点（可选）

在软件下方的本地处理部分，选中 1. 初始化处理，单击“开始”，软件运行完后，可以查看初始化处理得到的成果以及初始化处理质量报告，如图 7.45 所示。

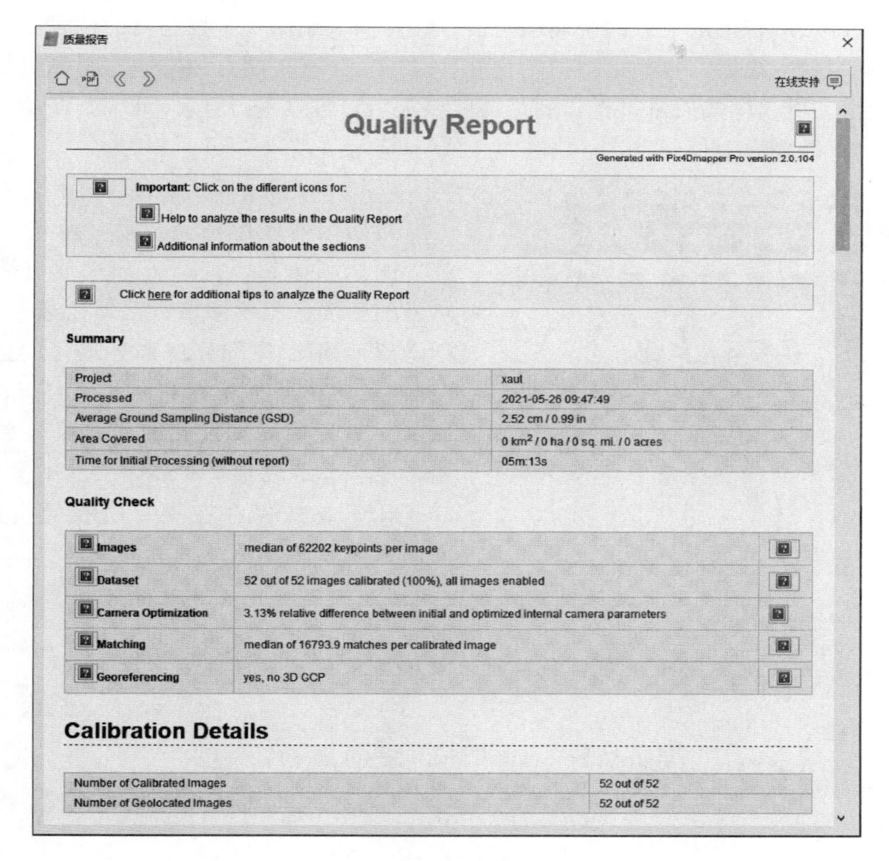

图 7.45　处理质量报告

为了获得更高精度的成果，需要添加地面控制点。控制点必须在测区范围内合理分布，通常在测区四周以及中间都要有控制点。控制点的最少数量为 3 个。通常情况下，100 张相片需要 6 个控制点左右。控制点不要做在太靠近测区边缘的位置，也不能布在一条直线上，要分布在不同的平面高程上。另外，控制点最好能够在 5 张影像上能同时找到(至少要两张)。

初始化处理完成后，单击项目→控制点/手动连接点编辑器，打开管理控制点/手动连接点对话框→单击导入控制点，可以导入的控制点格式为 txt 或者 csv 格式，一个典型的控制点文件包含有标签、类型、*X*、*Y*、*Z* 以及精度等信息，如图 7.46 所示。

	标签	类型	X [m]	Y [m]	Z [m]	精度 水平 [m]	精度 垂直 [m]
3	GCP34	3D GCP	2645179.683	1132492.342	714.556	0.020	0.020
5	GCP35	3D GCP	2645181.267	1132427.704	710.632	0.020	0.020
2	GCP36	3D GCP	2645120.890	1132344.425	713.047	0.020	0.020
3	GCP37	3D GCP	2645104.456	1132422.482	713.208	0.020	0.020

图 7.46　控制点文件结构

导入控制点后，单击下方的平面编辑器，在图像上刺出每个控制点的位置。

控制点设置完成后，再次运行初始化处理，进行带有控制点的空中三角测量处理，如图 7.47 所示。再次生成质量报告，满足精度要求后，可以进行点云、DSM 以及正射影像处理。本例不需要添加控制点。

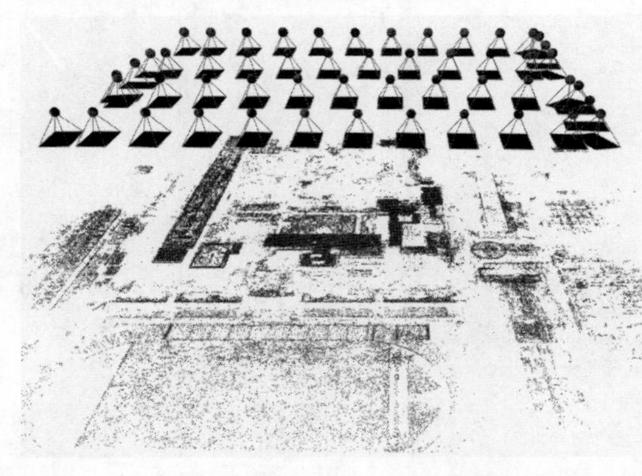

图 7.47　空中三角测量处理

4. 生成点云、DSM 以及正射影像

初始化处理运行完成后，单击下方本地处理的选项按钮，打开处理选项对话框，对点云的密度、三角网格数目、点云输出格式、DSM 和正射影像的分辨率等进行设置。设置完成后，在软件下方选中点云及纹理以及 DSM、正射影像图及指数复选框，单击“开始”，运行完成后，DSM 和正射影像图以 GeoTIFF 格式保存在项目所在的文件夹中，如图 7.48 所示。

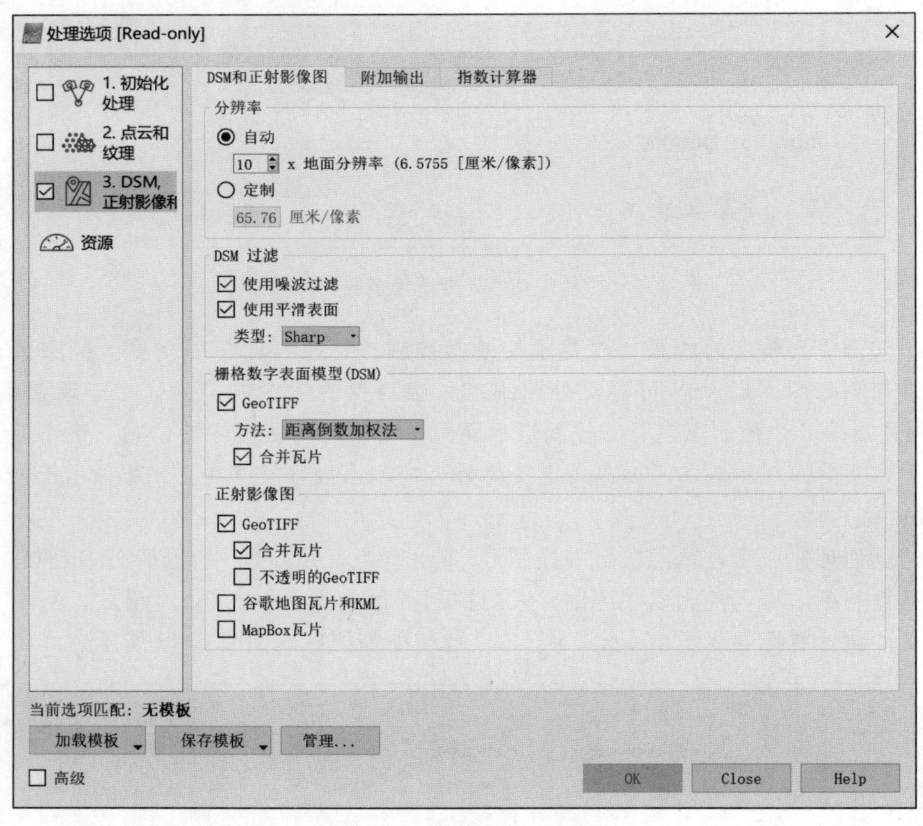

图 7.48　处理选项对话框

5. 查看结果

启动 ArcGIS Pro，并新建一个工程。在功能栏切换至 Insert 选项卡，在 Project 组中，单击 New Map 下拉菜单，选择 New Local Scene，插入一个局部场景视图。分别在地形图和 WorldElevation3D/Terrain3D 右击，选择 Remove，移除默认的 2D 图层和高程来源。

右击 2D Layers 图层组，选择 New Group Layer，添加一个新图层组，随后单击两次 New Group Layer，将其更名为影像，右击影像，选择 Add Data，将生成的正射影像图添加进来。

右击 Elevation Surfaces 的 Ground 组，选择 Add Data，将生成的 DSM 加载进来。效果如图 7.49 所示。

图 7.49　三维 DOM 效果

第8章 影　像

8.1 普朗克黑体辐射定律

马克斯·卡尔·恩斯特·路德维希·普朗克（Max Karl Ernst Ludwig Planck，1858年4月23日—1947年10月4日），德国著名物理学家、量子力学创始人之一。普朗克和爱因斯坦并称为20世纪最重要的两大物理学家。约1894年起，普朗克开始研究黑体辐射问题，发现普朗克黑体辐射定律，并在论证过程中提出能量子概念和常数 h（后称为“普朗克常数”），成为此后微观物理学中最基本的概念和极为重要的普适常量。1900年12月14日，普朗克在德国物理学会上报告这一结果，成为量子论诞生和新物理学革命宣告开始的伟大时刻。由于这一发现，普朗克获得了1918年诺贝尔物理学奖。

辐射出射度（Radiant exitance）又称辐射通量密度，指面辐射源在单位时间内，从单位面积上辐射出的辐射能量，即物体单位面积上发出的辐射通量。普朗克在温度、波长和辐射能量实验数据的基础上，得出黑体光谱辐射出射度（$M_{\lambda,T}$）定律，又称黑体辐射定律（Planck’s law 或 Blackbody radiation law）。其公式为

$$M_{\lambda,T}=\frac{2\pi hc^2}{\lambda^5}\frac{1}{\exp\left(\frac{hc}{\lambda KT}\right)-1} \tag{8.1}$$

式中：$M_{\lambda,T}$为黑体辐射出的射度，$W\cdot m^{-2}\cdot \mu m^{-1}$；$\lambda$ 为波长，μm；h 为普朗克常数，$h=6.6262\times10^{-34}$，J·s；c 为光速，$c=2.9979\times10^{14}$，μm/s；K 为玻尔兹曼常数，$K=1.3807\times10^{-23}$，J/K；T 为绝对温度，K。

对上式化简为

$$M_{\lambda,T}=\frac{c_1}{\lambda^5}\frac{1}{\exp\left(\frac{c_2}{\lambda T}\right)-1} \tag{8.2}$$

式中：c_1 为普朗克第一辐射常数，$W\cdot \mu m^4\cdot m^{-2}$；$c_2$ 为普朗克第二辐射常数，μm·K。

$$c_1=2\pi hc^2=3.7369\times10^8(W\cdot \mu m^4\cdot m^{-2})$$

$$c_2=\frac{hc}{K}=1.4385\times10^4(\mu m\cdot K)$$

黑体遵循朗伯定律，黑体光谱辐射亮度 $B_{\lambda,T}$是温度 T 和波长 λ 的函数。其光谱辐射量度为

$$B_{\lambda,T}=\frac{M_{\lambda,T}}{\pi}(W\cdot m^{-2}\cdot \mu m^{-1}\cdot sr^{-1}) \tag{8.3}$$

根据上述公式，在Excel中编写计算程序：普朗克黑体辐射定律.xlsx。该Excel已

经编辑好公式，在 6000K 黑体光谱辐射出射度曲线工作表中，改变温度值，查看不同温度下黑体光谱辐射出射度曲线变化。切换至黑体光谱辐射亮度曲线工作表，查看不同温度下的黑体光谱辐射亮度值变化。

根据实验数据发现：

(1) 每一个温度下，黑体的辐射出射度都有一个峰值，随着温度的升高，峰值所对应的波长向着短波方向移动。

(2) 不同温度下，黑体的辐射出射度曲线不相交。

(3) 一个较小的温度变化，可引起辐射出射度较大的变化。

8.2 地 物 波 谱 曲 线

8.2.1 主要的地物波谱数据库

地物的反射、吸收、发射电磁波的特征是随着波长而变化的，人们常以波谱曲线的形式表示，简称地物波谱。地物波谱可以通过各种光谱测量仪器，如分光光度计、光谱仪、摄谱仪、光谱辐射计等，经实验室或野外测量得到。

地物波谱特征的研究是遥感的重要组成部分。波谱数据对于遥感信号识别地物、提取地表信息有重要参考意义。在遥感应用的飞速发展中，遥感信息提取新策略作为当前遥感科学与技术发展中的重要学科前沿之一，其识别的效率及精度问题可通过地物波谱数据库得以辅助解决。将地物波谱特征用于地物识别与地理要素提取，可以提高地物属性识别精度，最终实现分类识别智能化与自动化。作为遥感基础研究一个重要环节的地物波谱研究，主要集中在长期、系统地对不同的地面覆盖类型和地物进行波谱测试，并建立了一系列基于不同学科背景下的波谱数据库（见表 8.1）。

USGS 波谱库汇集了数千种材料的光谱反射数据，波长范围从 0.2～200μm，可访问网址 https：//speclab. cr. usgs. gov/labs/spec－lab 查看详细信息。

表 8.1　　国内外波谱数据库及特征

区域	名　称	发布机构	建设年份	主 要 特 征
国外	USGS 波谱库	美国地质调查局（USGS）	1993	涵盖 0.2～200μm 内 1368 条反射波谱，覆盖地物类型广，以矿物为主
	JPL 波谱库	喷气推进实验室（JPL）	1981	波段范围 0.4～2.5μm，首次推出野外地质波谱数据库，矿物波谱按粒径尺度采样划分
	JHU 波谱库	约翰霍普金斯大学（JHU）	1991	提供 15 个子库，地物配套参数详细，针对不同地物类型选用不同的分光计
	ASTER 波谱库	美国国家航空航天局（NASA）	1998	汇集 0.4～15.4μm 内超过 2400 条波谱数据，分发范围广，支持在线搜索，交互性强

续表

区域	名　称	发布机构	建设年份	主 要 特 征
国外	ASU热红外波谱库	亚利桑那大学（ASU）	2000	含矿岩、土壤波谱，提供样品质量、理化成分，可定制波谱数据并上传个人波谱数据
	HyspIRI生态系统波谱库	喷气推进实验室（JPL）	1999	0.38～2.5μm内植被组分、土壤、光学参量、珊瑚、湿地、雪及人工目标光谱，应用性强
	GAIA波谱库	欧空局（ESA）	2011	半经验波谱库，主要涵盖各类星体等宇宙物质模拟波谱
	ICRAF-ISRIC全球土壤波谱数据库	世界农林中心、世界土壤信息中心	2004	涵盖4437个样本共785条土壤波谱，样本来源广泛，分类细致
国内	中国典型地物波谱库	北京师范大学	2002	集波谱测量数据、遥感先验知识数据于一体，适用于理论研究，配套参数详细
	地物反射光谱特性数据库	中国科学院光学精密机械研究所	1990	包含光学、微波、不同时相的波谱数据，含地面、航空、微波数据库
	长春净月潭地物反射光谱数据库	中国科学院东北地理与农业生态研究所	2002	包含多种不同平台、不同角度的波谱数据
	面向电子政务的全国典型地物波谱数据库	中国科学院遥感与数字地球研究所	2007	获取并整理了大量中国典型地物的波谱数据和配套参数，面向电子政务服务
	中国污染水体反射光谱数据库	国家海洋局	2001	测量七大类污染水体，并记录气温、水温、透明度等参数及水质与生物学分析项，服务于水体研究

8.2.2 查看地物波谱曲线

通过以下操作可以浏览ENVI自带的标准波谱库文件，启动ENVI→在主界面菜单栏选择Display→Spectral Library Viewer。打开Spectral Library Viewer面板。在Spectral Library Viewer面板中，左侧列表框中自动显示了各种波谱库，点开波谱库，选择波谱库中的某个地物波谱曲线，波谱曲线显示在Plots窗口中。其中，横坐标为波长，纵坐标为反射率，如图8.1所示。

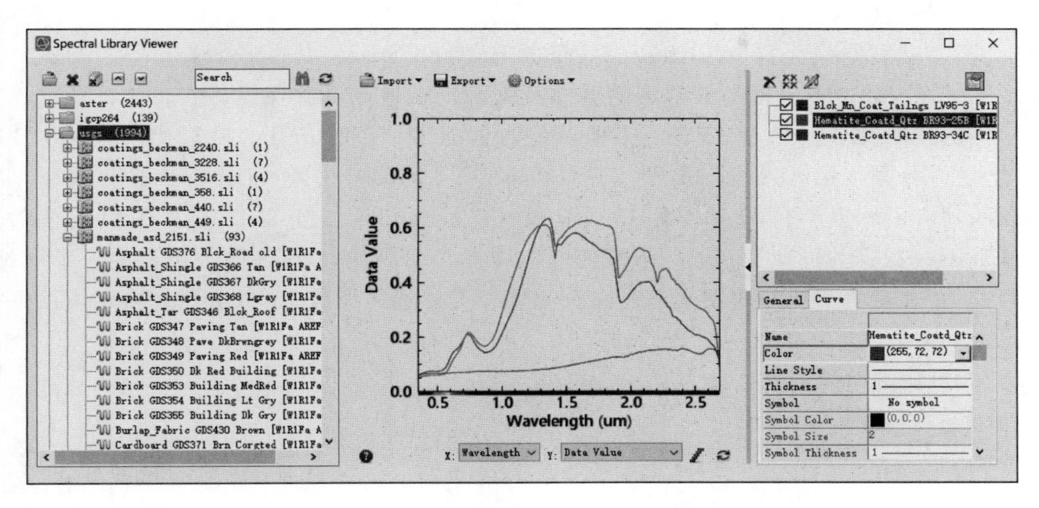

图 8.1　Spectral Library Viewer 面板

8.3　Landsat 8 辐射定标与表观反射率计算

8.3.1　实验背景

一个典型遥感系统组成如图 8.2 所示。对于数据处理系统来讲，辐射定标是最先完成的项目。

遥感扫描成像时，传感器接收到的电磁波信号通过光电转换系统变成了电信号，这种连续变化的电信号需要再经过模数转换器转换成适合计算机传输和存储的离散变量，像元的亮度值，也称灰度值。遥感图像上像元亮度值的大小，能反映其对应的地表地物辐射能力的差异，但这种大小是相对的，在不同的图像上有不同的量化标准和量化值，并没有实际的物理意义。因此当用户需要计算地物的光谱反射率或者光谱辐射亮度时，或者需要对不同时间、不同传感器获取的图像进行比较时，都必须将图像的亮度值转换为辐射亮度。这种将遥感图像的亮度值转化成光谱辐射亮度的过程就是辐射定标（radiometric calibration）。辐射定标通常可通过线性方程实现，即

$$L = \text{Gain} \cdot DN + \text{Offset} \tag{8.4}$$

式中：DN 为像元的亮度值；L 为辐射亮度，单位为 $W \cdot m^{-2} \cdot \mu m^{-1} \cdot sr^{-1}$；Gain、Offset 为传感器的定标参数，分别为传感器的增益系数和偏移系数。

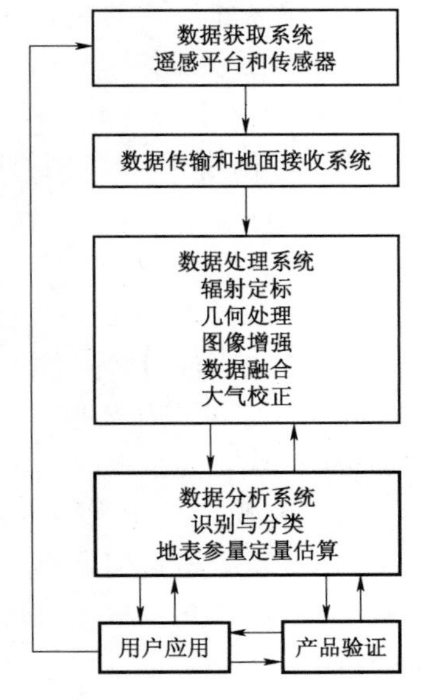

图 8.2　遥感系统组成

不同的传感器有不同的定标参数，辐射定标的关键就是确定定标参数。定标参数可通过实验室定标、星上定标以及地面定标等多种不同方法确定。对于卫星影像来讲，这些定标参数一般在数据头文件中提供。

8.3.2　实验数据

美国国家航空航天局（National Aeronautics and Space Administration，NASA）的Landsat（美国陆地卫星）是最常用的遥感数据源，在地球资源探索，农、林、畜牧业管理，自然灾害（如地震）和环境污染监测等方面有着广泛的应用。1972年7月23日以来，已发射8颗（第6颗发射失败）。Landsat 1－4均相继失效，Landsat 5于2013年6月退役，Landsat 7于1999年4月15日发射升空，Landsat 8于2013年2月11日发射升空。Landsat数据均可免费获取，下载地址主要有NASA和USGS两大机构的各个网站。其中，NASA负责卫星的研制发射及在轨测试。美国地质调查局（United States Geological Survey，USGS）负责卫星数据的接收、分发和存档。

两大机构网站的下载网址为：

https://ladsweb.modaps.eosdis.nasa.gov

https://glovis.usgs.gov

https://earthexplorer.usgs.gov

国内也有Landsat的下载服务，主要的网站有：

地理空间数据云，http://www.gscloud.cn

对地观测数据共享计划，http://ids.ceode.ac.cn

其他的数据下载网站有：

中国资源卫星数据服务网，http://www.cresda.com

环保部环境卫星下载服务网，http://www.secmep.cn，下载环境小卫星数据。

国家气象卫星中心，http://satellite.nsmc.org.cn，风云系列卫星。

寒区旱区科学数据中心，http://westdc.westgis.ac.cn

中科院数据云，http://www.csdb.cn

USGS提供了WRS（Worldwide Reference System）文件用来更方便的定位Landsat影像。WRS是依据Landsat卫星地面轨迹的重复特性，结合星下点成像特性而形成的固定地面参考网格。WRS网格的二维坐标采用Path和Row进行标识。在WRS2_descending.shp文件中，根据某一地区范围，确定其Landsat影像的Path和Row值，可以方便的检索影像。

对于下载的遥感影像数据产品，有不同的级别，常用的定义方式如下：

（1）1级：经过辐射校正，并将卫星下行扫描行数据反转后按标称位置排列，但没有经过几何校正的产品数据。1级产品也被称为辐射校正产品。

（2）2级：经过辐射校正和几何校正的产品数据，并将校正后的图像数据映射到指定的地图投影坐标下。2级产品也被称为系统校正产品。

（3）3级：经过辐射校正和几何校正的产品数据，同时采用地面控制点改进产品的几何精度。3级产品也被称为几何精校正产品。几何精校正产品的几何精度取决于地面控制点的精度。

（4）4级：经过辐射校正、几何校正和几何精校正的产品数据，同时采用数字高程模型（DEM）纠正地势起伏造成的视差。Level 4产品也称为高程校正产品。高程校正产品的几何精度取决于地面控制点的可用性和DEM数据的分辨率。

Landsat 8 是最新的陆地卫星，Landsat 8 上携带有两个主要载荷：陆地成像仪（Operational Land Imager，OLI）和热红外传感器（Thermal Infrared Sensor，TIRS），其中 OLI 有 9 个波段，TIRS 有 2 个波段，其和 Landsat 4/5 上搭载的专题制图仪（Thematic Mapper，TM）的主要区别见表 8.2。

除了空间分辨率外，Landsat 8 和 Landsat 4/5 在光谱分辨率方面也有差别，Landsat 8 的 OLI 和 TIRS 传感器共有 11 个波段，Landsat 4/5 的 TM 传感器有 8 个波段。在时间分辨率方面，Landsat 4/5 和 Landsat 8 的重返周期均为 16 天。TM 影像的辐射分辨率为 256 量级，其数据的记录以 8bits（取值范围为 0～255）。而 OLI 影像的辐射分辨率为 4096 量级，其数据的记录以 12bits（取值范围为 0～4095）。

表 8.2　陆地成像仪 OLI 与专题制图仪 TM 对比

陆地成像仪 OLI			专题制图仪 TM		
波段名称	波段/μm	空间分辨率/m	波段名称	波段/μm	空间分辨率/m
Band1 Coastal	0.433～0.453	30	—	—	—
Band2 Blue	0.450～0.515	30	Band1 Blue	0.450～0.515	30
Band3 Green	0.525～0.600	30	Band2 Green	0.525～0.605	30
Band4 Red	0.630～0.680	30	Band3 Red	0.630～0.690	30
Band5 NIR	0.845～0.885	30	Band4 NIR	0.775～0.900	30
Band6 SWIR1	1.560～1.660	30	Band5 SWIR1	1.550～1.750	30
Band7 SWIR2	2.100～2.300	30	Band7 SWIR2	2.090～2.350	30
Band8 Pan	0.500～0.680	15	Band8 Pan	0.520～0.900	15
Band9 Cirrus	1.360～1.390	30	Band6 thermal	10.40～12.50	60/120

Landsat 8 还有两个 TIRS 波段，参数见表 8.3。

表 8.3　热红外传感器 TIRS 载荷参数

波段名称	中心波长/μm	最小波段边界/μm	最大波段边界/μm	空间分辨率/m
Band10 TIRS1	10.90	10.60	11.19	100
Band11 TIRS2	12.00	11.50	12.51	100

不同的多光谱波段组合通常有不同的用途，见表 8.4。

表 8.4　Landsat OLI 陆地成像仪波段合成主要用途

红（R），绿（G），蓝（B）	主 要 用 途
4、3、2 Red、Green、Blue	真彩色合成图像，易受到大气的影响，有时图像不够清晰
7、6、4 SWIR2、SWIR1、Red	用于城市监测，这种波段组合用到了短波红外波段，相较于波长较短的波段来说，效果比较明亮
5、4、3 NIR、Red、Green	在这种波段组合下，植被显示为红色，植被越健康红色越亮，而且还可以区分出植被的种类，常用来监测植被、农作物和湿地

续表

红（R），绿（G），蓝（B）	主要用途
6、5、2 SWIR1、NIR、Blue	对监测农作物很有效，农作物显示为高亮的绿色，裸地显示为品红色，休耕地显示为很弱的墨绿色
7、6、5 SWIR2、SWIR1、NIR	能有效穿透大气层
5、6、2 NIR、SWIR1、Blue	健康植被显示效果较好
5、6、4 NIR、SWIR1、Red	这种波段组合，深浅的橙色和绿色是陆地，冰显示为很亮的玫红色，深浅蓝色是水，可以有效区分陆地和水体
7、5、3 SWIR2、NIR、Green	这种波段组合具有良好的大气透射，植被显示为不同深度的绿色，这种波段组合常用于 NASA 生产的镶嵌的 Landsat 数据
7、5、2 SWIR2、NIR、Blue	这种波段组合类似 6，5，2，用了更长波段的短波红外，对火点燃烧引起的烟雾的敏感度降低，常用于检测林火
7、5、4 SWIR2、NIR、Red	短波红外波段组合
6、3、2 SWIR1、Green、Blue	这种波段组合对于没有或少量植被情况下，突出地表的景观，对地质监测有效
6、5、4 SWIR1、NIR、Red	多用于植被分析
5、7、1 NIR、SWIR2、Coastal	海岸波段是 Landsat8 独有，可以穿透一些很小的微粒（灰尘、烟雾等），还能穿透浅的水域，可以有效监测植被和水体

8.3.3 操作步骤

1. 下载数据、查看数据及头文件

在前述下载网址中下载 LC81270362016169LGN00.tar.gz 文件，也可以是其他 Landsat8 数据，解压，启动 ArcGIS Pro，单击 Add Data，定位至解压后文件所在的文件夹，选择 LC81270362016169LGN00_MTL.txt，单击 OK。可以看到除了全色波段外（第 8 波段，Pan 波段），其余的 8 个多光谱波段（1～7 以及第 9 波段）被加载至 ArcGIS Pro 的 Contents 窗口中，在 Contents 的 Multispectral_LC81270362016169LGN00_MTL 下方某个色块右击，可更改波段组合。在窗口中单击，查看其 DN 值，可以看出对于 Landsat8，DN 的取值范围为 0～65536。

LC81270362016169LGN00_MTL.txt 为影像的头文件，记录了成像时间、文件格式等各种参数。使用记事本打开 LC81270362016169LGN00_MTL.txt 头文件，查看其内容，如下：

```
GROUP = L1_METADATA_FILE
  GROUP = METADATA_FILE_INFO
    ORIGIN = "Image courtesy of the U.S. Geological Survey"
    REQUEST_ID = "0701606228717_00027"
```

```
    LANDSAT_SCENE_ID = "LC81270362016169LGN00"
    FILE_DATE = 2016-06-22T22:16:18Z
    STATION_ID = "LGN"
    PROCESSING_SOFTWARE_VERSION = "LPGS_2.6.2"
END_GROUP = METADATA_FILE_INFO
GROUP = PRODUCT_METADATA
    DATA_TYPE = "L1T"
    ELEVATION_SOURCE = "GLS2000"
    OUTPUT_FORMAT = "GEOTIFF"
    SPACECRAFT_ID = "LANDSAT_8"
    SENSOR_ID = "OLI_TIRS"
    WRS_PATH = 127
    WRS_ROW = 36
    NADIR_OFFNADIR = "NADIR"
    TARGET_WRS_PATH = 127
    TARGET_WRS_ROW = 36
    DATE_ACQUIRED = 2016-06-17
    SCENE_CENTER_TIME = "03:19:32.1124130Z"
    CORNER_UL_LAT_PRODUCT = 35.64997
    CORNER_UL_LON_PRODUCT = 107.52206
    CORNER_UR_LAT_PRODUCT = 35.69690
    CORNER_UR_LON_PRODUCT = 110.10580
    CORNER_LL_LAT_PRODUCT = 33.50573
    CORNER_LL_LON_PRODUCT = 107.61035
    CORNER_LR_LAT_PRODUCT = 33.54907
    CORNER_LR_LON_PRODUCT = 110.12856
    CORNER_UL_PROJECTION_X_PRODUCT = 185100.000
    CORNER_UL_PROJECTION_Y_PRODUCT = 3950700.000
    CORNER_UR_PROJECTION_X_PRODUCT = 419100.000
    CORNER_UR_PROJECTION_Y_PRODUCT = 3950700.000
    CORNER_LL_PROJECTION_X_PRODUCT = 185100.000
    CORNER_LL_PROJECTION_Y_PRODUCT = 3712500.000
    CORNER_LR_PROJECTION_X_PRODUCT = 419100.000
    CORNER_LR_PROJECTION_Y_PRODUCT = 3712500.000
    PANCHROMATIC_LINES = 15881
    PANCHROMATIC_SAMPLES = 15601
    REFLECTIVE_LINES = 7941
    REFLECTIVE_SAMPLES = 7801
```

    THERMAL_LINES = 7941
    THERMAL_SAMPLES = 7801
    FILE_NAME_BAND_1 = "LC81270362016169LGN00_B1.TIF"
    FILE_NAME_BAND_2 = "LC81270362016169LGN00_B2.TIF"
    FILE_NAME_BAND_3 = "LC81270362016169LGN00_B3.TIF"
    FILE_NAME_BAND_4 = "LC81270362016169LGN00_B4.TIF"
    FILE_NAME_BAND_5 = "LC81270362016169LGN00_B5.TIF"
    FILE_NAME_BAND_6 = "LC81270362016169LGN00_B6.TIF"
    FILE_NAME_BAND_7 = "LC81270362016169LGN00_B7.TIF"
    FILE_NAME_BAND_8 = "LC81270362016169LGN00_B8.TIF"
    FILE_NAME_BAND_9 = "LC81270362016169LGN00_B9.TIF"
    FILE_NAME_BAND_10 = "LC81270362016169LGN00_B10.TIF"
    FILE_NAME_BAND_11 = "LC81270362016169LGN00_B11.TIF"
    FILE_NAME_BAND_QUALITY = "LC81270362016169LGN00_BQA.TIF"
    METADATA_FILE_NAME = "LC81270362016169LGN00_MTL.txt"
    BPF_NAME_OLI = "LO8BPF20160617030633_20160617033049.01"
    BPF_NAME_TIRS = "LT8BPF20160606063351_20160620173313.01"
    CPF_NAME = "L8CPF20160401_20160630.03"
    RLUT_FILE_NAME = "L8RLUT20150303_20431231v11.h5"
END_GROUP = PRODUCT_METADATA
GROUP = IMAGE_ATTRIBUTES
    CLOUD_COVER = 0.03
    CLOUD_COVER_LAND = 0.03
    IMAGE_QUALITY_OLI = 9
    IMAGE_QUALITY_TIRS = 9
    TIRS_SSM_MODEL = "FINAL"
    TIRS_SSM_POSITION_STATUS = "ESTIMATED"
    ROLL_ANGLE = -0.001
    SUN_AZIMUTH = 115.20732111
    SUN_ELEVATION = 68.16702690
    EARTH_SUN_DISTANCE = 1.0159622
    GROUND_CONTROL_POINTS_VERSION = 4
    GROUND_CONTROL_POINTS_MODEL = 283
    GEOMETRIC_RMSE_MODEL = 7.410
    GEOMETRIC_RMSE_MODEL_Y = 4.956
    GEOMETRIC_RMSE_MODEL_X = 5.510
    GROUND_CONTROL_POINTS_VERIFY = 72
    GEOMETRIC_RMSE_VERIFY = 4.106

```
END_GROUP = IMAGE_ATTRIBUTES
GROUP = MIN_MAX_RADIANCE
    RADIANCE_MAXIMUM_BAND_1 = 736.36694
    RADIANCE_MINIMUM_BAND_1 = -60.80942
    RADIANCE_MAXIMUM_BAND_2 = 754.04871
    RADIANCE_MINIMUM_BAND_2 = -62.26959
    RADIANCE_MAXIMUM_BAND_3 = 694.84943
    RADIANCE_MINIMUM_BAND_3 = -57.38089
    RADIANCE_MAXIMUM_BAND_4 = 585.93616
    RADIANCE_MINIMUM_BAND_4 = -48.38680
    RADIANCE_MAXIMUM_BAND_5 = 358.56372
    RADIANCE_MINIMUM_BAND_5 = -29.61031
    RADIANCE_MAXIMUM_BAND_6 = 89.17154
    RADIANCE_MINIMUM_BAND_6 = -7.36381
    RADIANCE_MAXIMUM_BAND_7 = 30.05558
    RADIANCE_MINIMUM_BAND_7 = -2.48200
    RADIANCE_MAXIMUM_BAND_8 = 663.11853
    RADIANCE_MINIMUM_BAND_8 = -54.76054
    RADIANCE_MAXIMUM_BAND_9 = 140.13483
    RADIANCE_MINIMUM_BAND_9 = -11.57238
    RADIANCE_MAXIMUM_BAND_10 = 22.00180
    RADIANCE_MINIMUM_BAND_10 = 0.10033
    RADIANCE_MAXIMUM_BAND_11 = 22.00180
    RADIANCE_MINIMUM_BAND_11 = 0.10033
END_GROUP = MIN_MAX_RADIANCE
GROUP = MIN_MAX_REFLECTANCE
    REFLECTANCE_MAXIMUM_BAND_1 = 1.210700
    REFLECTANCE_MINIMUM_BAND_1 = -0.099980
    REFLECTANCE_MAXIMUM_BAND_2 = 1.210700
    REFLECTANCE_MINIMUM_BAND_2 = -0.099980
    REFLECTANCE_MAXIMUM_BAND_3 = 1.210700
    REFLECTANCE_MINIMUM_BAND_3 = -0.099980
    REFLECTANCE_MAXIMUM_BAND_4 = 1.210700
    REFLECTANCE_MINIMUM_BAND_4 = -0.099980
    REFLECTANCE_MAXIMUM_BAND_5 = 1.210700
    REFLECTANCE_MINIMUM_BAND_5 = -0.099980
    REFLECTANCE_MAXIMUM_BAND_6 = 1.210700
    REFLECTANCE_MINIMUM_BAND_6 = -0.099980
```

```
    REFLECTANCE_MAXIMUM_BAND_7 = 1.210700
    REFLECTANCE_MINIMUM_BAND_7 = -0.099980
    REFLECTANCE_MAXIMUM_BAND_8 = 1.210700
    REFLECTANCE_MINIMUM_BAND_8 = -0.099980
    REFLECTANCE_MAXIMUM_BAND_9 = 1.210700
    REFLECTANCE_MINIMUM_BAND_9 = -0.099980
END_GROUP = MIN_MAX_REFLECTANCE
GROUP = MIN_MAX_PIXEL_VALUE
    QUANTIZE_CAL_MAX_BAND_1 = 65535
    QUANTIZE_CAL_MIN_BAND_1 = 1
    QUANTIZE_CAL_MAX_BAND_2 = 65535
    QUANTIZE_CAL_MIN_BAND_2 = 1
    QUANTIZE_CAL_MAX_BAND_3 = 65535
    QUANTIZE_CAL_MIN_BAND_3 = 1
    QUANTIZE_CAL_MAX_BAND_4 = 65535
    QUANTIZE_CAL_MIN_BAND_4 = 1
    QUANTIZE_CAL_MAX_BAND_5 = 65535
    QUANTIZE_CAL_MIN_BAND_5 = 1
    QUANTIZE_CAL_MAX_BAND_6 = 65535
    QUANTIZE_CAL_MIN_BAND_6 = 1
    QUANTIZE_CAL_MAX_BAND_7 = 65535
    QUANTIZE_CAL_MIN_BAND_7 = 1
    QUANTIZE_CAL_MAX_BAND_8 = 65535
    QUANTIZE_CAL_MIN_BAND_8 = 1
    QUANTIZE_CAL_MAX_BAND_9 = 65535
    QUANTIZE_CAL_MIN_BAND_9 = 1
    QUANTIZE_CAL_MAX_BAND_10 = 65535
    QUANTIZE_CAL_MIN_BAND_10 = 1
    QUANTIZE_CAL_MAX_BAND_11 = 65535
    QUANTIZE_CAL_MIN_BAND_11 = 1
END_GROUP = MIN_MAX_PIXEL_VALUE
GROUP = RADIOMETRIC_RESCALING
    RADIANCE_MULT_BAND_1 = 1.2164E-02
    RADIANCE_MULT_BAND_2 = 1.2456E-02
    RADIANCE_MULT_BAND_3 = 1.1478E-02
    RADIANCE_MULT_BAND_4 = 9.6793E-03
    RADIANCE_MULT_BAND_5 = 5.9232E-03
    RADIANCE_MULT_BAND_6 = 1.4731E-03
```

```
    RADIANCE_MULT_BAND_7 = 4.9650E-04
    RADIANCE_MULT_BAND_8 = 1.0954E-02
    RADIANCE_MULT_BAND_9 = 2.3149E-03
    RADIANCE_MULT_BAND_10 = 3.3420E-04
    RADIANCE_MULT_BAND_11 = 3.3420E-04
    RADIANCE_ADD_BAND_1 = -60.82158
    RADIANCE_ADD_BAND_2 = -62.28204
    RADIANCE_ADD_BAND_3 = -57.39237
    RADIANCE_ADD_BAND_4 = -48.39648
    RADIANCE_ADD_BAND_5 = -29.61623
    RADIANCE_ADD_BAND_6 = -7.36529
    RADIANCE_ADD_BAND_7 = -2.48250
    RADIANCE_ADD_BAND_8 = -54.77150
    RADIANCE_ADD_BAND_9 = -11.57470
    RADIANCE_ADD_BAND_10 = 0.10000
    RADIANCE_ADD_BAND_11 = 0.10000
    REFLECTANCE_MULT_BAND_1 = 2.0000E-05
    REFLECTANCE_MULT_BAND_2 = 2.0000E-05
    REFLECTANCE_MULT_BAND_3 = 2.0000E-05
    REFLECTANCE_MULT_BAND_4 = 2.0000E-05
    REFLECTANCE_MULT_BAND_5 = 2.0000E-05
    REFLECTANCE_MULT_BAND_6 = 2.0000E-05
    REFLECTANCE_MULT_BAND_7 = 2.0000E-05
    REFLECTANCE_MULT_BAND_8 = 2.0000E-05
    REFLECTANCE_MULT_BAND_9 = 2.0000E-05
    REFLECTANCE_ADD_BAND_1 = -0.100000
    REFLECTANCE_ADD_BAND_2 = -0.100000
    REFLECTANCE_ADD_BAND_3 = -0.100000
    REFLECTANCE_ADD_BAND_4 = -0.100000
    REFLECTANCE_ADD_BAND_5 = -0.100000
    REFLECTANCE_ADD_BAND_6 = -0.100000
    REFLECTANCE_ADD_BAND_7 = -0.100000
    REFLECTANCE_ADD_BAND_8 = -0.100000
    REFLECTANCE_ADD_BAND_9 = -0.100000
END_GROUP = RADIOMETRIC_RESCALING
GROUP = TIRS_THERMAL_CONSTANTS
    K1_CONSTANT_BAND_10 = 774.8853
    K1_CONSTANT_BAND_11 = 480.8883
```

```
    K2_CONSTANT_BAND_10 = 1321.0789
    K2_CONSTANT_BAND_11 = 1201.1442
  END_GROUP = TIRS_THERMAL_CONSTANTS
  GROUP = PROJECTION_PARAMETERS
    MAP_PROJECTION = "UTM"
    DATUM = "WGS84"
    ELLIPSOID = "WGS84"
    UTM_ZONE = 49
    GRID_CELL_SIZE_PANCHROMATIC = 15.00
    GRID_CELL_SIZE_REFLECTIVE = 30.00
    GRID_CELL_SIZE_THERMAL = 30.00
    ORIENTATION = "NORTH_UP"
    RESAMPLING_OPTION = "CUBIC_CONVOLUTION"
  END_GROUP = PROJECTION_PARAMETERS
 END_GROUP = L1_METADATA_FILE
END
```

2. 辐射亮度（Radiance）计算公式及参数确定

对于 Landsat 8 的 OLI 和 TIRS 波段数据可以根据 MTL 文件中提供的辐射重定义因子转化为大气层外的光谱辐射亮度。

$$L_\lambda = M_L Q_{cal} + A_L \tag{8.5}$$

式中：L_λ 为大气层外光谱辐射亮度（TOA spectral radiance），$W \cdot m^{-2} \cdot \mu m^{-1} \cdot sr^{-1}$；$M_L$ 为各个波段的增益系数，在头文件中命名方式为 RADIANCE_MULT_BAND_x，x 为波段数，取值 1～11；A_L 为偏移系数，在头文件中命名方式为 RADIANCE_ADD_BAND_x，取值 1～11；Q_{cal} 为 DN 值。

3. 行星反射率（Reflectance）计算公式及参数确定

Landsat 8 的 OLI 多光谱波段能够根据 MTL 文件提供的反射率重定义系数转化为 TOA 行星反射率（也称“表观反射率”），方程如下

$$\rho_{\lambda'} = M_\rho Q_{cal} + A_\rho \tag{8.6}$$

式中：$\rho_{\lambda'}$ 为未经太阳角校正的 TOA 行星反射率；M_ρ 和 A_ρ 为调整系数，在头文件中命名方式分别为 REFLECTANCE_MULT_BAND_x 以及 REFLECTANCE_ADD_BAND_x，x 为波段数，取值 1～9。

TOA 行星反射率根据太阳角校正如下

$$\rho_\lambda = \frac{\rho_{\lambda'}}{\cos(\theta_{SZ})} = \frac{\rho_{\lambda'}}{\sin(\theta_{SE})} \tag{8.7}$$

式中：ρ_λ 为经太阳角校正后的 TOA 行星反射率；θ_{SE} 为当地太阳高度角，在头文件中由 SUN_ELEVATION 给出，θ_{SZ} 为当地太阳天顶角，θ_{SE} 等于 $90-\theta_{SE}$。太阳天顶角（Zenith angle）是太阳入射光线与天顶方向的夹角。太阳高度角（Elevation angle）和太阳天顶角

互余。还有一个经常用的概念是太阳方位角（Solar azimuth），指的是太阳光线在地平面上的投影与当地子午线夹角。

定标后得到的行星反射率，经过大气校正，可以获得地表真实反射率。

4. 亮度温度（Brightness temperature）计算公式及参数确定

对于 Landsat 8 的第 10 和第 11 的 TIRS 波段数据，可以根据头文件提供的热量常数将大气层外光谱辐射亮度转化为大气层外亮度温度。

$$T=\frac{K_2}{\ln\left(\frac{K_1}{L_\lambda}+1\right)} \tag{8.8}$$

式中：T 为大气层外亮度温度，K；L_λ 为大气层外光谱辐射亮度（TOA spectral radiance），$W \cdot m^{-2} \cdot \mu m^{-1} \cdot sr^{-1}$，使用式（8.5）首先将 DN 值转化为大气层外光谱辐射亮度；K_1、K_2 为校正系数，可在头文件中读出，分别为 K1_CONSTANT_BAND_x，K2_CONSTANT_BAND_x，x 为波段数，取 10 或者 11。

5. 辐射亮度、行星反射率以及亮度温度的计算

对于辐射亮度、行星反射率以及亮度温度的计算，可以使用 ArcGIS Pro 的栅格计算器（Raster Calculator）进行。以波段 1 为例，操作过程如下：

计算辐射亮度：将波段 1 加载至 ArcGIS Pro 中（注意选择 LC81270362016169LGN00_B1.TIF，只加载波段 1，而选择 LC81270362016169LGN00_MTL.txt，将加载除了 Pan 波段外的所有多光谱波段的组合波段，组合波段在 ArcGIS Pro 中无法进行单波段的栅格运算）→在头文件中查找 RADIANCE_MULT_BAND_1，为 1.2164E－02，查找 RADIANCE_ADD_BAND_1，为－60.82158→打开栅格计算器（Raster Calculator），构建表达式为

"LC81270362016169LGN00_B1.TIF" * 0.012164 －60.82158

设置输出文件名为 LC81270362016169_Radiance_band1（注：GIS 工程中会产生大量的临时文件和最终结果文件，为每个文件科学命名，做到见名知义，应视为 GIS 人员的基本素质之一。tif 文件需要保存在某个文件夹中而不能存储在 Geodatabase 中），单击 Run，计算波段 1 大气层外光谱辐射亮度。其他波段计算方法类似，如图 8.3 所示。

计算行星反射率：对于行星反射率，在头文件中确定 REFLECTANCE_MULT_BAND_1～REFLECTANCE_MULT_BAND_9 的值均为 2.0000E－05，REFLECTANCE_ADD_BAND_1～REFLECTANCE_ADD_BAND_9 的值

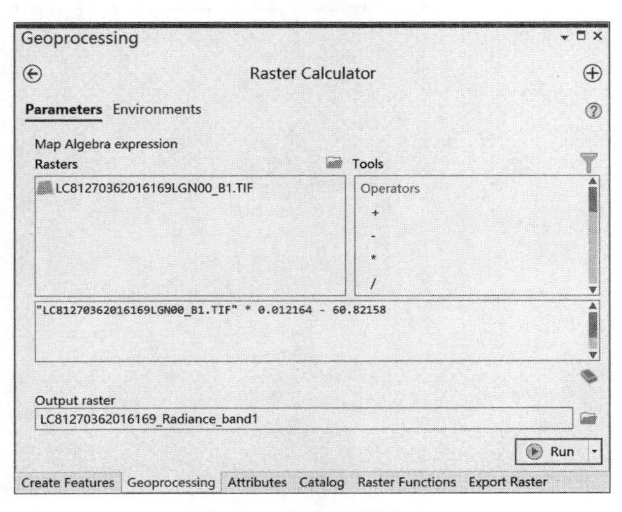

图 8.3 栅格计算器

均为−0.100000。在栅格计算器中构建的表达式为

"LC81270362016169LGN00_B1.TIF" * 0.00002 −0.1

设置输出文件名为 LC81270362016169_ Reflectance_band1，查找 SUN_ELEVATION 值为 68.16702690，使用式（8.7）进行太阳角校正，栅格计算器中的表达式为

"LC81270362016169_Reflectance_band1" / Sin(68.16702690 * 3.1415926/180)

注意栅格计算器中三角函数输入值为弧度。

计算亮度温度：首先计算辐射亮度，随后使用式（8.8）在栅格计算器中计算亮度温度。

计算完成后使用 Composite Bands 工具可将多个波段组合为一个文件，在输入波段时，从第一个波段到最后一个波段依次输入，如图 8.4 所示。

也可以使用 ENVI 软件进行辐射定标，打开 ENVI，单击菜单栏 File→Open As→Optical Sensors→Landsat→GeoTIFF with Metadata，选择 LC81270362016169LGN00_MTL.txt 文件，打开 Landsat 8 数据。

在 ENVI 的 Toolbox 中找到 Radiometric Correction 下的 Radiometric Calibration，双击打开 File Selection 对话框，选中 LC81270362016169LGN00_MTL_MultiSpectral，对多光谱的 1～7 波段进行校正，单击 OK→在 Radiometric Calibration 对话框中，Calibration Type 选择 Radiance（辐射亮度）或者 Reflectance（行星反射率），Output Interleave 选择 BIL，Out put Data Type 选择 Float，Scale Factor 设置为 1，此时输出的辐射亮度单位为 W·m^{-2}·μm^{-1}·sr^{-1}。如果后续需要进行 FLAASH 大气校正，单击 Apply FLAASH Settings，Scale Factor 将从 1 修改为 0.10，此时输出的辐射亮度单位为 μW·cm^{-2}·sr^{-1}·nm^{-1}。设置输出文件的位置和名称。单击 OK，完成辐射定标。也可以对波段 8 全色波段（Pan）、波段 9 卷云波段（Cirrus）以及波段 10 和 11 两个热红外波段进行辐射定标，对波段 10 和波段 11 进行辐射定标时，输出项可以是辐射亮度，也可以是亮度温度（Brightness temperature），如图 8.5 所示。

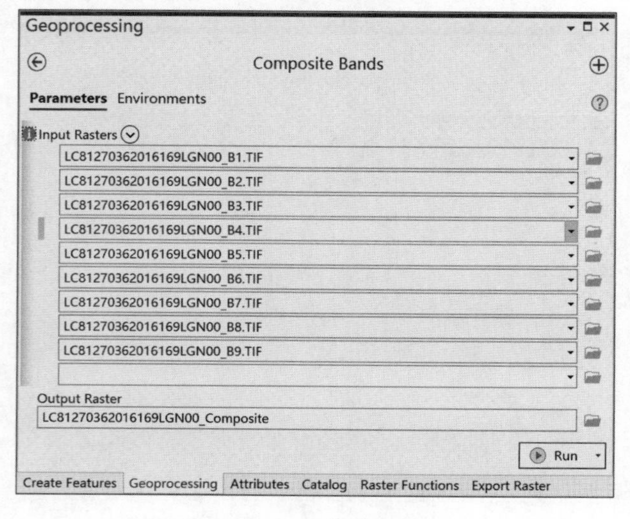

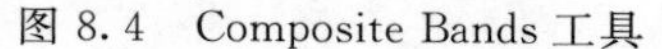
图 8.4 Composite Bands 工具

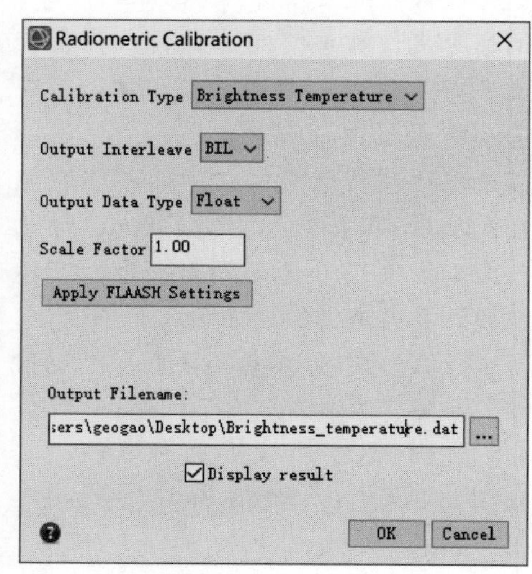

图 8.5 使用 ENVI 进行辐射定标

8.4 对 Landsat OLI 进行 FLAASH 大气校正

8.4.1 实验背景

遥感所利用的各种辐射能（主要为太阳短波辐射）均要与地球大气层发生相互作用，如散射、吸收，从而使能量衰减，并使光谱分布发生变化。大气的衰减作用对不同波长的光是具有选择性的，因而大气对不同波段图像的影响不同。此外，太阳-目标-传感器之间的几何关系不同，导致穿越的大气路径长度不同，使得图像中不同地区地物的像元灰度值所受大气影响程度的不同，且同一个地物的像元灰度值在不同获取时间所受大气影响程度也不同。

大气辐射校正就是消除或者降低大气对地表反射太阳辐射影响的处理过程。大气校正前地反射率图像称为大气层顶（Top of Atmosphere，TOA）反射率，又称之为行星反射率、表观反射率。大气校正后地反射率称为地表真实反射率。

一般来说，做非监督分类或者是变化监测，大气校正不是必须要做的，有研究表明，大气校正不会提高土地利用分类的精度。但是对于使用训练样本的监督分类，当一个时相或区域的训练样本要用于另一个时相或区域时，这种情况下，需要做大气校正。对于光谱指数计算，使用经过大气校正的地表反射率会使计算结果更加精确。例如，归一化植被指数（NDVI）受大气的影像比其他光谱指数更为敏感，那么计算 NDVI 这类受大气影响大的指数，需要做大气校正。对高光谱传感器数据做处理，大气校正也很有必要，特别是要用不同时相或不同传感器的光谱指数进行对比。对于定量遥感而言，大气校正是必须进行的先行性工作。

大气校正方法常见的有基于简化辐射传输模型的黑暗像元法、基于统计的不变目标法、直方图匹配法、基于统计学模型的反射率反演，以及基于辐射传输模型的校正方法等。其中基于辐射传输模型的常见校正方法有 MORTRAN 模型、LOWTRAN 模型、ATCOR 模型以及 6S 模型等。

FLAASH 是由波谱科学研究所（Spectral Sciences Inc.）在美国空军研究实验室（U.S. Air Force Research Laboratory）支持下基于 MODTRAN4＋辐射传输模型开发的大气校正模块。FLAASH 适用于高光谱遥感数据（如 HyMap、AVIRIS、HYIDCE、HYPERION、Probe-1、CASI 和 AISA）和多光谱遥感数据（如陆地资源卫星、SPOT、IRS 和 ASTER）的大气校正。FLAASH 大气校正基于太阳波谱范围内（不包含热辐射）地表非均匀、朗伯面的模型，在传感器处接收的像元光谱辐射亮度公式为

$$L=\left[\frac{A\rho}{1-\rho_e S}\right]+\left[\frac{B\rho_e}{1-\rho_e S}\right]+L_a \tag{8.9}$$

式中：L 为遥感器接收的总辐射亮度；ρ 为像元的反射率；ρ_e 为周围区域的平均反射率；S 为大气向下的半球反照率；L_a 为大气程辐射；A、B 为依赖于大气（透过率）和几何状况的的系数；$\frac{A\rho}{1-\rho_e S}$为像元反射直接进入遥感器的部分；$\frac{B\rho_e}{1-\rho_e S}$为地表像元的反射经大气的散射进入传感器的部分。公式中几个相关的参数可以由 MODTRAN 模拟得到。

FLAASH 模块大气校正首先要从影像中获取大气参数，包括气溶胶光学厚度、气溶胶

类型和大气水汽柱含量。FLAASH中采用波段比值法进行水汽柱含量的反演，即用1130nm处的水汽吸收波段及其邻近的非水汽吸收波段的比值来获取大气水汽柱含量，实际运算中用MODTRAN 4生成了一个查找表来对每个像元进行水汽含量的反演。FLAASH模块中气溶胶光学厚度的反演采用暗目标法，利用660nm和2100nm处的反射率估算气溶胶量。气溶胶的影响会使得实际获得的植被反射率与理论反射率存在一定差异，FLAASH模块中正是利用了这个差异来反演气溶胶的光学厚度值。MODTRAN模型通过计算column water vapor的量来计算A、B、S和L_a。

由MODTRAN模拟得到大气相关参数，反射率就可以逐个像元进行计算。步骤如下：

（1）忽略影像邻近像元效应的影响，计算像元的空间平均反射率ρ_e。

（2）获取邻近像元反射率。FLAASH模块中用一个径向距离的近似指数函数代替大气点扩散函数进行邻近像元反射率的计算。

（3）求得邻近像元反射率后，将遥感器接收的辐射亮度和MODTRAN4模拟的大气校正参数代入辐射传输方程求得地物真实反射率ρ。

FLAASH对输入数据类型有以下要求：

（1）波段范围。卫星图像：400～2500nm，航空图像：860～1135nm。如果要执行水汽反演，光谱分辨率不高于15nm，且至少包含1050～1210nm、770～870nm、870～1020nm波段范围中的一个。

（2）像元值类型。经过定标后的辐射亮度数据，单位为$\mu W \cdot cm^{-2} \cdot nm^{-1} \cdot sr^{-1}$。

（3）数据类型。浮点型（Float）、32位无符号整型（Long）、16位无符号和有符号整型（Integer、Unsigned Int）。

（4）文件类型。ENVI标准栅格格式文件，BIP或者BIL储存结构。

（5）中心波长。数据头文件中（或者单独的一个文本文件）包含中心波长（wavelength）值，如果是高光谱图像还必须有波段宽度（FWHM），这两个参数都可以通过编辑头文件信息输入（Edit Header）。

（6）波谱滤波函数（波谱响应函数）文件。对于未知多光谱传感器需要提供波谱滤波函数文件。

8.4.2　实验数据

中国科学院计算机网络信息中心地理空间数据云平台（http://www.gscloud.cn）下载的LC81270362016169LGN00.tar.gz文件。

8.4.3　操作步骤

1. 对Landsat 8的OLI数据进行辐射定标

使用ENVI对多光谱波段进行辐射定标（一般不对全色图像进行大气校正）。在ENVI的Toolbox中找到Radiometric Correction下的Radiometric Calibration，Calibration Type选择Radiance，Output Interleave选择BIL，Output Data Type选择Float，单击Apply FLAASH Settings，Scale Factor自动设置为0.1。

Scale Factors是一个单位转换因子，因为Radiance的国际制单位为$W \cdot m^{-2} \cdot \mu m^{-1} \cdot sr^{-1}$，而FLAASH要求输入数据的单位为$\mu W \cdot cm^{-2} \cdot sr^{-1} \cdot nm^{-1}$。$1m=10^2 cm=10^6 \mu m=$

10^{9} nm；1W=$10^{6}\mu$W。故 $1\mathrm{W}\cdot\mathrm{m}^{-2}\cdot\mu\mathrm{m}^{-1}\cdot\mathrm{sr}^{-1}=0.1\mu\mathrm{W}\cdot\mathrm{cm}^{-2}\cdot\mathrm{sr}^{-1}\cdot\mathrm{nm}^{-1}$，Scale Factor 为 0.1。

设置输出文件名为 LC81270362016169LGN00_Radiance，单击 OK，完成辐射定标，如图 8.6 所示。

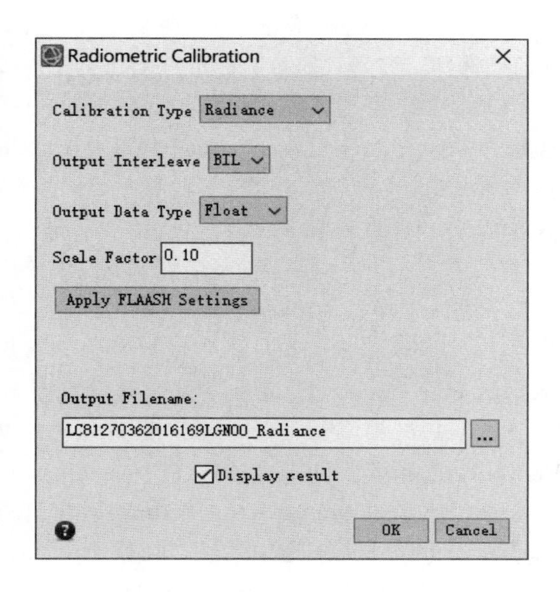

图 8.6　辐射定标

2. 输入 FLAASH 参数

在 ENVI 的 Toolbox 中定位到 Radiometric Correction → Atmospheric Correction Module→FLAASH Atmospheric Correction，双击打开，如图 8.7 所示。

在 FLAASH Atmospheric Correction Model Input Parameters 对话框进行如下设置：

（1）在 Input Radiance Image 选择辐射定标后的辐射亮度图像 LC81270362016169LGN00_Radiance。弹出的 Radiance Scale Factors 中选择 Use single scale factor for all bands，并在 Single scale factor 中输入 1。设置输出文件名为 LC81270362016169LGN00_Reflectance。

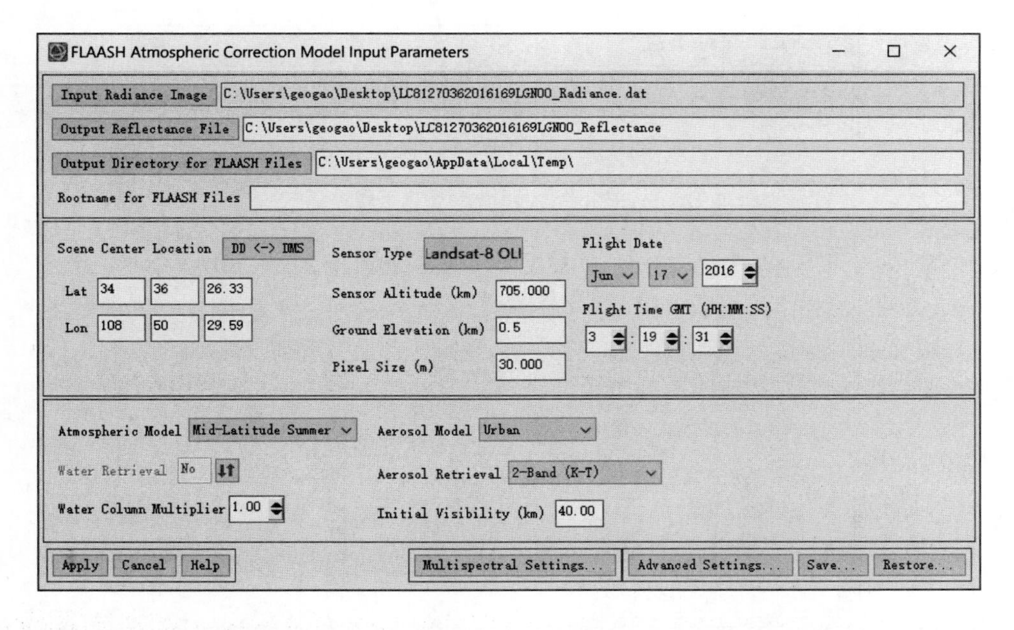

图 8.7　FLAASH Atmospheric Correction Model Input Parameters 对话框

（2）Scene Center Location 自动从头文件获取。传感器类型（Sensor Type）选择 Multispectral→Landsat - 8 OLI，Sensor Altitude 自动填充为 705km，Ground Elevation 输入地面高 0.5km（该参数为影像所在地的平均高程值，可以从影像所在区域的 DEM 上读取，注意单位是 km），飞行日期和时间参数根据头文件自动填充，像元大小也自动填充为 30m。

（3）Atmospheric Model（大气模型）。选择 Mid - Latitude Summer，根据成像时间和纬度信息选择。ENVI 提供了标准 MODTRAN 六种大气模型，即亚极地冬季（Sub - Arctic Winter）、中纬度冬季（Mid - Latitude Winter）、美国标准大气模型（U. S. Standard）、亚极地夏季（Sub - Arctic Summer）、中纬度夏季（Mid - Latitude Summer）以及热带（Tropical）。

（4）Aerosol Model（气溶胶模型）。选择 Urban，因为影像所在区域为关中平原，该模型混合 80%乡村和 20%烟尘气溶胶，适合高密度城市或者工业地区。还提供了 Rural（乡村）、Maritime（海平面或者受海风影响的大陆区域）以及 Tropospheric（对流层，适合于平静、干净条件下陆地）。

（5）Aerosol Retrieval（气溶胶反演方法）。选择 2 - Band（K - T），将使用 K - T 法（Kaufman - Tanre）反演气溶胶。当没有找到合适的黑暗像元时，初始能见度（Initial Visibility Value）将用于气溶胶反演模型。Water Column Multiplier 设置为 1，Initial Visibility 选择默认设置（40km）。

单击下方的 Multispectral Settings，在打开的 Multispectral Settings 对话框中，Select Channel Definitions by 选中 GUI，切换至 Kaufman - Tanre Aerosol Retrieval，用于设置寻找黑暗像元和云分类，在 Assign Default Values Based on Retrieval Conditions 选择 Defaults -> Over - Land Retrieval standard（600：2100），Filter Function File 波谱响应函数选择 landsat8_oli. sli，其他设置为默认值，单击 OK，完成多光谱设置，如图 8.8 所示。

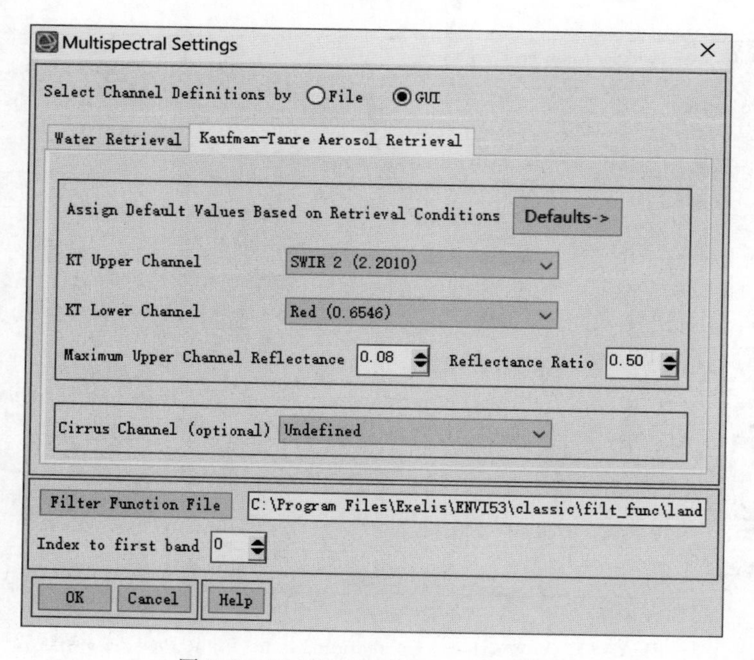

图 8.8 Multispectral Settings 对话框

单击 Advanced Settings，右下方的 Use Tiled Processing 设置为 NO。Output Reflectance Scale Factor 因子默认值为 10000，输出的反射率结果值乘以 10000，而真实的地表反射率结果应该介于 0～1 之间。后续可以使用波段运算的方式，每个波段除以 10000，使地表反射率结果介于 0～1 之间。设置完成后单击 OK，完成 Advanced Settings 设置，如图 8.9 所示。

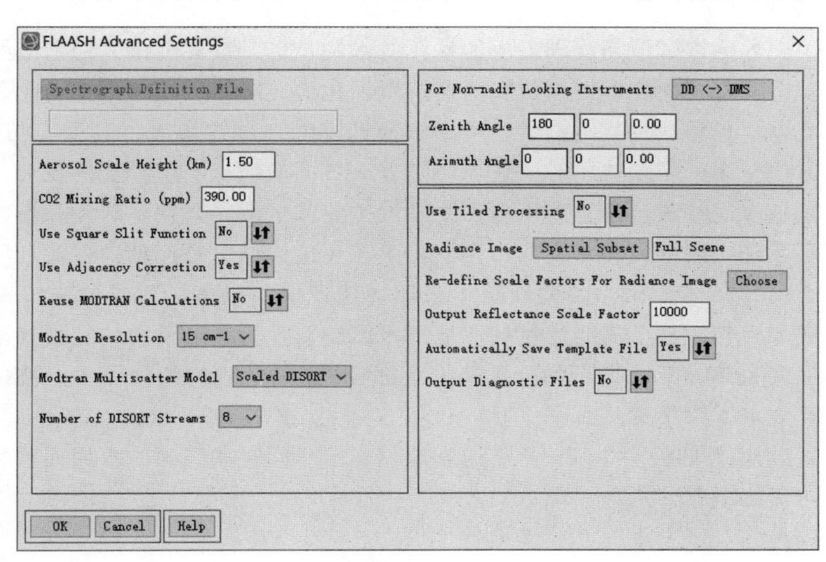

图 8.9　FLAASH Advanced Settings 对话框

在 FLAASH Atmospheric Correction Model Input Parameters 中单击 Apply，完成大气校正。

8.4.4　查看结果

FLAASH 输出地表反射率数据、水汽含量数据、云分类图、日志文件以及 FLAASH 大气校正工程文件。加载校正前的表观反射率和校正后的地表反射率影像，使用 Spectral Profile 工具对比光谱曲线，查看校正效果，如图 8.10 所示。

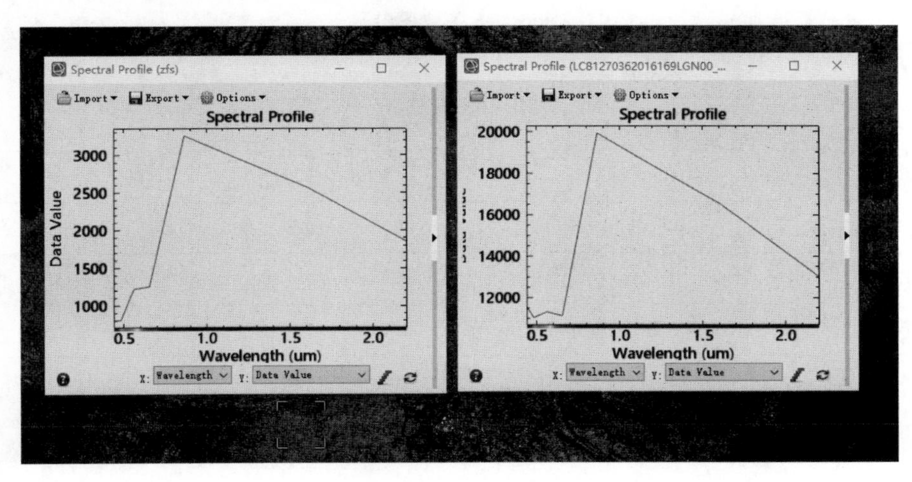

图 8.10　校正效果

8.5 使用陆地卫星影像确定红碱淖退缩面积

8.5.1 实验背景

位于陕蒙交界的红碱淖是我国最大的沙漠淡水湖，也是世界上最大的遗鸥繁殖与栖息地。传说昭君出塞行至此处，回望故乡落泪，眼泪化为此湖。20世纪90年代以来，红碱淖湖面不断萎缩，鱼类减少甚至消失，生物多样性降低，严重影响了其生态与经济功能。红碱淖面积退化是多个因素造成的。首先，随着人口的增加、经济社会的发展，汇入湖泊的地表水越来越多地被截流用于灌溉农田、发展工业和生活；其次，陕蒙一带的煤炭开采破坏了地下水系统，截留入湖水资源；再次，生态环境建设也是流域内截流利用水资源的一个重要方面。2000年以来，陕蒙地区生态环境建设成绩显著，建成的人工植被主要依靠降水和土壤水生长，甚至需要通过抽取地下水维护。除持续长时间的特大暴雨有垂直径流下渗外，强度为50mm/h以下的降水几乎全部吸纳在1m以内的沙层中，被植物根系吸收消耗，少有余水下渗聚集到海子。

本实验通过比较1989年和2017年的影像，确定不同时期红碱淖水域面积并分析水域面积随时间的变化情况。

8.5.2 实验数据

红碱淖地区1989年9月11日的Landsat 5 TM影像和2017年9月8日的Landsat 8 OLI影像。取其中的多光谱波段合成TM5_1989_254.img和LC8_2017_251.img文件。原始数据来自中国科学院计算机网络信息中心地理空间数据云平台（http://www.gscloud.cn）。

Landsat 5是近极近环形太阳同步轨道。轨道倾角98.2°，运行周期98.9min，24h绕地球15圈。扫描带宽度185km，重访周期16天，一景范围184km×185.2km。Landsat5的专题制图仪（Thematic Mapper，TM）有7个波段。见表8.5。

表8.5 Landsat 5各波段参数

波段号	波段	频谱范围/μm	空间分辨率/m
B1	Blue（蓝）	0.450～0.515	30
B2	Green（绿）	0.525～0.605	30
B3	Red（红）	0.630～0.690	30
B4	Near IR（近红外）	0.775～0.900	30
B5	SW IR（中红外1）	1.550～1.750	30
B6	LW IR（热红外）	10.40～12.50	120
B7	SW IR（中红外2）	2.090～2.350	30

不同的TM影像波段组合有不同用途，见表8.6。

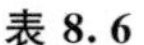

表 8.6　　Landsat TM 波段合成总结说明

R、G、B	特　点
3、2、1	真彩色图像，图像平淡、色调灰暗、彩色不饱和、信息量相对减少
4、3、2	标准假彩色图像，地物图像丰富，鲜明、层次好，用于植被分类、水体识别，植被显示红色
7、4、3	模拟真彩色图像，用于居民地、水体识别
7、5、4	画面偏蓝色，用于特殊的地质构造调查
5、4、1	植物类型较丰富，用于研究植物分类
4、5、3	与水有关的地物在图像中都会比较清楚，强调显示水体，对海岸及其滩涂的调查比较适合，也用于区分水浇地与旱地
3、4、5	对水系、居民点及其市容街道和公园水体、林地的图像判读较有利

8.5.3 操作步骤

1. 比较红碱淖随时间的变化

打开 ArcGIS Pro，加载 2 期陆地卫星影像，TM5_1989_254.img 和 LC8_2017_251.img，调整顺序，使 TM5 影像位于 LC8 的上方→在 Contents 窗格中，分别右击 TM5_1989_254.img 的红、绿、蓝色块，分别设置为 4、3 以及 2 波段。在此组合下，水体显示为蓝色，植被为红色。对于 LC8_2017_251.img 影像，波段组合设置为 R（5），G（4），B（3）。

在 Contents 中单击 TM5_1989_254.img，在 Appearance 选项卡的 Effects 组中，单击 Swipe 卷帘工具，对比两个时期红碱淖水面面积变化。总体来看，2017 年的水面面积比 1989 年小了。

2. 使用非监督分类方法对 2 期影像进行分类

为了量化红碱淖水面面积变化，需要对 2 期影像进行分类，以提取水面面积。基于光谱的影像的分类可分为监督与非监督两类。

非监督分类也称为聚类分析或点群分类。在多光谱图像中搜寻、定义其自然相似光谱集群的过程。它不必对影像地物获取先验知识，仅依靠影像上不同类地物光谱（或纹理）信息进行特征提取，再统计特征的差别来达到分类的目的，最后对已分出的各个类别的实际属性进行确认。遥感影像的非监督分类一般包括六个步骤：

（1）影像分析。大体上判断主要地物的类别数量。一般监督分类设置分类数目比最终分类数量要多 2～3 倍，有助于提高分类精度。

（2）分类器选择。ISODATA（Iterative Self - Organizing Data Analyze Technique）重复自组织数据分析技术，计算数据空间中均匀分布的类均值，然后用最小距离技术将剩余像元进行迭代聚合，每次迭代都重新计算均值，且根据所得的新均值，对像元进行再分类。

K - Means 使用了聚类分析方法，随机地查找聚类簇的聚类相似度相近，即中心位置，是利用各聚类中对象的均值所获得一个“中心对象”（引力中心）来进行计算的，然后迭代地重新配置它们，完成分类过程。

（3）影像分类。对选择好的分类器进行参数设置，并按照设置参数输出分类结果。主要的设置参数是类别数目（Number of Classes）、迭代次数（Maximum Iteration）等。

（4）类别定义/类别合并。对分类输出结果进行类别定义和类别合并操作。一般通过目视或者其他方式识别分类结果，填写相应的类型名称和颜色。

（5）分类后处理。分类后处理包括更改类别颜色、分类统计分析、小图斑处理（类后处理）、栅矢转换一系列操作，其中小图斑处理是最主要的一环。遥感影像分类结果中，不可避免地会产生一些面积很小的图斑。无论从专题制图的角度，还是从实际应用的角度，都有必要对这些小图斑进行剔除和重新分类，目前常用的方法有 Majority/Minority 分析、聚类（clump）和过滤（Sieve）等。

（6）结果验证。对分类结果进行评价，确定分类的精度和可靠性。常使用混淆矩阵完成此项工作。不管什么方法，都需要真实参考源。真实参考源可以使用两种方式确定：一是标准的分类图，二是选择的感兴趣区（验证样本区）。真实的感兴趣区参考源的选择可以在高分辨率影像上选择，也可在野外实地调查获取。

混淆矩阵中又包括多项评价指标，包括总体分类精度、制图精度、漏分误差、用户精度、错分误差以及 Kappa 系数。计算方法见表 8.7。

表 8.7　　分类结果精度评价指标

项目		被评价的分类图像						
		耕地	林地	草地	水域	建筑用地	未利用地	总和
参考图像	耕地	261	3	0	0	0	0	264
	林地	50	192	1	6	0	0	249
	草地	6	6	75	3	0	0	90
	水域	12	3	0	102	0	6	123
	建筑用地	4	0	2	0	9	0	15
	未利用地	3	0	0	0	0	21	24
	总和	336	204	78	111	9	27	765

总体分类精度＝（261＋192＋75＋102＋9＋21）/765＝86.27％

类别	制图精度	漏分误差	用户精度	错分误差
耕地	261/264＝98.86％	1.14％	261/336＝77.68％	22.32％
林地	192/249＝77.11％	22.89％	192/204＝94.12％	5.88％
草地	75/90＝83.33％	16.67％	75/78＝96.15％	3.85％
水域	102/123＝82.93％	17.07％	102/111＝91.89％	8.11％
建筑用地	9/15＝60.00％	40.00％	9/9＝100.00％	0.00％
未利用地	21/24＝87.50％	12.50％	21/27＝77.78％	22.22％

$$\text{Kappa}=\frac{765\times(261+192+75+102+9+21)-(336\times264+204\times249+78\times90+111\times123+9\times15+27\times24)}{765^2\times(336\times264+204\times249+78\times90+111\times123+9\times15+27\times24)}\approx0.81$$

首先对 TM5_1989_254.img 影像进行分类，打开 Geoprocessing\Spatial Analyst Tools\Multivariate\Iso Cluster Unsupervised Classification，打开 Iso Cluster Unsupervised Classification 工具，Input raster bands 中选择 TM5_1989_254.img，Number of classes 输入 4——只需识别水体，所以类数不需要太多，Output classified raster 中输出分类结果名称设置为 ISO_

1989→其他参数保持默认，单击 OK，输出分类结果，如图 8.11 所示。

在 Contents 中的 ISO_1989 图层下，确定水体的值为 1，保留其颜色，将其他值（2、3 和 4）更改为无颜色，仅使水体可见。使用 Swipe 工具与原始 TM5_1989_254. img 影像对比，确保分类正确。虽然水体边界大体吻合，但已分类的值还包括湖边较小的水体，后续处理中将删除这些小斑块。

对 LC8_2017_251. img 影像重复执行上述步骤，也分为 4 类，输出结果命名为 ISO_2017。

3. 分类结果后处理

打开 Geoprocessing\Spatial Analyst Tools\Generalization\Majority Filter，打开 Majority Filter 工具，使用众数滤波工具（Majority Filter）清除小斑块，众数滤波根据相邻像元数据值的众数替换影像或栅格图层中的像元。如果某像元的值为 1，但是它的 4 个（或 8 个）相邻像元中有 3 个（或多个）的值都是 2，则该工具会将 1 更改为 2，使其适合周围的值。

在 Input raster 中输入分类后图像 ISO_1989，Output raster 中输入 Filter_1989，作为滤波处理后的栅格。Number of neighbors to use 选择为 Four，Replacement threshold 设置为 Half→单击 Run，如图 8.12 所示。

对 ISO_2017 运用 Majority Filter 工具，输出栅格为 Filter_2017。

进一步清除影像边界，以删除像素化、细粒度的边缘。打开 Geoprocessing\Spatial Analyst Tools\Generalization\Boundary Clean，打开 Boundary Clean 工具，分别对 Filter_1989 和 Filter_2017 运行进行边界清除，Sorting technique 选择 Do not sort，选中 Run expansion and shrinking twice 复选框，输出文件分别命名为 Clean_1989 以及 Clean_2017，完成后可以观察去除边界后的栅格，并使用 Swipe 工具进行对比。

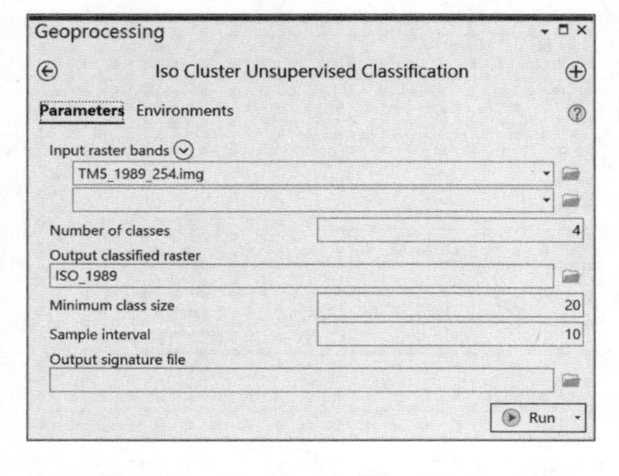

图 8.11 Iso Cluster Unsupervised Classification 工具

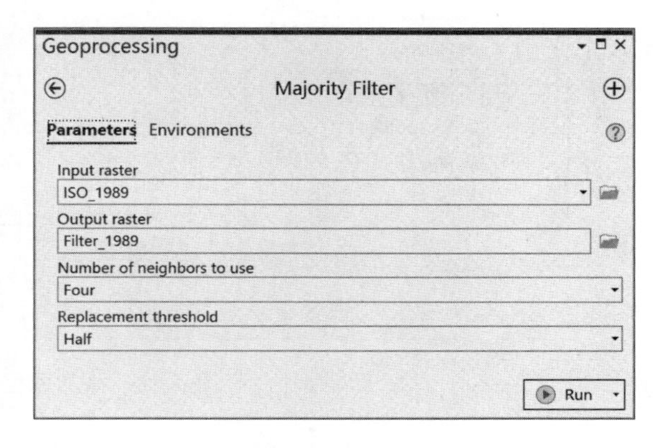

图 8.12 Majority Filter 工具

4. 计算水体面积

由于红碱淖周围还有其他水体，接下来把栅格数据转化为矢量数据，计算红碱淖面积。运用栅格转矢量工具 Geoprocessing\Conversion Tools\From Raster\Raster to Polygon，将

Clean_1989、Clean_2017 分别转化为 HJN1989 和 HJN2017 要素类。选中红碱淖所在的多边形（面积最大的多边形），查看 Shape_Area 字段，确定面积。1989 年红碱淖面积为 52.43km²，2017 年降为 35.92km²，29 年间减少了 16.51km²，平均每年缩减 0.56km²。

5. 使用归一化水体指数确定水面面积

归一化水体指数（Normalized Difference Water Index，NDWI）定义为绿波段与近红外波段的差值除以绿波段与近红外波段的和。由于水体的反射从可见光到中红外波段逐渐减弱，在近红外和中红外波长范围内吸收性最强，几乎无反射。因此用可见光波段和近红外波段的反差构成的 NDWI 可以突出影像中的水体信息（水体的 NDWI 值大）。根据定义，对于 Landsat 8 影像来讲

NDWI =（band3 －band5）/（band3 ＋band5）

对于 Landsat 5/7 影像

NDWI =（band2 －band4）/（band2 ＋band4）

在 ArcGIS Pro 中，单击 Add Data，在弹出的 Add Data 对话框中，如果选中 TM5_1989_254.img 之后单击 OK，则所有波段作为一个文件加载至 ArcGIS Pro 中，双击 TM5_1989_254.img，之后选择第 2 波段和第 4 波段，只将第 2 波段和第 4 波段加载至 Pro 中，同样的，加载 LC8_2017_251.img 的第 3 波段和第 5 波段至 ArcGIS Pro，如图 8.13 所示。

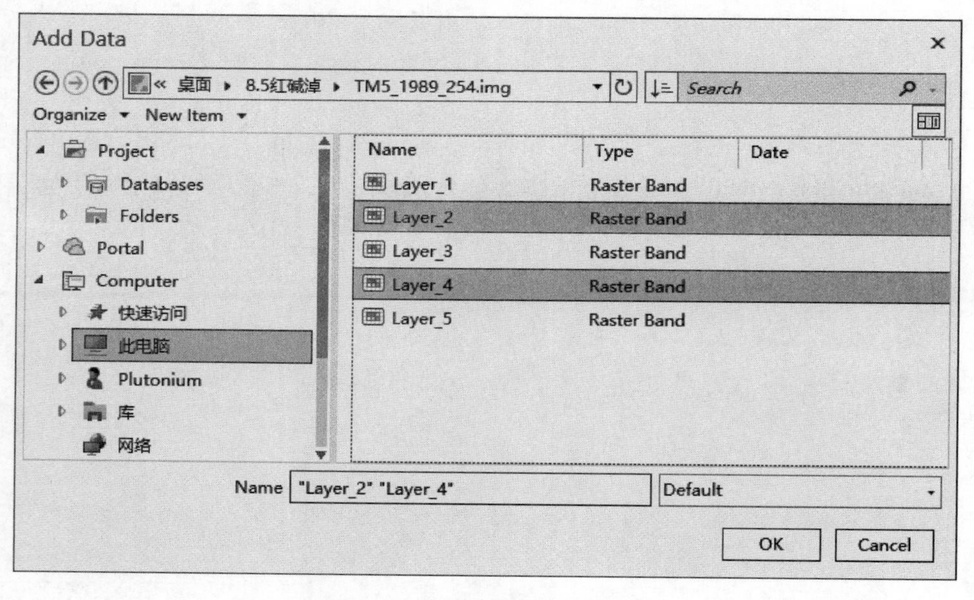

图 8.13 添加图层的各个波段

使用栅格计算器（Raster Calculator）计算两期 NDWI 值，分别命名为 NDWI1989 和 NDWI2017，如图 8.14 所示。

对于 TM5 影像，公式为

("TM5_1989_254.img_Layer_2"－
"TM5_1989_254.img_Layer_4")/("TM5_1989_254.img_Layer_2"＋
"TM5_1989_254.img_Layer_4")

对于 LC8 影像，公式为

("LC8_2017_251.img_Layer_3" −
"LC8_2017_251.img_Layer_5")/("LC8_2017_251.img_Layer_3"+
"LC8_2017_251.img_Layer_5")

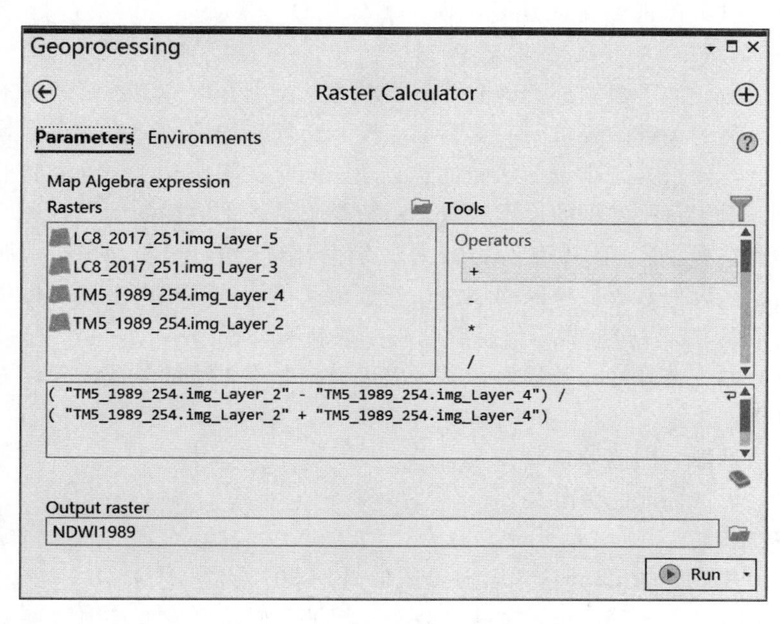

图 8.14 栅格计算器

分别对 NDWI1989 和 NDWI2017 进行重分类，将 NDWI 与原始影像对比，发现以 0 为阈值，可以较好的区分出水体来。故重分类时，大于 0 赋值为 1，代表水体，小于 0 赋值为 0，代表非水体。随后运用栅格转矢量工具，将重分类后的栅格转为要素类。选中红碱淖所在的多边形，查看 Shape_Area 字段，确定面积，1989 年红碱淖面积为 51.56km^2，2017 年降为 33.62km^2。可以看出和监督分类结果略有差别，其中 1989 年的误差为 1.9%，2017 年的误差为 6.8%。误差可能的来源有监督分类误分，对监督分类的结果进行去除小斑块操作带来的误差，以及在进行确定水体以 0 为阈值带来的误差等。

8.6 使用监督分类识别关中地区土地利用

8.6.1 实验背景

关中地区的快速城市化进程导致这一地区土地利用方式发生了重大改变。本例中，通过监督分类来识别关中地区的土地利用。

监督分类又称训练分类法，即用被确认类别的样本像元去识别其他未知像元的过程。在分类之前通过目视判读和野外调查，对遥感图像上某些样区中影像地物的类别属性有了先验知识，对每一种类别选取一定数量的训练样本，计算机计算每种训练样区的统计或其他信息，同时用这些种子类别对判决函数进行训练，使其符合于对各种子类别分类的要求，随后用训练好的判决函数去对其他待分数据进行分类。使每个像元和训练样本作比较，按不同的规则将其划分到和其最相似的样本类，以此完成对整个图像的分类。遥感影像的监督分类也包括六个步骤：

（1）类别定义/特征判别。根据分类目的、影像数据自身的特征和分类区收集的信息确定分类系统；对影像进行特征判断，评价图像质量，决定是否需要进行影像增强等预处理。

（2）样本选择。为了建立分类函数，需要对每一类别选取一定数目的样本。训练样本的选择是监督分类的关键。要求同一类别训练样本必须是均质的，不能包含其他类别。为了验证分类精度，要求其大小、形状和位置必须能同时在图像和实地（或其他参考图）容易识别和定位。对于每一类别的样本数量，一般要求是类别数目的 10 倍以上。

（3）分类器选择。监督分类的分类器主要有基于传统统计分析学平行六面体、最小距离、马氏距离、最大似然等；神经网络法；基于模式识别的支持向量机、模糊分类等；针对高光谱有波谱角（SAM）、光谱信息散度、二进制编码等。

（4）影像分类。选择好分类器后，就可以进行该分类方法的参数设置，并按照设置参数输出分类结果。

（5）分类后处理。同非监督分类。

（6）结果验证。同非监督分类。

8.6.2　实验数据

覆盖西安市建成区的 Landsat8 影像，成像日期 2016 年 6 月 17 日，合成其前七个多光谱波段形成 LC8_2016_169.img 文件作为实验数据。原始影像来自中国科学院计算机网络信息中心地理空间数据云平台（http://www.gscloud.cn）。

8.6.3　操作步骤

1. 加载数据并比较波段组合

加载原始影像数据 LC8_2016_169.img 至 ArcGIS Pro。比较不同的波段组合，发现 R（6），G（5），B（2）可以较好的区分各类用地。

2. 为分类创建波段子集

原始影像包含了七个波段，大部分解译中，只需要其中的部分波段。将原始影像的 6，5，2 三个波段提取出来，创建一个新的栅格图层，使用新创建的栅格图层进行分类。在 Geoprocessing\Data Management Tools\Layers and Table Views 中找到 Make Raster Layer 工具，打开该工具。在 Input raster 中输入 LC8_ 2016_169.img，Output raster layer name 中输入 LC8_652，在 Bands 下拉列表框中依次选择 6，5，2，使 6，5，2 顺次出现在 Bands 下方，单击 Run，如图 8.15 所示。新生成的 LC8_

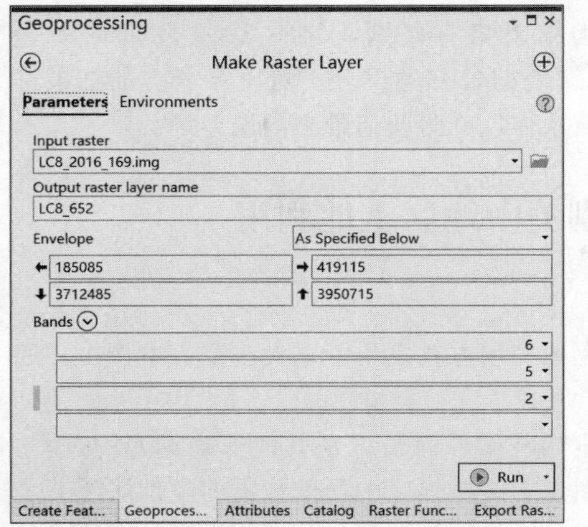

图 8.15　Make Raster Layer 工具

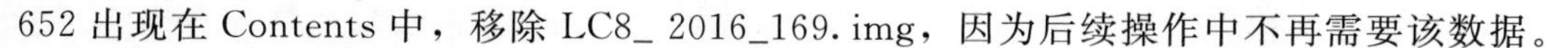

652 出现在 Contents 中，移除 LC8_ 2016_169. img，因为后续操作中不再需要该数据。

3. 建立分类方案与解译标志

在 Contents 中单击 LC8_652，切换至 Imagery 选项卡，在 Image Classification 组中，单击 Classification Tools 下拉菜单，选择 Training Samples Manager，弹出训练样本管理器（Training Samples Manager），单击菜单栏的 Create New Schema，下方出现一个名为 New Schema 的方案，右击 New Schema，选择 Edit Properties。在弹出的对话框中，将 Name 更改为 LUCC_XA，单击回车键或者单击 Save，返回至 Training Samples Manager 对话框，单击菜单栏的 Save 按钮，保存分类方案，如图 8.16 所示。

选中 LUCC_XA，单击菜单栏的 Add New Class 按钮，弹出的 Add New Class 对话框中，Name 输入耕地，Value 输入为 1，选择一个颜色，单击 OK，耕地类别被添加至 LUCC_XA 方案下方，如图 8.17 所示。

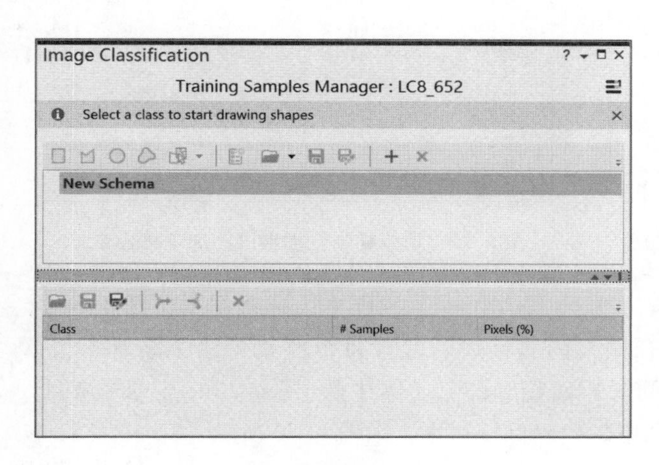

图 8.16　训练样本管理器

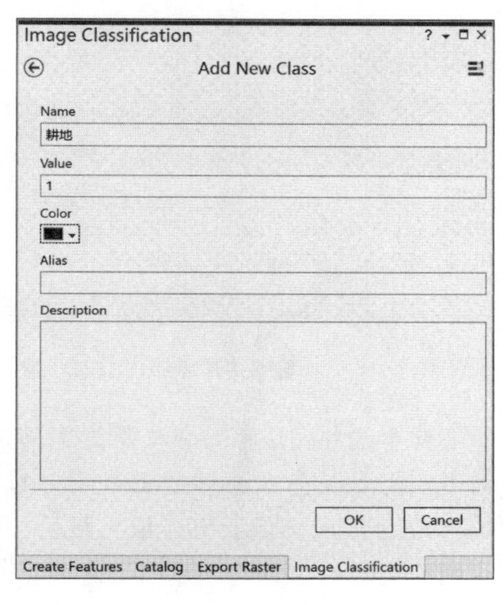

图 8.17　Add New Class 对话框

再次选中 LUCC_XA，单击菜单栏的 Add New Class 按钮，添加林地类别，Value 为 2，颜色更改为深绿色。林地被添加至 LUCC_XA 方案，重复同样操作，为 LUCC_XA 方案添加草地（3），浅绿色，水域（4），蓝色，建设用地（5），红色。

注意每次添加新类别时，均需首先选中 LUCC_XA，然后单击 Add New Class 按钮。如果单击耕地，之后再选择 Add New Class，则会将耕地作为父类，为其添加子类型；如果误增加了某一类别，在该类别右击，选择 Remove Classs 即可。所有类别添加完毕后，Training Samples Manager 如图 8.18 所示。

接着为分类方案添加解译标志。在 Training Samples Manager 中的 LUCC_XA 下方选中耕地，放大窗口中的 LC8_652 至关中地区，在 Training Samples Manager 中的菜单栏选择 Polygon，在 LC8_652 影像中被认为的是耕地的地方绘制多边形，耕地在 LC8_652 影像中表现为淡红色，且有规则纹理。需要绘制多个多边形，每个多边形的颜色越单一越好。

耕地样本绘制完毕后，使用同样办法，分别选中 LUCC_XA 中的林地、草地、水域以及建设用地，为每个类别使用 Polygon 绘制多个样本。影像中的深绿色部分为林地，浅绿色为草地，深蓝色为水域，紫色部分为建设用地，如图 8.19 所示。

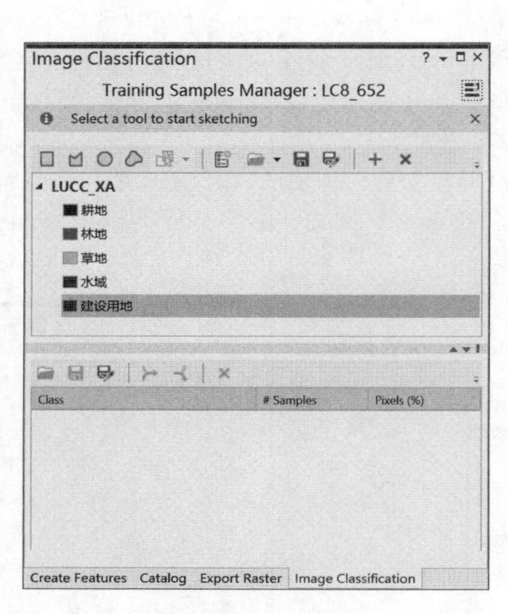

图 8.18　训练样本管理器（添加分类类别）

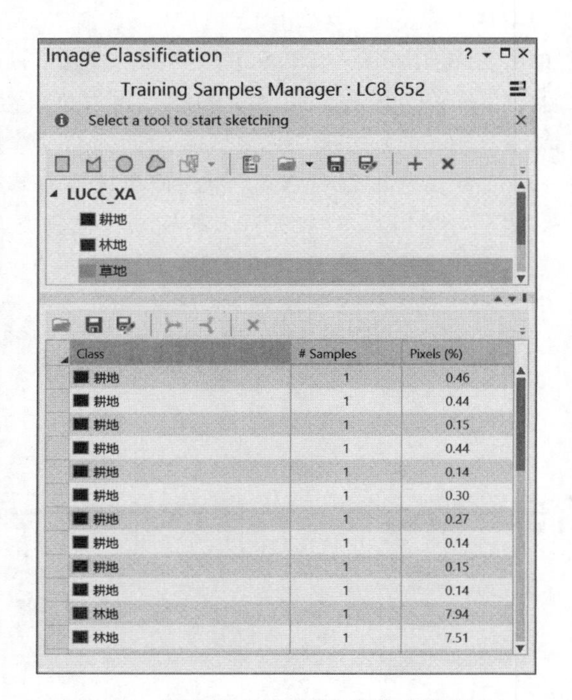

图 8.19　训练样本管理器（添加训练样本）

样本绘制完成后，单击下方工具条的 Save 保存所绘制的样本。这些样本本质上是要素类，需要保存在地理数据库中。打开样本的属性表，发现每个要素记录了名称、值、RGB 三个波段的像元值、像元数量、周长、面积等信息。其中的 Classvalue 记录了每个类别的代码，与 Add New Class 对话框中的代码保持一致，如图 8.20 所示。

样本 ×

Field: Add Calculate　Selection: Select By Attributes Zoom To Switch Clear Delete Copy

OBJECTID *	SHAPE *	Classcode	Classname	Classvalue	RED	GREEN	BLUE	Count	SHAPE_Length	SHAPE_Area
1	Polygon ZM		耕地	1	161	43	196	2111	5315.379489	1900198.39132
2	Polygon ZM		耕地	1	161	43	196	409	2371.913673	368870.828743
3	Polygon ZM		耕地	1	161	43	196	187	1698.990582	169160.027071
4	Polygon ZM		耕地	1	161	43	196	233	1987.478784	210255.703291
5	Polygon ZM		耕地	1	161	43	196	900	3472.507766	810821.327003
6	Polygon ZM		耕地	1	161	43	196	524	2661.35675	472029.465527
7	Polygon ZM		耕地	1	161	43	196	229	1735.597281	206595.765992
8	Polygon ZM		林地	2	56	168	0	7022	10227.666852	6320061.546577
9	Polygon ZM		林地	2	56	168	0	4132	7674.863366	3718965.029573
10	Polygon ZM		林地	2	56	168	0	5251	8519.140757	4726536.337039
11	Polygon ZM		林地	2	56	168	0	10306	11865.195413	9275424.445759
12	Polygon ZM		林地	2	56	168	0	692	3046.653246	623181.82849
13	Polygon ZM		林地	2	56	168	0	568	2877.301653	512046.787616
14	Polygon ZM		林地	2	56	168	0	2068	5301.161459	1861244.797891
15	Polygon ZM		林地	2	56	168	0	2226	5847.413204	2003788.341735

图 8.20　训练样本属性表

需要注意的是，遥感影像存在同物异谱与异物同谱现象，给图像判读带来困难。所谓的同物异谱是指在某一个谱段区间，相同类型的地物呈现出不同的光谱特征。而在某一个谱段区，两个不同地物可能呈现相同的谱线特征，称之为异物同谱。例如，林地和园地两种不同的土地利用方式，在 LC8_652 影像中均呈现为绿色，这为影像判读带来了挑战，但是园地分布在平原区，而林地分布在山区，可以使用辅助信息加以区分。

同时解译标志的建立并不是一蹴而就的，需要根据分类结果反复进行调整，直到分类结果满足精度要求为止。将样本保存为要素类后，可以将要素类加载至地图中，在 Contents 中，右击要分类的影像 LC8_652，选择 Create Chart→Spectral Profile，在弹出的 Chart Properties 面板中，选择 Plot Type 为 Mean Line，使用 Feature Selector 选中样本转为要素类的多边形要素，可以绘制各个样本的光谱曲线。

注意观察光谱曲线，如果不在同一个类别中的两个样本的光谱曲线太接近，则应该考虑将这两个样本归为一类。换言之，同类样本之间的光谱差异越小越好，而不同类别样本间的光谱差异越大越好。

4. 将训练样本转化为特征文件

使用最大似然法对影像进行分类时需要使用特征文件（Signature file），可以将训练样本转化为特征文件。找到工具箱中的 Spatial Analyst Tools/Multivariate/Create Signatures，打开 Create Signatures 工具，在 Input raster bands 中选择影像 LC8_652，为需要进行分类的影像，也是建立训练样本时的本底影像。在 Input raster or feature sample data 中选择保存在地理数据库中的训练样本。在 Sample field 中选择 Classvalue，在 Output signature file 中设置输出特征文件的位置和名称。注意特征文件需要保存在文件夹中，不能保存在数据库中。设置完成后，单击 Run，建立特征文件，如图 8.21 所示。

使用记事本打开保存的特征文件，可以看出特征文件实际上记录了每一个分类类别在各个波段的平均值（Means）和协方差矩阵（Covariance）。

5. 执行监督分类

找到工具箱中的 Spatial Analyst Tools/Multivariate/Maximum Likelihood Classification，对 LC8_652 影像执行基于最大似然法的监督分类。打开 Maximum Likelihood Classification 工具，在 Input raster bands 中选择 LC8_652，Input signature file 中输入 Create Signatures 工具生成的 signature 文件，在 Output classified raster 中输入分类后的输出栅格。

对于 Reject Fraction（剔除分数），如果设置为 0，所有的栅格都将被分类。如果选择 0.01，则正确分类的几率不到 1%像元会被设置为 NoData，即不输出分类结果。

对于 A priori probability weighting（先验概率）参数，工具默认使用 Equal 先验概率，会给像元分配可能性最大的分类。但是，如果某些类出现的可能性大于（或小于）平均值，则应将 File 先验选项与输入的先验概率文件结合使用。输入的先验概率文件必须是包含两列的 ASCII 文件。其中，左列中的值表示类 ID，右列中的值表示相应类的先验概率。类别先验概率的有效值必须大于或等于 0。如果指定 0 作为某一类别的先验概率，则该类无法显示在输出栅格中。

对于本例，Reject Fraction 设置为 0，A priori probability weighting 设置为 Equal。其余参数取默认值。单击 Run，输出分类后结果，如图 8.22 所示。

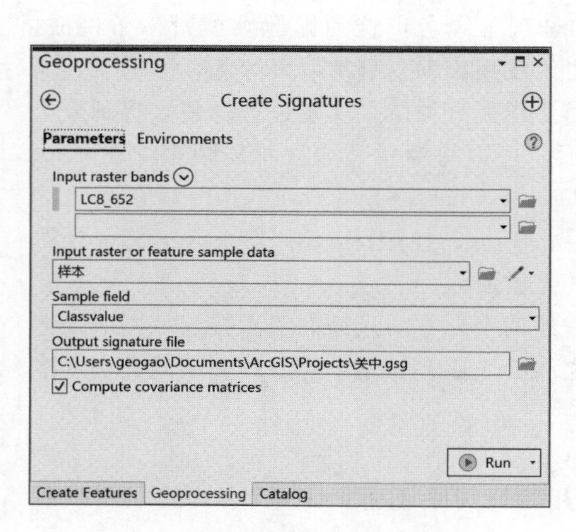

图 8.21 Create Signatures 工具

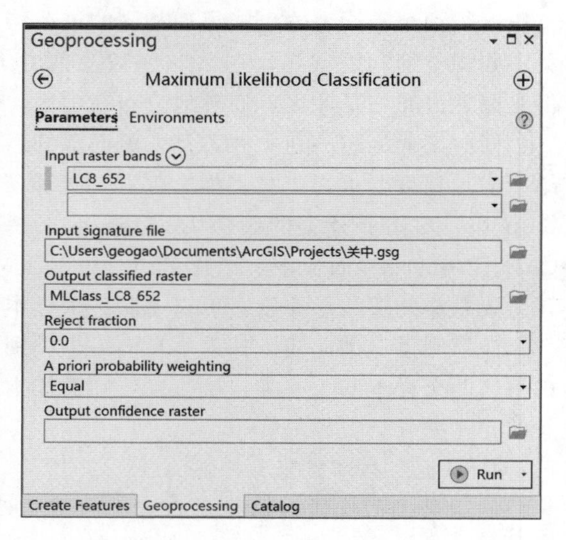

图 8.22 Maximum Likelihood Classification 工具

6. 评价分类精度

精度评估是任何分类不可缺少的部分。通过将分类影像和实际地表数据（实际地表数据可以在户外采集，也可以通过解译高分辨率影像、现有分类影像、GIS 数据图层获取）相比较，进而计算混淆矩阵，进行分类结果比较。

在 ArcGIS Pro 中，为了完成精度评价，一般需要使用三个工具，分别是 Create Accuracy Assessment Points（创建精度评估点）、Update Accuracy Assessment Points（更新精度评估点）以及 Compute Confusion Matrix（计算混淆矩阵）。上述三个工具均位于 Image Analyst Tools 下的 Segmentation and Classification 中。

对于 Create Accuracy Assessment Points 工具，需要指定分类后的栅格图层或者实际地表数据图层，输出的精度评价点，目标字段（如果指定的是分类图层，则对应的目标字段为 Classified；如果指定的实际地表数据图层，则对应的目标字段为 Ground truth），随机点的数量（一般建议不少于 500 个）以及随机点生成策略，如图 8.23 所示。

对于 Update Accuracy Assessment Points 工具，也需要指定分类后的栅格图层或者实际地表数据图层、Create Accuracy Assessment Points 工具生成的精度评价点（Input Accuracy Assessment Points），输出精度评价点，目标字段指定方法和上述一致。需要注意的是，如果 Create Accuracy Assessment Points 工具指定的是分类后的图层，则在 Update Accuracy Assessment Points 工具中，应该指定的是地表实际数据图层（或者反过来操作也可以），以保证在精度评价点的属性表中包含两列，一列为分类后的字段，另一列为地表实际数据字段，以计算混淆矩阵，如图 8.24 所示。

打开 Compute Confusion Matrix（计算混淆矩阵）工具，然后使用 Create Accuracy Assessment Points 工具中生成的精度评价点作为输入，计算混淆矩阵。

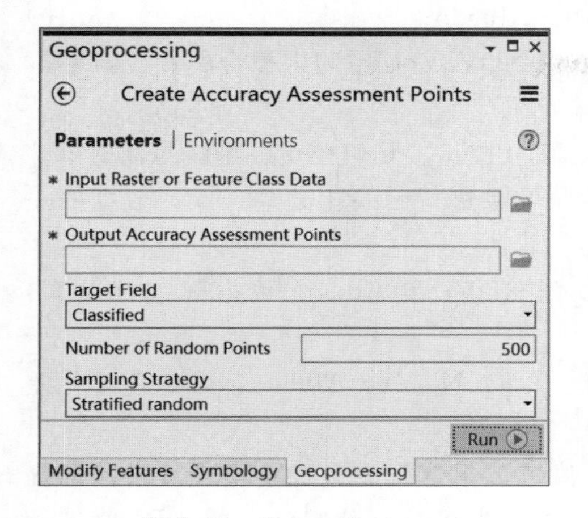

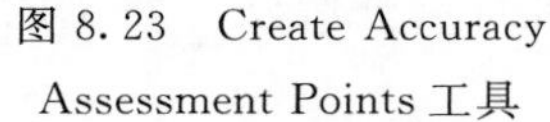
图 8.23　Create Accuracy Assessment Points 工具

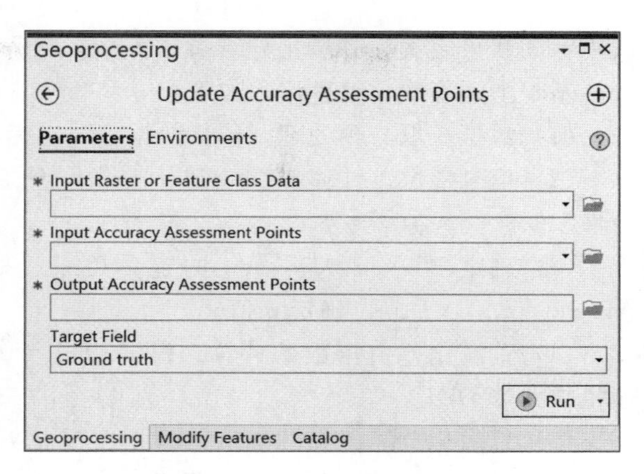

图 8.24　Update Accuracy Assessment Points 工具

如果对分类结果不满意，可以调整训练样本，再一次运行监督分类，使用 Update Accuracy Assessment Points 工具更新精度评价点，再计算混淆矩阵，直到精度达到要求。

7. 分类后处理

对于分类输出文件，类似非监督分类一样，也需要进行分类后处理，主要的处理步骤有 Majority Filter 和 Boundary Clean。操作过程和参数设置详见非监督分类。

8.7　使用 Landsat 卫星数据评估荒漠化

8.7.1　实验背景

荒漠化是指在极端干旱、干旱与半干旱和部分半湿润地区的沙质地表条件下，由于自然因素或人为活动的影响，破坏了自然脆弱的生态系统平衡，出现了以风沙活动为主要标志，并逐步形成风蚀、风积地貌结构景观的土地退化过程。如何及时准确地掌握土地荒漠化发生发展情况是有效防止和治理土地荒漠化的基本前提，遥感技术在土地荒漠化监测中发挥了重要作用。在进行土地荒漠化信息提取时，常用的方法有人工目视解译方法、监督分类方法、非监督分类方法、决策树分层分类方法、神经网络法等。

目前，在沙漠化遥感定量中常用“植被指数（NDVI）-反照率（Albedo）特征空间”来进行荒漠化信息遥感提取。分析表面，沙漠化过程分别在归一化植被指数（NDVI）和地表反照率（Albedo）的一维特征空间中都存在显著相关关系。因此在 Albedo - NDVI 特征空间中，可以利用植被指数和地表反照率的组合信息，通过选择反映荒漠化程度的合理指数，就可以将不同荒漠化土地有效地加以区分。根据研究，如果在代表荒漠化变化趋势的垂直方向上划分 Albedo - NDVI 特征空间，可以将不同的荒漠化土地有效地区分开来。而垂线方向在 Albedo - NDVI 特征空间的位置可以用特征空间中简单的二元线性多项式加以表达，即

$$DDI=(-1/a)NDVI-Albedo \tag{8.10}$$

式中：DDI 可定义为荒漠化分级指数；a 为 Albedo - NDVI 特征空间中拟合的直线斜率。

基于上述算法，处理流程如下：

(1) 数据获取与预处理。包括数据辐射定标、大气校正、几何校正、镶嵌与裁剪等。

(2) 信息提取。计算 NDVI 和 Albedo，然后将结果进行归一化处理，保证数据的一致性。

(3) 确定 NDVI 和 Albedo 的定量关系。拟合 NDVI 和 Albedo 数据间线性关系：Albedo $=a$NDVI$+b$，确定 a 值。

(4) 荒漠化差值指数的计算。根据 DDI＝（$-1/a$）NDVI－Albedo，得到荒漠化差值植被指数 DDI。

(5) 荒漠化分级信息的提取。根据荒漠化差值植被指数就能进行荒漠化分级信息提取。可以通过设置分级阈值进行分级，或者通过“自然间断点分级法”将 DDI 值进行分级。

8.7.2　实验数据

LT51280342010191IKR00. tar. gz，陕蒙地区 Landsat 5 影像。来自中国科学院计算机网络信息中心地理空间数据云平台（http://www.gscloud.cn）。在 ENVI 中对 1，2，3，4，5，7 六个多光谱波段进行辐射定标和大气校正，获得地表反射率。将边缘的锯齿裁剪掉，形成 L5_128034_20100710_MultiSpectral_Reflectance. img 文件，用于本实验分析与计算。

8.7.3　操作步骤

1. 计算 NDVI

新建一个名为荒漠化的工程，加载 L5_128034_20100710_MultiSpectral_Reflectance. img 文件的 6 个波段至 ArcGIS Pro 中。计算 NDVI，对于 Landsat5，NDVI 计算公式为

$$NDVI=\frac{NIR-R}{NIR+R}=\frac{Band4-Band3}{Band4+Band3} \tag{8.11}$$

式中：NIR 为近红外波段；R 为红波段，分别对应 Landsat 5 的第 4 波段和第 3 波段。

使用 Geoprocessing\Spatial Analyst Tools\Spatial Analyst Tools\Map Algebra\Raster Calculator 工具进行计算，公式为

("L5_128034_20100710_MultiSpectral_Reflectance. img_Layer_4"－"L5_128034_20100710_MultiSpectral_Reflectance. img_Layer_3")/("L5_128034_20100710_MultiSpectral_Reflectance. img_Layer_4"＋"L5_128034_20100710_MultiSpectral_Reflectance. img_Layer_3")

输出文件为 NDVI_RAW。

2. 计算地表反照率 Albedo

地表反照率有多种公式可以计算，本实验采用的计算公式为

$$Albedo=0.356\rho_{TM_1}+0.130\rho_{TM_3}+0.373\rho_{TM_4}+0.085\rho_{TM_5}+0.072\rho_{TM_7}-0.0018 \tag{8.12}$$

式中：ρ 为辐射定标和大气校正后的地表反射率，介于 0～1。

使用栅格计算器，计算地表反照率 Albedo 值。注意，L5_128034_20100710_MultiSpectral_Reflectance. img 文件中单位第 6 个波段为 TM 影像中的第 7 波段。在栅格计算器，公式为

0.356 * "L5_128034_20100710_MultiSpectral_Reflectance. img_Layer_1" ＋0.13 * "L5_128034_20100710_MultiSpectral_Reflectance. img_Layer_3" ＋0.373 * "L5_128034_20100710_MultiSpectral_Reflectance. img_Layer_4" ＋0.085 * "L5_128034_20100710_MultiSpectral_Reflectance. img_Layer_5" ＋0.072 * "L5_128034_20100710_MultiSpectral_Reflectance. img_Layer_6" －0.0018

输出文件为 Albedo_RAW。

3. 对 NDVI_RAW 和 Albedo_RAW 进行归一化处理

其计算公式如下

$$N=[(NDVI-NDVI_{min})/(NDVI_{max}-NDVI_{min})]\times 100\% \tag{8.13}$$

$$A=[(Albedo-Albedo_{min})/(Albedo_{max}-Albedo_{min})]\times 100\% \tag{8.14}$$

在 Contents 中分别右击 NDVI_RAW 和 Albedo_RAW 图层，选择 Properties，切换至 Source，在 Statistics 中查看 NDVI_RAW 和 Albedo_RAW 的最大值和最小值，在栅格计算器中对 NDVI 和 Albedo 进行归一化处理，公式分别为

("Albedo_RAW" －0.011318)/(0.601269－0.011318)和("NDVI_RAW"－(－0.643382))/(0.879751－(－0.643382))

归一化后的文件分别命名为 NDVI 和 Albedo。

4. 计算 NDVI 与 Albedo 的定量关系

有研究表明，不同沙漠化程度对应的植被指数（NDVI）和地表反照率（Albedo）具有显著的线性负相关。随着荒漠化程度的增加，植被指数（NDVI）减少，地表反照率则增加。在 Albedo - NDVI 特征空间中，荒漠化程度得到了很好的表达。

接下来拟合表达式。打开 Geoprocessing/3D Analyst Tools/Raster/Conversion/Raster Domain 工具，Input Raster 中输入 Albedo 或者 NDVI，设置 Output Feature Class 名称，在 Output Feature Class Type 中选择 Polygon，单击 Run，将栅格范围转为要素类，如图 8.25 所示。

在 Geoprocessing 中，定位到 Data Management tools 的 Sampling→找到 Create Random Points 工具→设置 Output Point Feature Class 为 point，在 Constraining Feature Class 中选择 Raster Domain 工具生成的栅格范围要素类，Number of Points 设置为 500，单击 Run，生成 500 个随机点，如图 8.26 所示。

根据生成的 point 点，提取归一化后的 NDVI 和 Albedo 值。找到 Geoprocessing/Spatial Analyst Tools/Extraction/Extract Multi Values To Points，打开该工具，在 Input point features 中选择随机点，Input rasters 中分别选择 NDVI 和 Albedo，Output field name 对应为 NDVI 和 Albedo，单击 Run，如图 8.27 所示。

提取完成后，打开 point 的属性表，单击属性表菜单栏的三条横线菜单，选择 Export，设置导出文件名为拟合. dbf，存储在文件夹中，如图 8.28 所示。

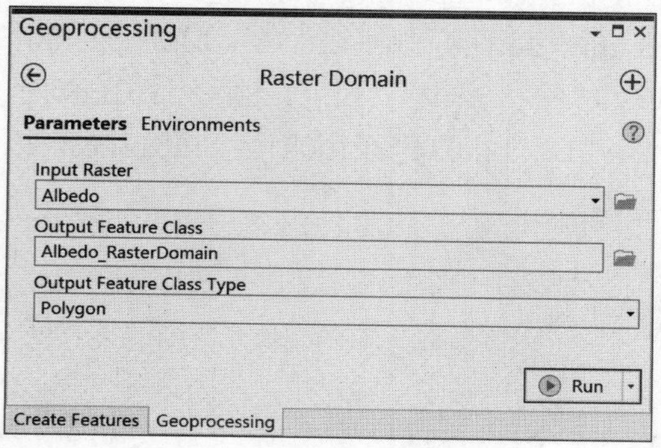

图 8.25 Raster Domain 工具

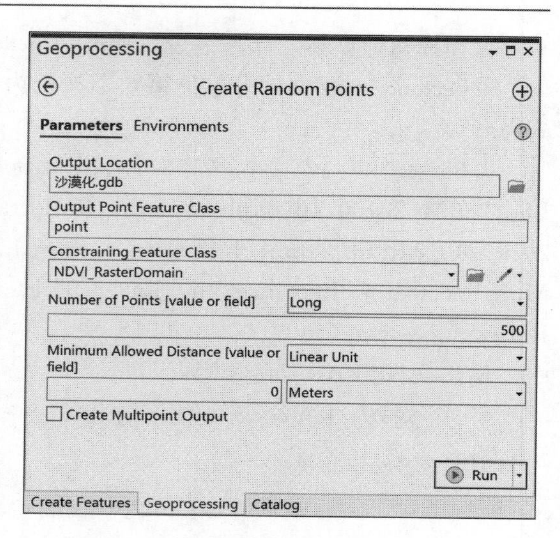

图 8.26 Create Random Points 工具

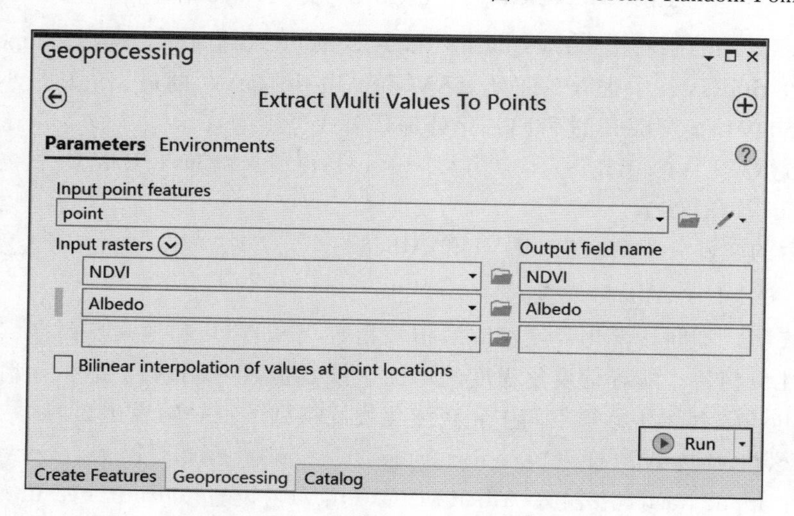

图 8.27 Extract Multi Values To Points 工具

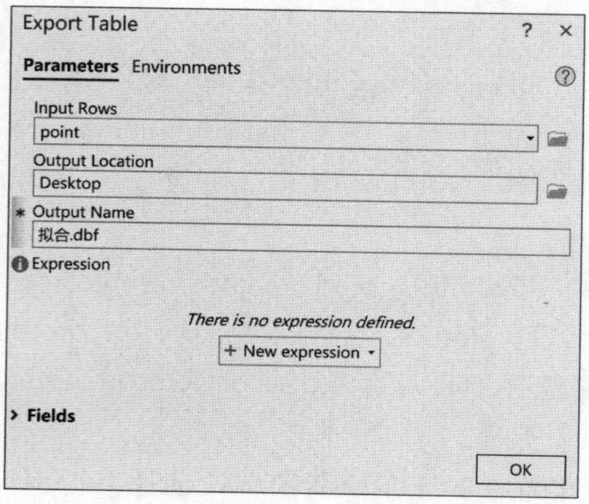

图 8.28 导出表格

使用 Excel 打开拟合 . dbf，以 NDVI 为横坐标，以 Albedo 为纵坐标，拟合出二者的方程，确定 a 值为−0.5867，如图 8.29 所示。

根据公式 DDI＝（$-1/a$）NDVI−Albedo，在栅格计算器中计算出荒漠化差值指数 DDI 的值。

根据相关标准，可将荒漠化程度分为非荒漠化、轻度荒漠化、中度荒漠化、重度荒漠化和极重度荒漠化五个区，找出不同荒漠化级别与对应的荒漠化差值指数图上的临界点。

也可对 DDI 图像进行重分类，在 Contents 中单击 DDI，切换至 Appearance 功能栏选项卡，在 Rendering 组中单击 Symbology，打开 Symbology 窗口，在 Primary symbology 下拉列表框中选择 Classify，Method 选择 Natural Breaks（Jenks），Classes 中输入 5，将 DDI 分为 5 类。在下方的 Color scheme 选择一个喜欢的色彩方案，完成荒漠化程度分级，如图 8.30 所示。

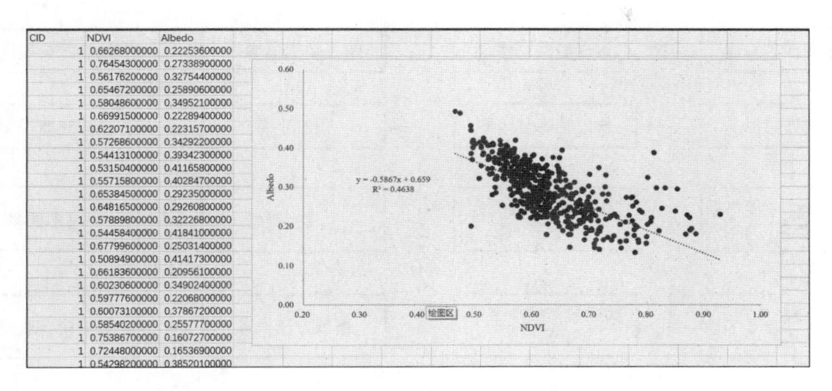

图 8.29　在 Excel 中拟合方程

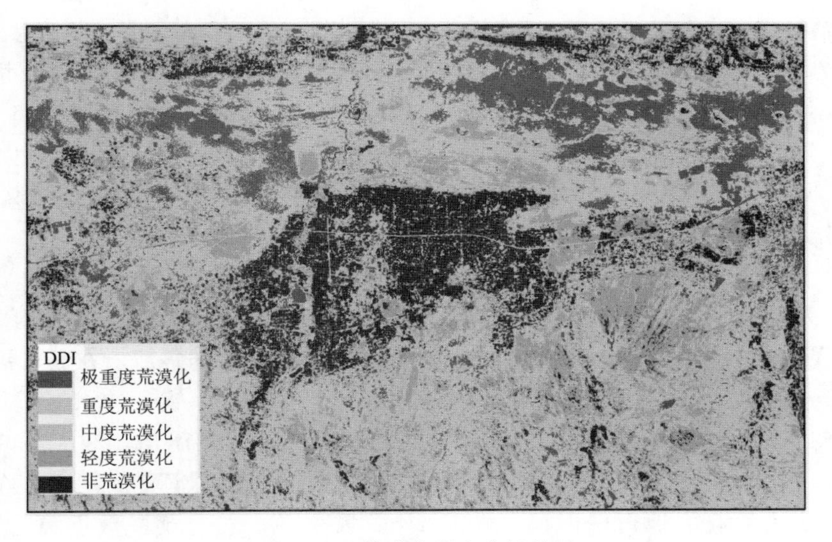

图 8.30　荒漠化程度分级结果

8.8　镶 嵌 数 据 集

8.8.1　实验背景

随着遥感技术的发展，影像应用越来越广泛，对多分辨率及大规模的影像进行科学管理至关重要，影像管理的基础是影像建库。在 ArcGIS 中，镶嵌数据集（Mosaic Dataset）是用来批量管理、动态镶嵌大量栅格数据的推荐数据模型，它是由栅格数据集和栅格目录相结合的混合技术，采用与非托管的栅格目录相一致的方法管理栅格数据。因此，可以对数据集进行索引，并且可对集合执行查询。它的存储方式和栅格目录类似，在使用过程中和普通栅格数据集相同。镶嵌数据集用于管理和发布海量多分辨率，多传感器影像，对栅格数据提供了动态镶嵌和实时处理的功能。其最大优势是具有高级栅格查询功能及实时处理函数功能，并可用作提供影像服务的源。镶嵌数据集的操作流程如图8.31所示。

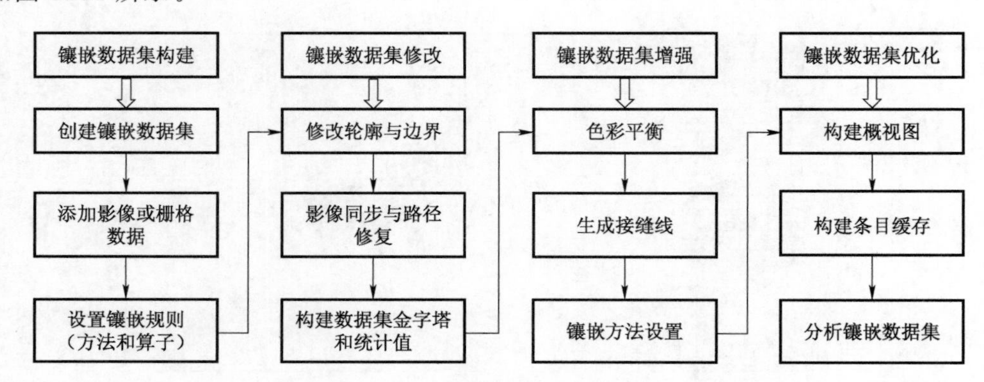

图8.31　镶嵌数据集操作流程

8.8.2　实验数据

LT51270352010168IKR00.tar.gz和LT51270362010168IKR00.tar.gz，西安市及北部的Landsat5 TM影像，条带号分别为127，35和127，36，成像日期均为2010-06-17。数据来自中国科学院计算机网络信息中心地理空间数据云平台（http://www.gscloud.cn）。

镶嵌数据集主要用来管理和处理大规模影像，本例只以两景影像进行示例。

8.8.3　操作步骤

1. 创建镶嵌数据集

在ArcGIS Pro中，有关镶嵌数据集的工具大多位于Geoprocessing\Data Management Tools\Raster\Mosaic Dataset目录下，当创建好镶嵌数据集后，在其右键菜单也可以调用大部分工具。

将LT51270352010168IKR00.tar.gz和LT51270362010168IKR00.tar.gz两个压缩文件解压至同一个文件夹中。打开ArcGIS Pro，新建名为镶嵌数据集的工程，在Contents窗口中移除默认加载的地形图图层。在Catalog窗口中，右击镶嵌数据集.gdb，选择New→Mosaic Dataset，在Create Mosaic Dataset对话框中，Mosaic Dataset Name输入TM_Mosaic，Coordinate System导入TM影像的坐标系统（空间参考必须设置，当访问镶嵌数据集时，该空间参考就是整个镶嵌数据集的默认空间参考，镶嵌数据集的其他附加部分会依据这个空间参考创建，如果后续添加的栅格数据的空间参考与镶嵌数据集默认空间参考不一致，数据会进行动态投影），Product Definition选择Landsat TM and ETM+，单击Run，完成Mosaic Dataset创建，如图8.32所示。

镶嵌数据集.gdb数据库中已经出现Mosaic Dataset图标，并加载到了的Contents中，TM_Mosaic下方出现了Boundary（边界）、Footprint（轮廓）以及Image（影像）三个子项。

2. 向镶嵌数据集添加栅格数据

在Catalog窗口中右击TM_Mosaic镶嵌数据集，然后单击Add Rasters，弹出Add

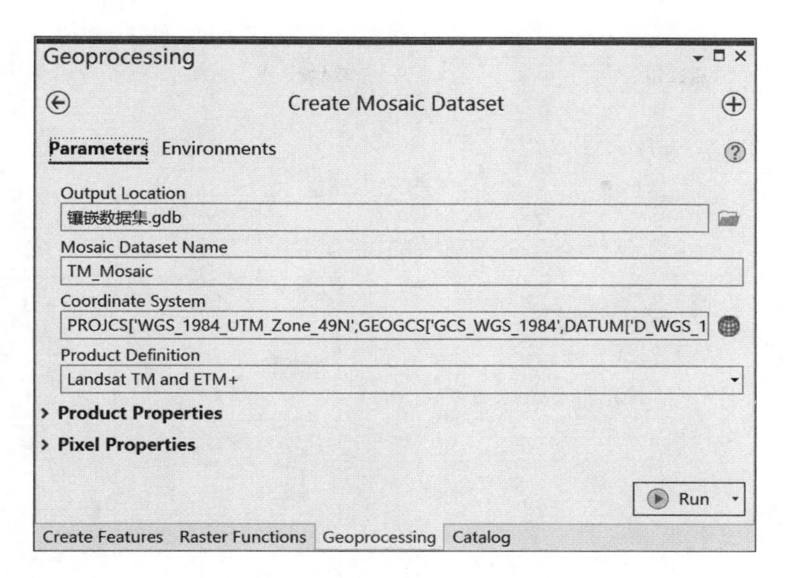

图 8.32　Create Mosaic Dataset 对话框

Rasters To Mosaic Dataset 对话框，在 Raster Type 中选择 Landsat 4－5 TM，Processing Templates 选择 Multispectral，Input Data 选择 File。在下方点击添加数据按钮，选择 L5127035_03520100617_MTL. txt 和 L5127036_03620100617_MTL. txt 两个头文件数据，展开 Raster Processing，选中 Calculate Statistics 和 Build Raster Pyramids，展开 Mosaic Post－processing，选中 Update Overview（更新概视图）以及 Estimate Mosaic Dataset Statistics（估计镶嵌数据集统计），之后单击 Run，完成影像添加，如图 8.33 所示。

也可以在 Input Data 中选择 Folder，在下方单击添加数据按钮，选择 TM 影像所在文件夹（此处可以添加多个文件夹，文件夹也可以包含子目录），完成多个影像的添加。

在向镶嵌数据集添加栅格数据的时候，栅格数据本身实际是没有入库的，而是在镶嵌数据集中存储了指向栅格数据位置的指针，并没有将实际的栅格数据存储在镶嵌数据集内。因此，在添加栅格数据之后，不要把原始数据删除或者移动，否则镶嵌数据集会受到影响。

如果需要从镶嵌数据集移除栅格数据，在 Catalog 中，右击建立的镶嵌数据集，选择 Remove→Remove Rasters，移除栅格数据的操作是通过执行 SQL 语句实现的，如果希望移除全部已添加的栅格数据，可以写成“OBJECTID is greater than 0”，如图 8.34 所示。

3. 数据轮廓和边界

将镶嵌数据集加载到 Contents 中发现，镶嵌数据集是以类似图层组的形式加入的，包含了至少三个图层：Boundary（边界）、Footprint（轮廓）和 Image（影像），如图 8.35 所示。

Image（影像）图层是镶嵌数据集将多张栅格数据，动态拼接成了一整张栅格。

Footprint（轮廓）包含镶嵌数据集内每个栅格的轮廓，但不一定是每个栅格数据集的范围，而是栅格数据集内有效栅格数据的范围。NoData 区域是轮廓形状所排除内容的典型示例。可以根据自己的需求，进一步定义和裁剪栅格数据。常用的方法有三种：

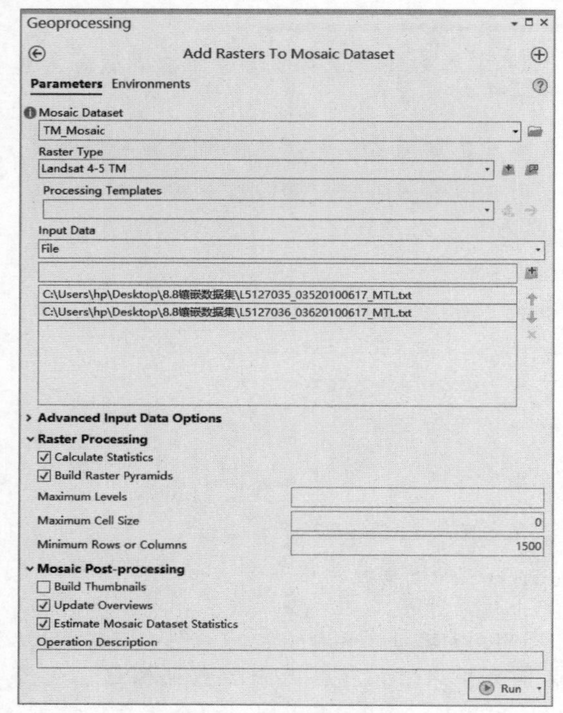

图 8.33　Add Rasters To Mosaic Dataset 工具

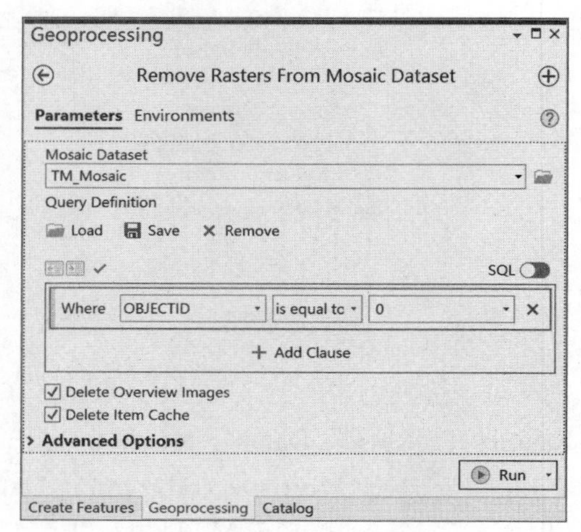

图 8.34　Remove Rasters From Mosaic Dataset 工具

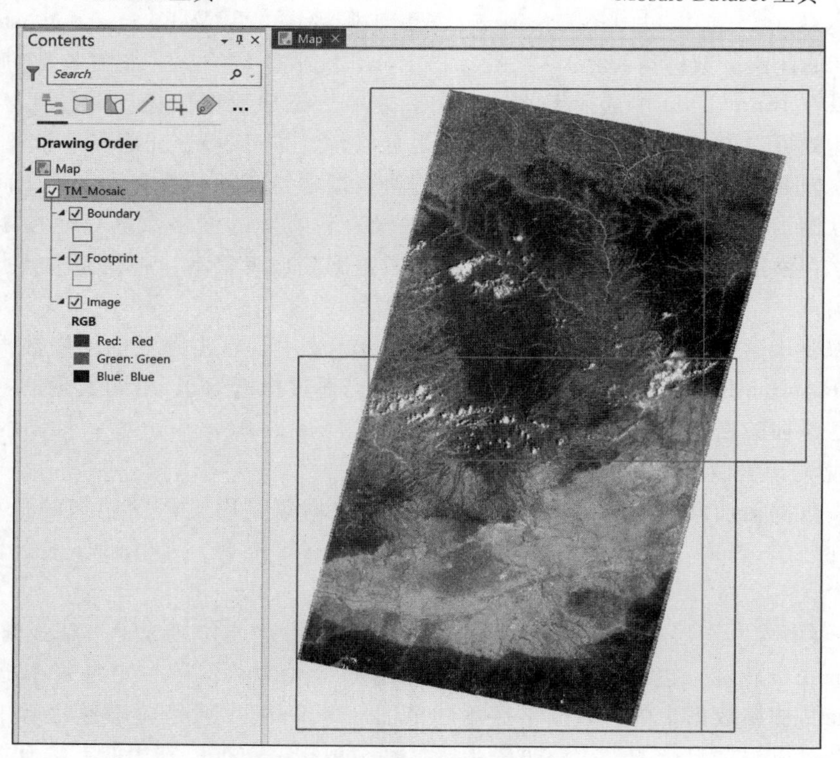

图 8.35　镶嵌数据集图层组织结构

(1) 自动计算方法。在 Catalog 中，右击 TM_Mosaic 镶嵌数据集→选择 Modify→Build Footprints，使用 Build Footprint 工具执行系统计算得到新的轮廓。重新定义轮廓的方法有：

Radiometry：根据像素值范围来重新定义轮廓的形状，从而排除无效数据。

Geometry：将轮廓的形状重新定义为其原始几何形状。

Copy to sibling：在使用全色锐化的栅格类型时，轮廓将被替换为多光谱项的轮廓。

在这之前，可以使用 Define Mosaic Dataset NoData 工具将栅格中不希望显示的值置为 Nodata，再执行 Build Footprint 可以排除 Nodata 值。

(2) 手工编辑方法。Footprint 被存储为要素类，故可以切换至 Edit 功能栏选项卡，对 Footprint 面要素类直接进行编辑。

(3) 导入已有多边形的方法。右击 TM_Mosaic 镶嵌数据集→选择 Modify→Import Footprints or Boundary，将面要素类导入为 Footprints 或者 Boundary，按照指定的关联字段替换轮廓（Target Join Field 和 Input Join Field），如图 8.36 所示。

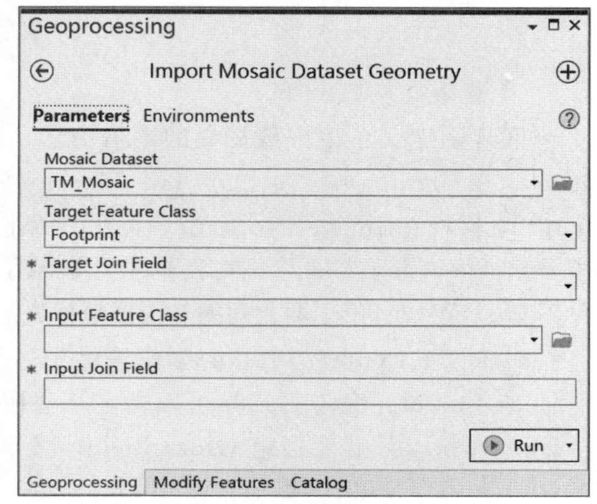

图 8.36　Import Mosaic Dataset Geometry 对话框

Boundary（边界）可以理解成镶嵌数据集所引用的所有栅格数据的外边界。是将各个 Footprint 层进行融合而得到。即 Footprint 是每个栅格数据的边界，而 Boundary 是全部栅格的 Footprint 融合之后的总外边界。Boundary 用于确定镶嵌数据集的空间范围。

如果镶嵌数据集中所包含的栅格数据超出了 Boundary，则超出的数据在镶嵌影像不可见。因此，可以通过修改边界来限制镶嵌数据集的可见内容。操作同 Footprint，可以通过手动编辑，或者使用 Import Footprints or Boundary 制作自定义边界。

4. 镶嵌数据集属性表

在 Contents 的 Footprint 右击，选择 Attribute Table，打开镶嵌数据集属性表，如图 8.37 所示。

第 1 列就是前述 Remove Rasters 中使用的 OBJECTID，从 1 开始编号。

MinPS 和 MaxPS 定义了像元大小范围。当添加数据时选中 Calculate Statistics 和 Build Raster Pyramids 时候，属性表中就会填充这些值。

LowPS 和 HightPS 定义了栅格数据集所包含的像元大小的实际范围，LowPS 为影像真实分辨率，HightPS 为影像金字塔分辨率。

Category 指定了该 Footprint 范围内的图像是影像还是概视图数据。

对于卫星影像数据，镶嵌数据集属性表中还保存了影像的获取时间、太阳方位角、太阳高度角、云量以及条带号等信息。

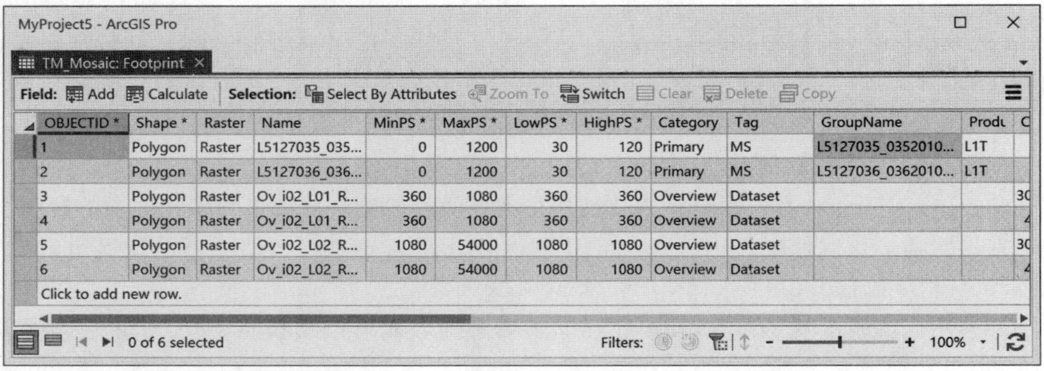

MyProject5 - ArcGIS Pro

TM_Mosaic: Footprint

Field: Add Calculate Selection: Select By Attributes Zoom To Switch Clear Delete Copy

OBJECTID *	Shape *	Raster	Name	MinPS *	MaxPS *	LowPS *	HighPS *	Category	Tag	GroupName	Produ	C
1	Polygon	Raster	L5127035_035...	0	1200	30	120	Primary	MS	L5127035_0352010...	L1T	
2	Polygon	Raster	L5127036_036...	0	1200	30	120	Primary	MS	L5127036_0362010...	L1T	
3	Polygon	Raster	Ov_i02_L01_R...	360	1080	360	360	Overview	Dataset			3(
4	Polygon	Raster	Ov_i02_L01_R...	360	1080	360	360	Overview	Dataset			4
5	Polygon	Raster	Ov_i02_L02_R...	1080	54000	1080	1080	Overview	Dataset			3(
6	Polygon	Raster	Ov_i02_L02_R...	1080	54000	1080	1080	Overview	Dataset			4

Click to add new row.

0 of 6 selected Filters: 100%

图 8.37 镶嵌数据集属性表

5. 设置镶嵌规则

镶嵌规则定义了镶嵌数据集的镶嵌方法（Mosaic Method）与镶嵌算子（Mosaic Operator）。在 Catalog 中，定位至 TM_Mosaic 镶嵌数据集，右击→选择 Properties，切换至 Default 项目→在 Image Properties 下方，单击 Allowed Mosaic Methods 后面的按钮，弹出 Configure Allow List。该对话框中，显示了各种镶嵌方法：

North - West：位于西北角的获得了最优先的镶嵌顺序，东南角排在最后，此为默认选项。

Closest To Center：中心的影像最优先。

Lock Raster：允许客户端可以指定某些栅格数据，这样仅对被锁定的栅格进行显示。

ByAttribute：需要指定 Order Field，按照该字段排序。

Closest To Nadir：类似于 Center，只是像底点距离整个视图中心的距离成为镶嵌的标准。

Closest To Viewport：可以使用 ViewPoint 工具根据自定义的位置与栅格的像底点位置对栅格进行排序。

Seamline：使用预定义的接缝线形状分割栅格，并且可以选择是否沿接边使用羽化功能，在生成接缝线的过程中对排序进行预定义。

None：默认使用数据的存储顺序作为镶嵌顺序，也就是 ObjectID 的顺序，数字越靠前，镶嵌的也就越靠前。

如果镶嵌数据集中包含大量具有重叠区域的影像数据，则可将镶嵌方法设置为 By_Attribute，通过影像采集时间或云覆盖量将最新采集到的或云量最少的影像显示在顶端。

对于本例，由于影像重叠部分较多，对话框下方的 Default Method 选择 By Attribute，Order Field 设置为 CloudCover，Order Base Value 为 0，单击 OK 完成设置，如图 8.38 所示。

Mosaic Operator（镶嵌运算符）用于确定如何确定重叠像元，可选的方法如下：

First：重叠区域中所列出的第一个栅格数据集中的像元。

Last：重叠区域中所列出的最后一个栅格数据集中的像元。

Min：重叠区域中包含所有重叠像元中的最小像元值。

Max：重叠区域中包含所有重叠像元中的最大像元值。

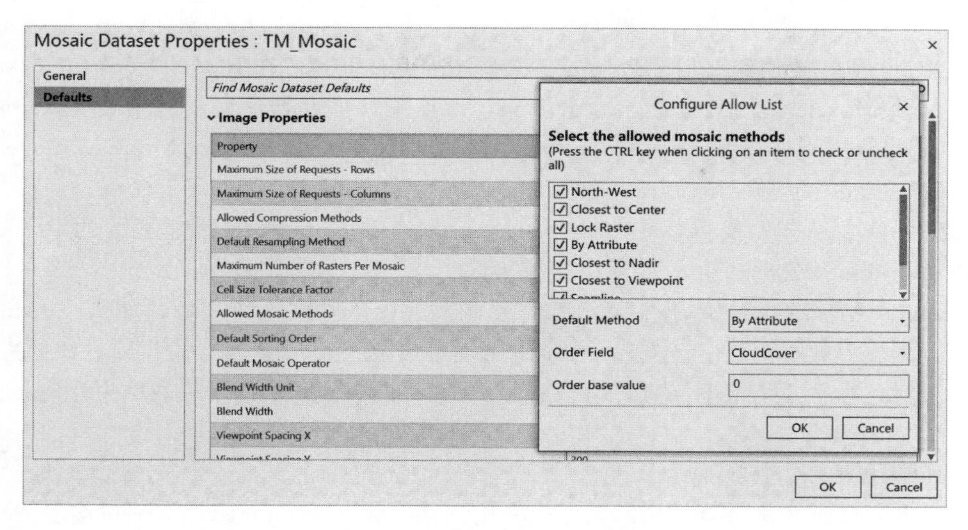

图 8.38 设置镶嵌规则对话框

Mean：重叠区域中包含所有重叠像元的平均像元值。

Blend：重叠区域是镶嵌影像中沿各栅格数据集边缘重叠的像元值的混合。在默认情况下，各栅格的边由轮廓或接缝线定义。该运算符所使用的像素距离，跨越边界时此值将分成两半。例，如果该值为 40，则将在轮廓内部混合 20 像素，在轮廓外部混合 20 像素。如果存在接缝线，可以在接缝线表中定义每个接缝线的混合宽度和类型，从而覆盖此值。

Sum：重叠区域中包含所有重叠像元的像元值总和。

对于本例，在 Allowed Mosaic Methods 的下方，找到 Default Mosaic Operator，下拉列表选择 Blend，宽度设置为 20。单击应用，完成镶嵌规则设置。

6. 色彩平衡

镶嵌数据集一般由多张影像组成的，各幅影像可能由于各种原因存在色彩差异。为了让整个镶嵌数据集看起来是无缝的一整张图，而不是一片一片的，需要做色彩平衡。

做色彩平衡之前，原始数据的所有波段要满足下列四个条件：

(1) 所有波段已经创建统计值和直方图。

(2) 所有栅格数据集具有相同的波段数。

(3) 所有栅格数据集的像素类型和像素深度都相同。

(4) 所有栅格数据集都没有关联的色彩映射表。

在 Catalog 中，右击 TM_Mosaic，选择 Enhance→Color Balance，打开 Color Balance Mosaic Dataset，该工具提供了三种匀色的算法：

Dodging（匀光）：传统的匀光摄影测量方法。

Histogram（直方图）：根据目标直方图更改各像素值。当镶嵌数据集中的所有栅格的直方图形状都相似时，直方图平衡会取得较好的效果。

Standard Deviation（标准差）：根据标准差计算更改每个像素值。当镶嵌数据集中的所有栅格的正态值具有相同的直方图分布时，标准差平衡的效果最好。

本例中，选择 Histogram 算法进行色彩平衡。选择 Histogram 算法进行色彩平衡之前必须计算镶嵌数据集的统计值和金字塔，在 Geoprocessing\Data Management\Raster\Raster Properties 中找到 Build Pyramids and Statistics 工具，在 Input Data or Workspace 中输入 TM_Mosaic 镶嵌数据集，单击 Run，计算统计值和金字塔。随后在 Catalog 中，右击 TM_Mosaic，选择 Enhance→Color Balance，打开 Color Balance Mosaic Dataset，在 Balance Method 中选择 Histogram。

色彩平衡工具会先执行位于 Color Balance Mosaic Dataset 对话框下方的 Pre - processing Options 预处理选项，如图 8.39 所示。

Exclude Area Raster 用于排除不能或者难于进行色彩校正的区域，如水、云和异常区域等。本质上就是创建一个掩膜，从而从镶嵌数据集色彩平衡算法中排除一些像素。

如果对色彩平衡结果不满意，可以移除效果。镶嵌数据集的右键菜单中，Remove→Remove Color Balancing。

7. 构建接缝线

在对镶嵌数据集进行镶嵌的时候，经常用到接缝线（Seamline）。在创建接缝线之前，一般先进行色彩平衡。当镶嵌方法选为 Seamline 时，Seamline 就会替代 Footprint 来作为每幅栅格数据的边线。这样会让接缝更自然，镶嵌数据集看起来会更像是无缝的一整张栅格数据。Seamline 与 Footprints 类似，每个面表示一个图像。面的形状表示查看镶嵌数据集时将用于生成镶嵌图像的那部分图像。构建了 Seamline 之后，ArcGIS Pro 的 Contents 面板中显示镶嵌数据集时，多了一个 Seamline 图层，根据镶嵌方法，等级值将存储在 Footprint 属性表的 SOrder 字段中。

构建接缝线使用 Build Seamlines 工具，在 Catalog 中，右击 TM_Mosaic，选择 Enhance→Generate Seamlines，打开 Build Seamlines 工具，如图 8.40 所示。

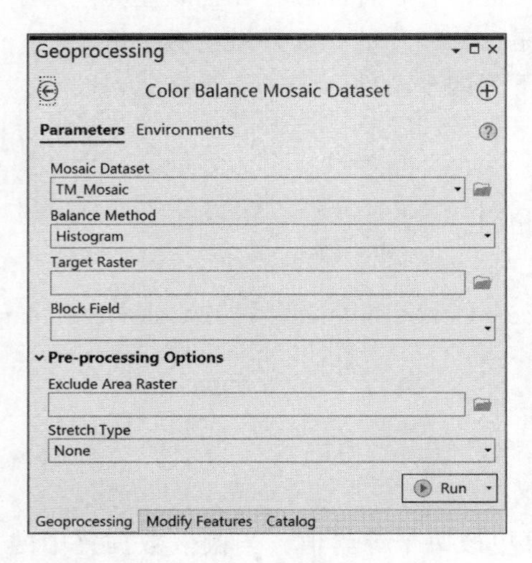

图 8.39 Color Balance Mosaic Dataset 工具

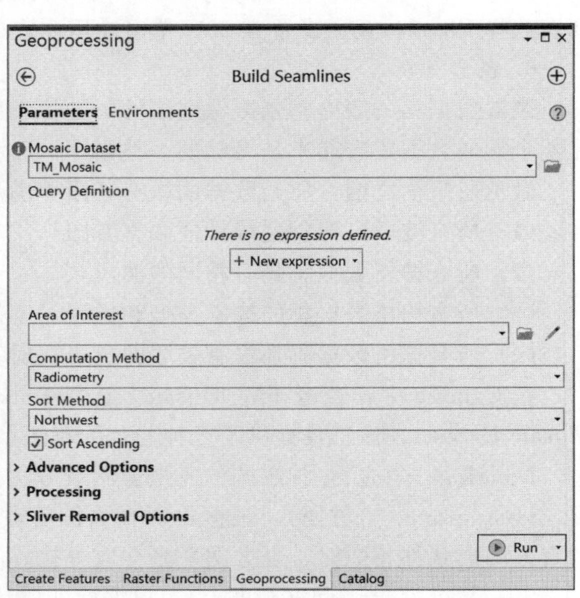

图 8.40 Build Seamlines 工具

构建接缝线，有七种计算方法（Computation Method）：

（1）Geometry（几何）：根据当前的排序方法和 Footprint 来生成接缝线。通过这种方法生成的接缝线，栅格数据之间的压盖关系很清晰，并且接缝线（面）之间没有要素压盖。

（2）Radiometry（辐射度）：通过检查相交区域的值和样式来构建接缝线，接缝线是 Footprint 交点之间的折线。这种方法拼接的影像看起来更自然一些。

（3）Copy footprint（复制轮廓）：根据轮廓直接生成接缝线。

（4）Copy to sibling（复制到同类）：应用来自其他镶嵌数据集的接缝线。镶嵌数据集必须位于同一组中。这种方法常常用于全色波段与多光谱波段范围不同的卫星影像，从而确保它们共享相同的接缝线。

（5）Edge detection（边缘检测）：对相交区域应用边缘检测过滤器，以确定该区域中要素的边。然后，沿检测到的边创建接缝线。这种方法创建的接缝线也很自然。

（6）Voronoi：使用区域 Voronoi 图生成接缝线。

（7）Disparity：根据立体像对的差异图像生成接缝线，该方法可避免接缝线穿过建筑物。

在默认情况下，Seamline 排序是使用“North - West”镶嵌方法生成的。还可以选择使用“CLOSEST_TO_VIEWPOINT”或“BY_ATTRIBUTE”镶嵌方法来创建接缝线。

本例中，选择 Radiometry 作为接缝线的计算方法。

生成接缝线后，镶嵌方法（Mosaic Method）自动更改为 Seamline。

8. 创建概视图

在 Catalog 中右击镶嵌数据集，选择 Optimize→Build Overviews，定义并生成镶嵌数据集的概视图。创建概视图时，必须选中 Define Missing Overview Tiles 和 Generate Overviews 这两个选项。概视图的第一个级别在镶嵌数据集的全分辨率下创建。后续各个级别均在上一次生成的概视图级别基础上构建。

9. 维护镶嵌数据集

当影像原数据更新后，可以同步镶嵌数据集以避免镶嵌数据集重建。右击镶嵌数据集，选择 Modify→Synchronize，将数据同步到镶嵌数据集中。

当镶嵌数据集中的影像存储位置发生改变后，需要修复路径。右击镶嵌数据集，选择 Modify→Repair，修改路径。

10. 使用镶嵌数据集计算 NDVI

建立好镶嵌数据集后，可以对镶嵌数据集进行各种运算，如根据镶嵌后的 DEM 数据计算坡度坡向，使用 TM、ETM+以及 OLI 计算 NDVI 等。

NDVI 全称为归一化植被指数（Normalized Difference Vegetation Index，NDVI），计算公式为

$$\mathrm{NDVI}=(\mathrm{NIR}-R)/(\mathrm{NIR}+R)$$

式中：NIR 为近红外波段的反射值；R 为红光波段的反射值。

对于 TM/ETM+影像来讲，NDVI=(Band4－Band3)/(Band4＋Band3)。

NDVI 主要应用在检测植被生长状态、植被覆盖度和消除部分辐射误差等。NDVI 计

算结果介于［−1，1］。负值表示地面覆盖为云、水、雪等，对可见光高反射；0表示有岩石或裸土等，NIR和R近似相等；正值，表示有植被覆盖，且随覆盖度增大而增大。

在Contents中单击TM_Mosaic，切换至Imagery功能栏选项卡，在Tools组中单击Indices下拉菜单，选择NDVI，计算结果会自动加载至Contents面板中。

第9章 制 图

9.1 制作全球航线图

9.1.1 实验背景

航空运输业在飞速发展，每天有成千上万架飞机在蓝天翱翔。据国际航空运输协会(IATA)发布的数据显示，2019年全球航空运输业客运量为45.4亿人次。全球航空公司的机队规模为2.9万架。

本实验将制作一幅全球航线图，反映全球航线密度情况，也能从侧面说明区域经济发展以及地缘政治等情况。

9.1.2 实验数据

原始的航线数据以Excel格式保存，flightdata.xlsx表中的routes工作表保存了全球机场之间52286条航线数据。航线数据包含有航空公司、航空公司ID、出发地IATA、出发地ID、目的地IATA、目的地ID、机型、出发地_*x*、出发地_*y*、出发地_*z*、目的地_*x*、目的地_*y*以及目的地_*z*等信息。

数据来源于OpenFlights开源项目网站(https://openflights.org/data.html)。

在航线图.gdb地理数据库中保存有全球主要城市点要素类，含有名称和标注等级两个字段，标注等级取值1～9。值越高，表示城市在航线制图中的作用更大。

9.1.3 操作步骤

1. 将航线加载为线要素并进行符号化

打开ArcGIS Pro→以Map为模板，新建名为航线图的工程，在功能区切换至Map选项卡，在Layer组中，单击Basemap下拉菜单，选择中国地图蓝黑版(或其他暗色底图)。

在Geoprocessing窗口上方搜索并打开*XY* To Line工具，在Input Table中选择flightdata.xlsx\routes，设置输出要素类的名称为flight_routes，Start *X* Field和Start *Y* Field分别选择出发地_*x*和出发地_*y*，End *X* Field和End *Y* Field分别选择目的地_*x*和目的地_*y*，Line Type选择Geodesic，坐标系选择GCS_WGS_1984。单击Run，如图9.1所示，生成的flight_routes线要素类自动添加至Contents中。

如果Input Table中不能选择Excel文件时，可将Excel转换为制表符分割的文本文件(txt)，再次运行*XY* to Line工具添加数据。

XY to Line工具中的Line Type参数有四个选项可供选择：Geodesic(大地线)，椭球面上两点间的最短曲线，也称测地线，是一条空间曲面曲线；Great circle(大圆航线)，通过地面上任意两点和地心做一平面，平面与地球表面相交的圆周为大圆，沿着大圆弧线航行时的航线称为大圆航线；Rhumb line(等角航线)，地球表面上与经线相交成相同角

度的曲线，在地球表面上除经线和纬线以外的等角航线，都是以极点为渐近点的螺旋曲线，在采用墨卡托投影的航海图上表现为直线；Normal section（法截线），包含椭球面上一点法线的平面称为法截面，法截面与该椭球面的交线称为法截线。

默认符号样式导致点之间互相重叠，遮挡了很多重要信息。为了更好地描述数据，可以更改点符号的大小、颜色和透明度，以便更好地显示航线分布。

接下来对 flight_routes 航线进行符号化。在 Contents 窗口中，单击 flight_routes 图层的线符号→弹出 Symbology 对话框，切换至 Properties→单击上方中间的 Layers 按钮→单击 Color 右侧的色块旁边的三角符号→单击 Color Properties→打开 Color Editor 对话框，将颜色设置为亮蓝色（Red，0；Green，230；Blue，255。十六进制数为 00E6FF，在下方的 HEX #旁输入 400E6FF），将透明度 Transparency 更改为 98%→单击 OK，如图 9.2 所示→线宽 Width 保持默认值 1pt→设置完成后单击 Apply。

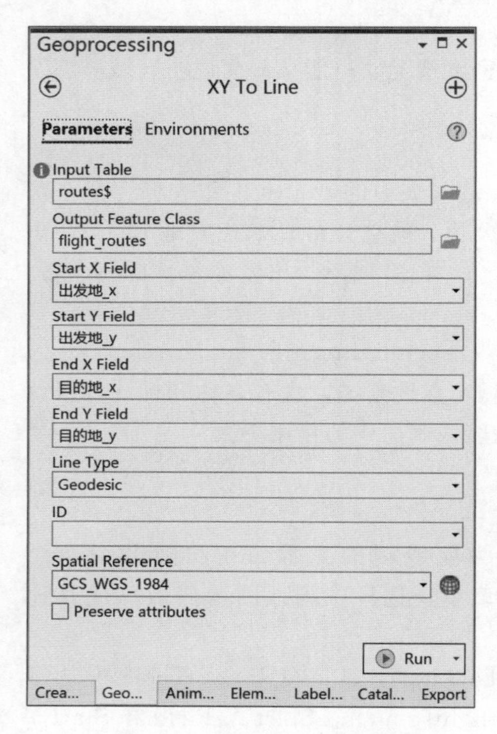

图 9.1 XY To Line 工具

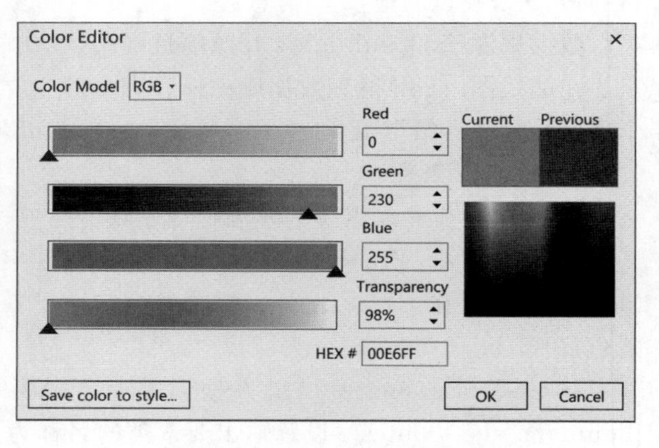

图 9.2 Color Editor 对话框

2. 添加城市图层并进行符号化和标注

将航线图.gdb 地理数据库中的城市点要素类加载至 Contents 中。对城市进行符号化。城市属性表中保存着名为标注等级的字段，从 1 到 9。对于标注等级等于 1 的城市为其标注城市名，并将其符号变得较大；其他等级的城市不标注，并且显示为更小的点。

在 Contents 窗口中，单击城市图层的点符号→在功能区切换至 Appearance 选项卡。在 Drawing 组中，单击 Symbology 下拉菜单，选择 Unique Values，弹出 Symbology 对话框，并切换至 Primary symbology。在 Field 1 中选择标注等级字段，下方 Classes 中出现

9行，每行都有一个符号，配合使用 Shift 键，选中标注等级为 2～9 的行，右击选择 Group Values，将除了标注等级为 1 以外的其余所有城市合并为 1 类，如图 9.3 所示。

单击标注等级为 1 的 Symbol 下的圆点，在 Format Point Symbol 中切换至 Gallery，选择第一个点符号 Circle1。随后单击上方的 Properties，切换至第一个 Symbol 选项卡（带有毛笔标记的选项卡），在 Appearance 下方设置 Color 为 Gray 20%，Size 更改为 16pt，单击最上方的返回按钮。

按照同样方法，设置标注等级为 2～9 的点符号为 Gray 20%，Size 更改为 6pt，设置完成后，单击 Apply。

接下来为标注等级为 1 的城市标注城市名称。在 Contents 窗口中，选中城市图层→单击功能区上的 Labeling 选项卡→在 Label Class 组中，单击 SQL 查询按钮→打开 Label Class 窗口，添加查询子句：

标注等级 is equal to 1

随后单击 Apply→在 Label Class 窗口的顶部右侧，单击三个水平线的按钮→选择 Rename label Class，将标注分类重命名为主要城市，单击 OK。在功能区的 Labeling 选项卡上，确保 Label Class 组中的 Field 选中名称字段。单击 Layer 组中的 Label 按钮，完成对主要城市的名称标注。接着对名称标注进行修改以匹配背景色和航向风格。在功能区的 Labeling 选项卡的 Text Symbol 组中，设置字体格式为 Arial，大小为 18，在字体下方列表框选择 Bold，以对文本进行加粗，设置颜色为 Gray 50%，如图 9.4 所示。在 Labeling 功能栏选项卡的 Visibility Range 组中，可以设置可见范围，当地图比例尺超过某一比例范围后，设置标注是否可见。

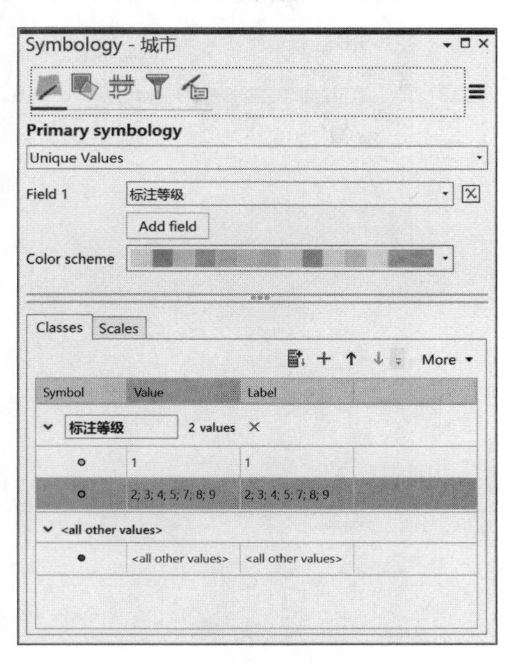

图 9.3 Symbology 对话框

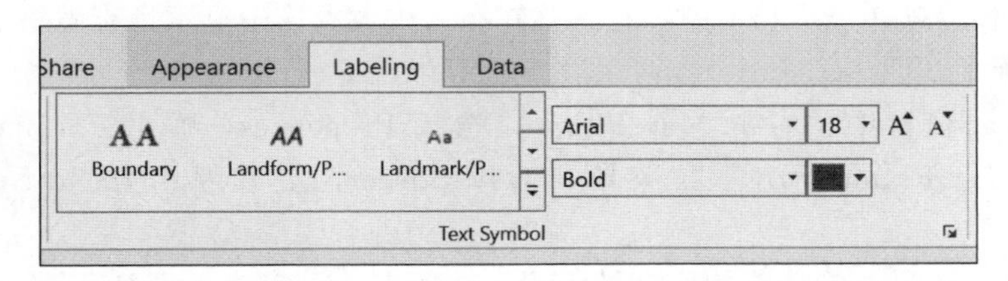

图 9.4 更改字体样式

3. 输出地图

单击功能区上的 Insert 选项卡→在 Project 组中，单击 New Layout 下拉菜单，选择 Custom page Size，打开 Layout Properties，输入宽为 120cm，高为 62cm，方向选择水平（Landscape），如图 9.5 所示。

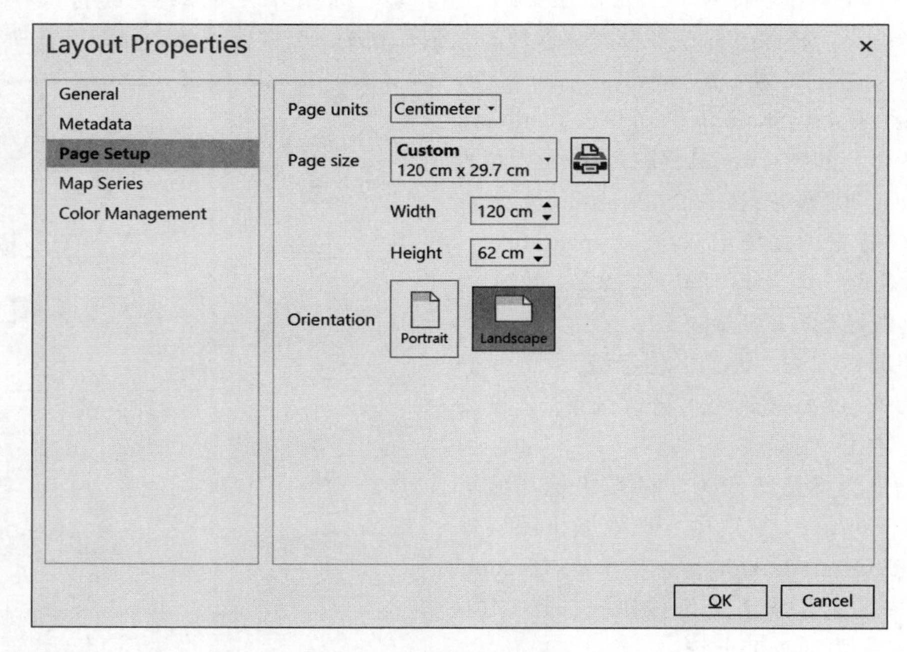

图 9.5　布局视图属性

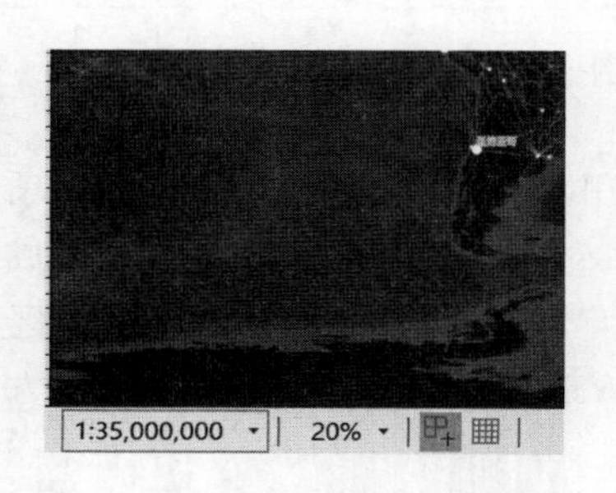

图 9.6　在地图查看器中设置比例尺

接下来添加包含航线、城市以及底图的地图框。单击功能区上的 Insert 选项卡→在 Map Frames 组中，单击 Map Frame 下部的三角形→选择 Map 地图，在 Layout 中单击并拖动以创建一个地图框。地图框添加到布局，其中地图范围与地图大致相同，在下部的地图查看器中，将比例更改为 1∶35000000。如图 9.6 所示。

单击功能区上的 Layout 选项卡。在 Map 组中，单击 Activate，激活地图，此时可以对布局中的地图进行缩放、平移等操作→平移地图，直到其在布局中大致居中显示且充满整个画布。随后在 Layout 选项卡“Close Activation”以关闭激活状态。

在 Contents 窗口中，右击 Map Frame，选择 Properties，弹出 Format Map Frame 窗口，单击 Map Frame 后方下拉菜单，选择 Border，更改颜色为 No color，删除外边框。

为地图插入标题。单击功能区上的 Insert 选项卡，可以为地图插入多种元素，包括指北针、比例尺、图例、图、表、标题、注记、图形等。在 Graphics and Text 组中，单击 Dynamic Text 下拉菜单，选择 Name，在布局视图下方拖动出一个文本框，随后双击，输入文本全球航线分布图，将其颜色更改为白色，大小更改为 72。

Layout 布局完成后，可以对地图进行导出和打印等输出。单击功能区上的 Share 选项卡，选择 Print 或者 Export，将布局打印或者输出为多种格式。

9.2 制作黄河中游地图

9.2.1 实验背景

黄河含沙量高，泥沙主要来自黄河中游。本例将制作一幅含有水系、水文站、气象站以及高程等信息的黄河中游地图，供环境保护者使用。

9.2.2 实验数据

黄河中游.gdb 地理数据库中存储着黄河流域要素数据集、黄河中游要素数据集以及 DEM。

其中黄河流域要素数据集中存储着黄河流域水系、黄河中游边界以及黄河流域边界三个要素类。

黄河中游要素数据集中存储着西安与太原、水文站、气象站、中游水系以及中游分区等要素类。其中，中游水系含有 CLASS 字段，黄河干流为 1 级，其他河流按等级分别赋值为 2～5。

9.2.3 操作步骤

1. 添加数据

以 Map 为模板启动 ArcGIS Pro，在 Contents 的 Map 上单击两次，修改名称为黄河流域，将黄河中游. gdb 数据库中的黄河流域要素数据集添加进来，调整显示次序为黄河流域水系、黄河中游边界以及黄河流域边界。

在 Insert 功能栏选项卡的 Project 组中，再插入一个地图，命名为黄河中游，将黄河中游 . gdb 数据库中的 DEM、黄河中游要素数据集加载进来，调整图层次序为西安与太原、水文站、气象站、中游水系、中游分区以及 DEM。

2. 主体地图制作

单击功能区上的 Insert 选项卡→在 Project 组中，单击 New Layout 下拉菜单，选择 Custom page Size，打开 Layout Properties。在 Page Setup 中，修改 Width 为 23cm，Height 为 19cm，Orientation 选择 Landscape。在此对话框中，还可以更改 Layout 名称，在 General 中修改名称，在 Color Management 中修改色彩模式。一般显示器等显示使用 RGB 模式，而打印输入采用 CMYK 模式，如图 9.7 所示。

在功能栏的 Insert 选项卡中，单击 Map Frames 组中的 Map Frame 下拉菜单，选择黄河中游下方的 Default Extent，在布局中单击并拖动以创建一个地图框，随即将黄河中游地图添加到布局中。在下部的地图查看器中，将比例更改为 1∶5000000。在 Layout 功能栏选项卡中，单击 Map 组中的 Activate，激活地图，如图 9.8 所示。使用 Map 功能栏选项卡 Navigate 组中的 Explore 工具，移动地图使其居中。设置完成后，单击 Layout 选项卡 Map 组中的 Close Activation，关闭激活。

调整西安与太原、水文站以及气象站的点状符号。单击 Contents 窗口中的西安与太原下方的圆点符号，在 Symbology 窗口的 Gallery 选项卡中，选择 Circle4。切换至 Symbology 窗口的 Properties，在 Symbol 组中将 Color 改为 No Color，Size 改为 13pt，随后单击 Apply，如图 9.9 所示。

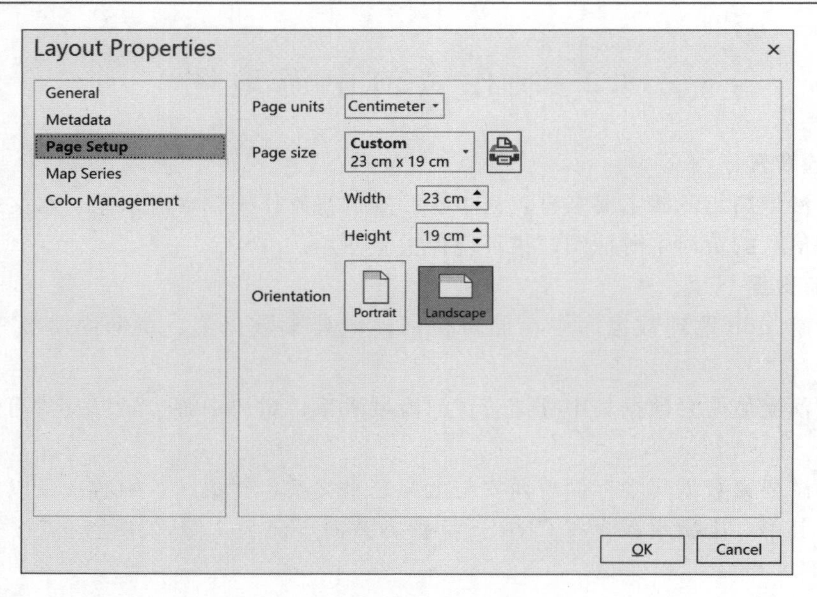

图 9.7　Layout Properties 对话框

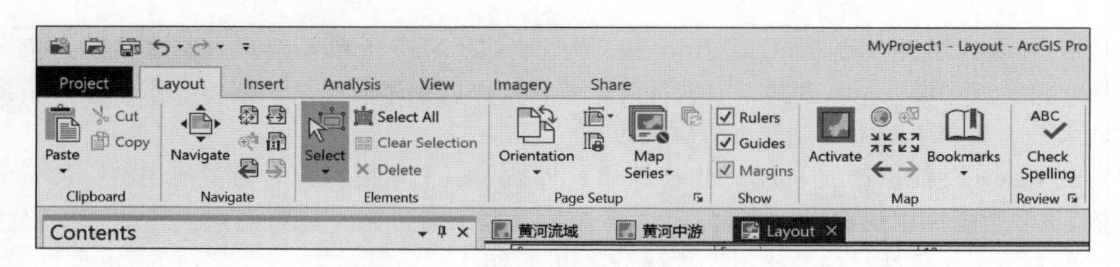

图 9.8　Layout 功能栏选项卡

在 Contents 中单击西安与太原，切换至 Labeling 选项卡，在 Label Class 组中设置标注字段为 NAME，随后单击 Label，以标注西安和太原的名称，如图 9.10 所示。在 Text Symbol 组中调整字体大小为 12pt。

使用同样的方法符号化水文站和气象站。其中，水文站采取 Triangle3，红色，大小为 12pt，如图 9.11 所示。在 Properties 的 Layers 组中，将边框颜色改为 No Color 以去除边框。气象站 50%Gray，大小为 6pt，无边框。为水文站标注站名，大小改为 14pt；为气象站标注 NAME 字段，大小改为 10pt。

在 Contents 中单击中游水系图层，在功能区切换至 Appearance 选项卡。在 Drawing 组中，单击 Symbology 下拉菜单，选择 Unique Values，如图 9.12 所示。

弹出 Symbology 对话框，并切换至 Primary symbology，在 Field 1 中选择 CLASS 字段，下方 Classes 中出现 5 行，每行都有一个符号，配合使用 Shift 键，选中 CLASS 为 2～5 的行，右击选择 Group Values，将除了 CLASS 为 1 以外的其余所有河流合并为 1 类，并命名为支流，将 CLASS 为 1 的河流命名为黄河干流，如图 9.13 所示。单击干流前的线状符号，将其颜色更改为蓝色，线宽更改为 2pt。同样的，将支流符号颜色更改为蓝色，线宽改为 1pt。右击下方的 all other values，选择 Remove 将其移除。

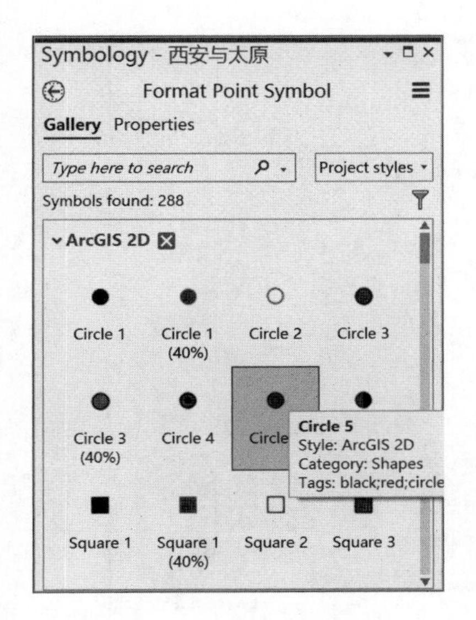

图 9.9　符号化西安与太原

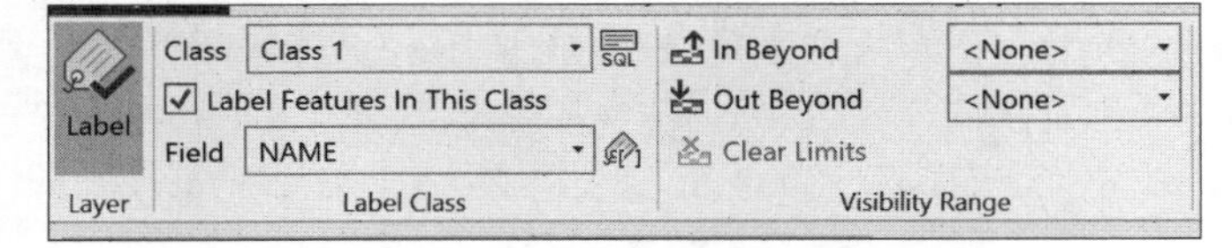

图 9.10　标注选项卡

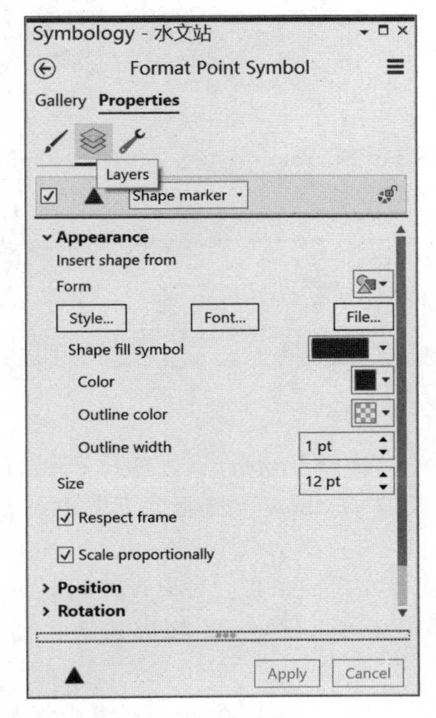

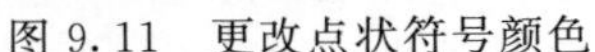

图 9.11　更改点状符号颜色

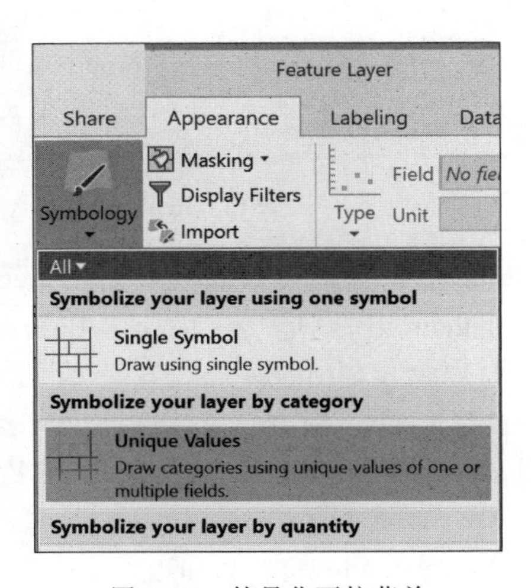

图 9.12　符号化下拉菜单

单击 Contents 中游分区下方色块，更改分区符号为 Dashed Black Outline，线宽设置为 1pt。

单击 Contents 中 DEM 下方的黑白渐变色块，将 Color scheme 更改为 Elevation＃11，如图 9.14 所示。

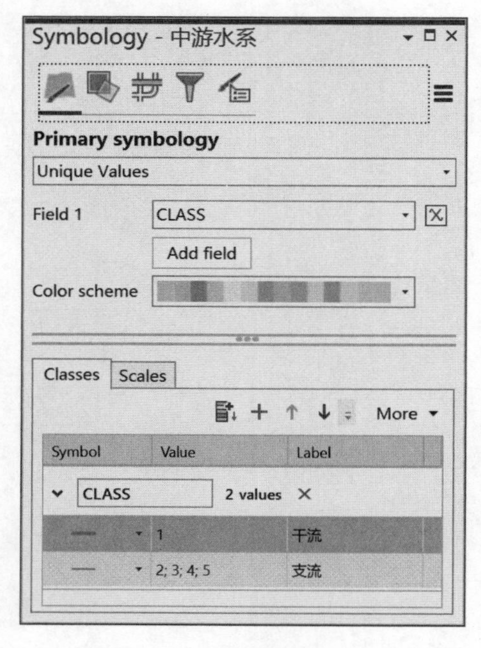

图 9.13 符号化中游水系

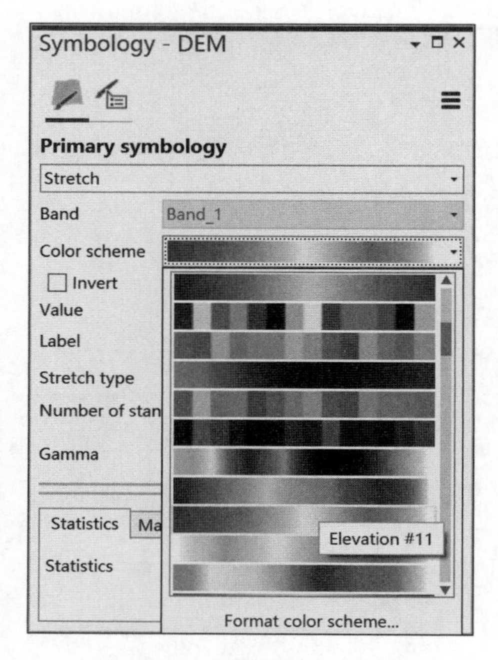

图 9.14 更改 DEM 配色方案

3. 添加地图整饰要素

(1) 添加图例。在 Insert 功能栏选项卡的 Map Surrounds 组中，单击 Legend，如图 9.15 所示，在布局窗口左侧中部拖动以添加图例。

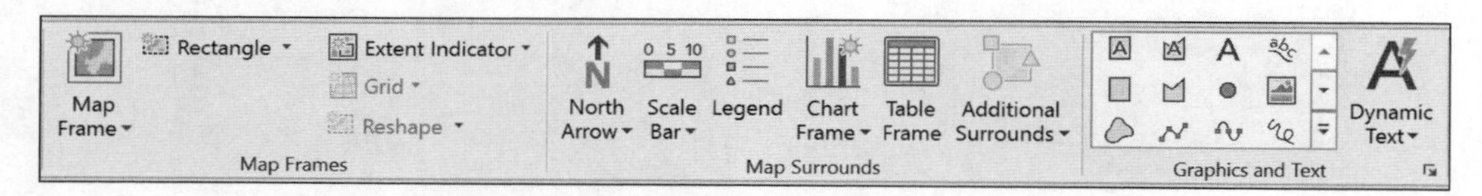

图 9.15 Insert 功能栏选项卡的 Map Surrounds 组

Contents 中添加了 Legend 组，右击 Legend，选择 Properties，打开 Format Legend 窗口。在 Legend 组的 Options 中，选中 Title 后方的 Show 复选框，下方输入名称为图例，如图 9.16 所示。

单击上部 Legend 后方三角，在弹出列表选择相应的条目，可以设置图例的背景色、边框、阴影、名称、图层组名称、图层名称、标题、标签以及描述等，如图 9.17 所示。

选择 Background，将背景和边框均改为 No Color。选择 Labels，将大小改为 14pt。

单击 Contents 中 Layout 下的 Legend 组中的中游水系，在 Format Legend Item 窗口中，取消选中 Layer name 和 Headings，如图 9.18 所示。

如图 9.19 所示，可以将图例转为图形，以进一步进行精细修改。右击布局视图中的图例，选择 Convert To Graphics（注意该操作不可逆，请全部修改完毕后转为图形）。继续右击，选择 Ungroup，可对各个元素进行修改。

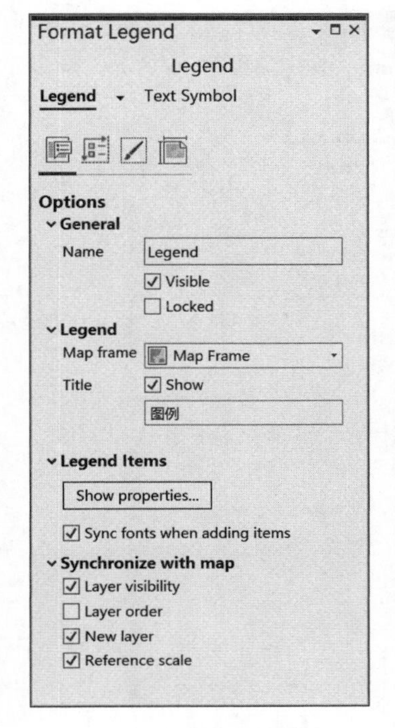

图 9.16 修改图例名称

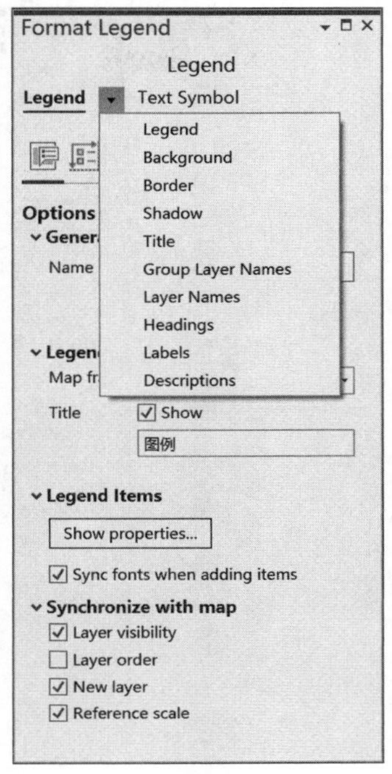

图 9.17 修改图例的其他属性

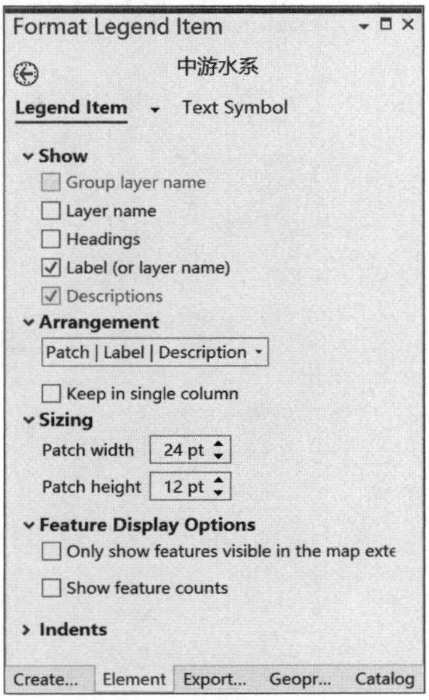

图 9.18 修改图例条目属性

(2) 添加指北针。在 Insert 功能栏选项卡的 Map Surrounds 组中，单击 North Arrow 下拉菜单，选择喜欢的指北针添加至布局右上方。右击指北针，选择 Properties，打开 Format North Arrow 窗口以修改属性。

(3) 添加比例尺。在 Insert 功能栏选项卡的 Map Surrounds 组中，单击 Scale Bar 下拉菜单，选择喜欢的比例尺添加至布局右下方。右击比例尺，选择 Properties，打开 Format Scale Bar 窗口以修改属性。

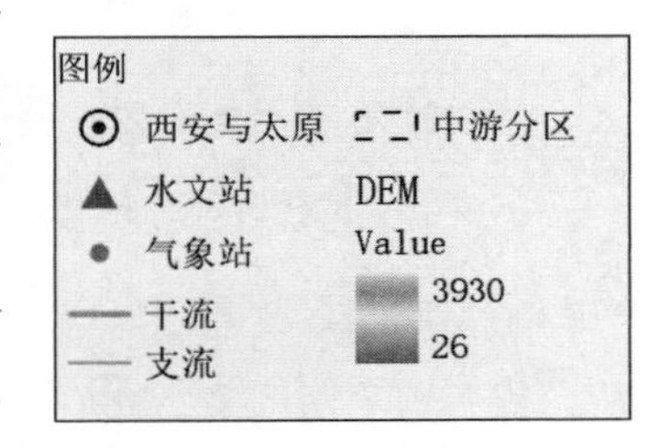

图 9.19 图例样式

在 Scale Bar 的 Options 中，将其单位修改为 Kilometers，Label Text 更改为 km，将 Divisions 和 Subdivisions 分别更改为 2，如图 9.20 所示。调整比例尺的大小，使其以 50 或者 100 的整数显示。

(4) 添加经纬网格。选中地图框，在 Insert 选项卡的 Map Frames 组中单击 Grid 下拉菜单，选择 Graticule 类别中的 Black Horizontal Label Graticule。在 Contents 中右击网格，选择 Properties，打开 Format Map Grid 窗口以修改属性。

在 Map Grid 的 Options 中，取消选中 Interval 下方的 Automatically adjust，切换至 Components，将 Interval 的 Labels、Ticks1、Ticks 以及 Gridlines 经纬度均修改为 3°，如图 9.21 所示。

单击 Map Grid 后方三角，选中 Gridlines，将其颜色修改为 30%Gray，如图 9.22 所示。

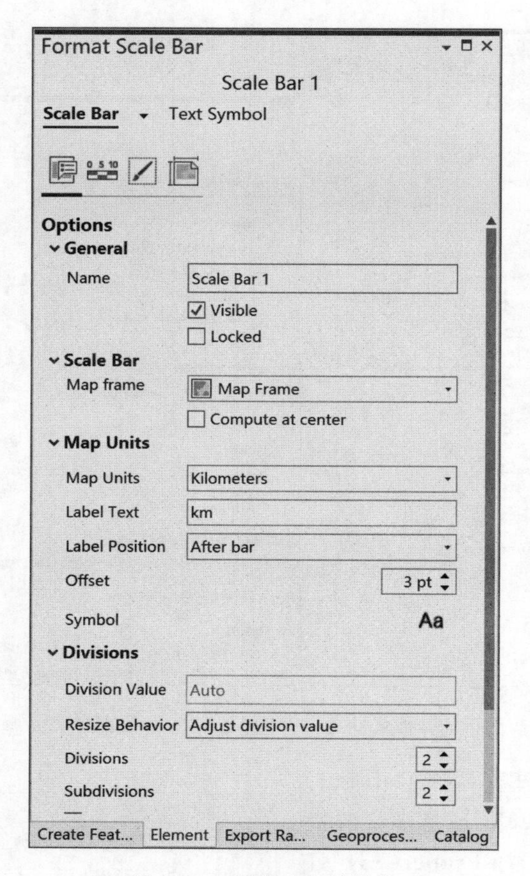

图 9.20　调整比例尺样式

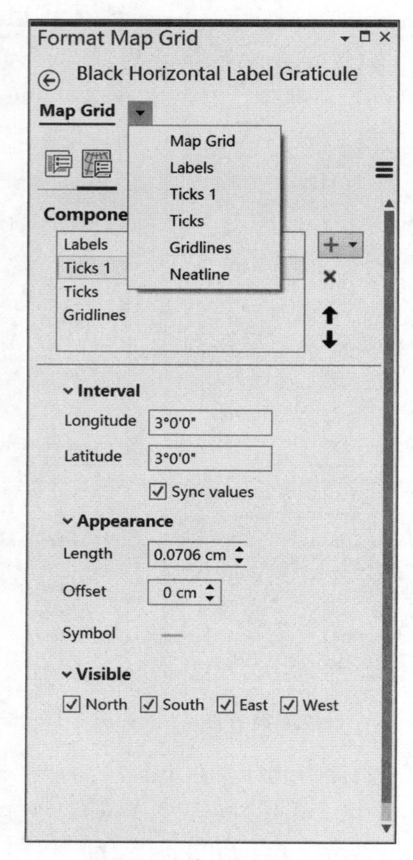

图 9.21　调整网格样式

（5）添加图名。Insert 功能栏选项卡的 Map Surrounds 中还可以插入表格（Table Frame）。在 Graphics and Text 中还可以为地图插入图片、沿着特定路径分布的文字以及动态文字（如图名、空间参考等）。单击 Dynamic Text 下拉菜单，选择 Name，如图 9.23 所示，插入图名，将其更名为黄河中游地图，大小更改为 20pt。

4. 添加插图

在功能栏的 Insert 选项卡中，单击 Map Frames 组中的 Map Frame 下拉菜单，选择黄河流域下方的 Default Extent。在布局的左上方空白处单击并拖动以创建一个地图框，随即将黄河流域地图添加到布局中。在 Layout 功能栏选项卡中，单击 Map 组中的 Activate，激活地图，使用 Map 功能栏选项卡 Navigate 组中的工具，调整地图位置。设置完成后，单击 Layout 选项卡 Map 组中的 Close

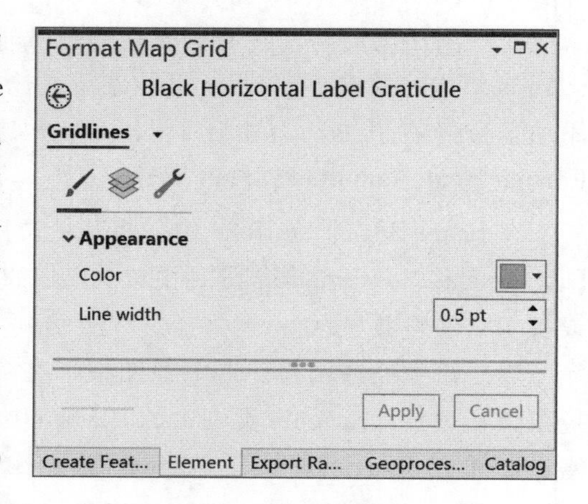

图 9.22　更改网格颜色

Activation，关闭激活。

更改黄河流域水系颜色为蓝色，线宽 0.5pt；更改黄河中游边界为黑色斜线填充（10% Simple hatch）；更改黄河流域边界为黑色实线，内部无色（Black Outline），线宽为 1pt。

Layout 布局完成后，可以对地图进行导出和打印等输出。单击功能区上的 Share 选项卡，选择 Print 或者 Export，布局打印或者输出的文件格式可设为 jpg、TIFF 以及 PDF 等多种格式。对于 PPT 展示，分辨率一般可设置为 150dpi，对于制图打印，一般为 600dpi 或更高，如图 9.24 所示。

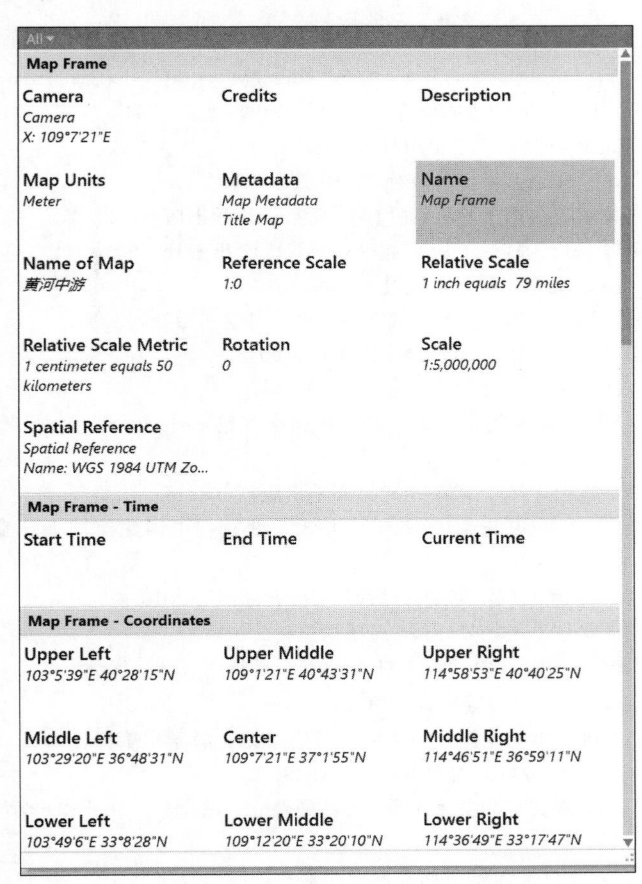

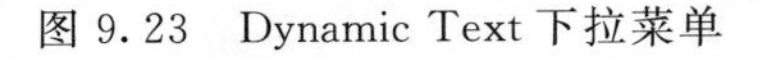
图 9.23 Dynamic Text 下拉菜单

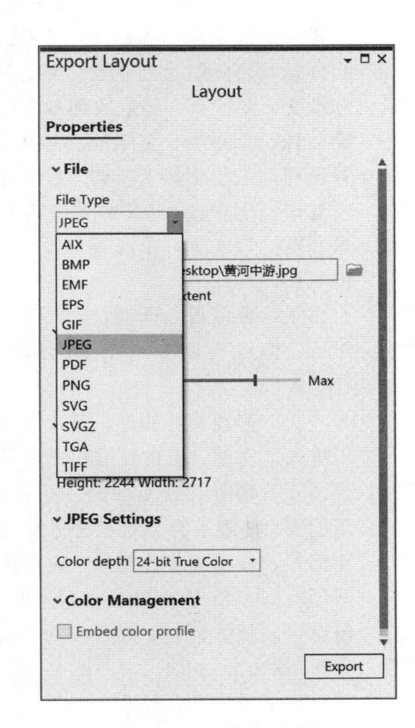

图 9.24 导出地图

参 考 文 献

[1] ESRI. ArcGIS Pro 帮助 [EB/OL]. https://pro. arcgis. com/zh-cn/pro-app/help.

[2] ESRI. Maps We Love gallery [EB/OL]. https://www. esri. com/en-us/maps-we-love/gallery.

[3] ESRI. 学习 ArcGIS [EB/OL]. https://learn. arcgis. com.

[4] K. Heather Kennedy. 三维空间数据建模 [M]. 戴红，翁敬农，李金贵，译. 北京：清华大学出版社，2013.

[5] Maidment D R，Olivera F，Calver A，Eatherall A，Fraczek W. Unit hydrograph derived from a spatially distributed velocity field [J]. Hydrological Processes，1996 (10)：831-844.

[6] 毕硕本. 空间数据库实践教程 [M]. 北京：北京大学出版社，2020.

[7] 邓书斌. ENVI 遥感图像处理方法 [M]. 北京：科学出版社，2010.

[8] 孔祥生，钱永刚，李国庆，等. 遥感技术与应用实验教程 [M]. 北京：科学出版社，2017.

[9] 孔祥元，郭际明，刘宗泉. 大地测量学基础 [M]. 2 版. 武汉：武汉大学出版社，2010.

[10] 李小文，刘素红. 遥感原理与应用 [M]. 北京：科学出版社，2008.

[11] 梁顺林，李小文，王锦地. 定量遥感：理念与算法 [M]. 2 版. 北京：科学出版社，2019.

[12] 刘爱利，王培法，丁园圆. 地统计学概论 [M]. 北京：科学出版社，2015.

[13] 吕晓华，李少梅. 地图投影原理与方法 [M]. 北京：测绘出版社，2016.

[14] 牟乃夏，刘文宝，王海银，等. ArcGIS 10 地理信息系统教程：从初学到精通 [M]. 北京：测绘出版社，2012.

[15] 宁津生，陈俊勇，李德仁，等. 测绘学概论 [M]. 武汉：武汉大学出版社，2016.

[16] 牛强. 城乡规划 GIS 技术应用指南——GIS 方法与经典分析 [M]. 北京：中国建筑工业出版社，2018.

[17] 齐清文，姜莉莉，张岸，等. 地理信息科学方法论 [M]. 北京：科学出版社，2016.

[18] 田庆久，宫鹏. 地物波谱数据库研究现状与发展趋势 [J]. 遥感信息，2002 (3)：2-6，46.

[19] 汤国安，杨昕. ArcGIS 地理信息系统空间分析实验教程 [M]. 北京：科学出版社，2006.

[20] 汤国安. 地理信息系统教程 [M]. 2 版. 北京：高等教育出版社，2019.

[21] 汤国安，钱柯健，熊礼阳. 地理信息系统基础实验操作 100 例 [M]. 北京：科学出版社，2017.

[22] 闫磊. ArcGIS 从 0 到 1 [M]. 北京：北京航空航天大学出版社，2019.

[23] 杨勤科，师维娟，Tim R. McVicar，等. 水文地貌关系正确 DEM 的建立方法 [J]. 中国水土保持科学，2007，5 (4)：1-6.

[24] 曾永年，向南平，冯兆东，等. Albedo-NDVI 特征空间及沙漠化遥感监测指数研究 [J]. 地理科学，2006，26 (1)：75-81.

[25] 赵英时. 遥感应用分析原理与方法 [M]. 2 版. 北京：科学出版社，2013.